高等学校计算机教材

Core Java / Java 应用程序编程案例

刘甲耀 郑小川 严桂兰 编著

武汉大学出版社

图书在版编目(CIP)数据

Core Java/Java 应用程序编程案例/刘甲耀,郑小川,严桂兰编著.—武汉：武汉大学出版社,2009.2
高等学校计算机教材
ISBN 978-7-307-06849-0

Ⅰ.C… Ⅱ.①刘… ②郑… ③严… Ⅲ.JAVA 语言—程序设计—高等学校—教材 Ⅳ.TP312

中国版本图书馆 CIP 数据核字(2009)第 010637 号

责任编辑：林 莉　　责任校对：刘 欣　　版式设计：支 笛

出版发行：**武汉大学出版社**　（430072　武昌　珞珈山）
（电子邮件：cbs22@whu.edu.cn　网址：www.wdp.com.cn）
印刷：通山金地印务有限公司
开本：787×1092　1/16　印张：29.25　字数：698 千字
版次：2009 年 2 月第 1 版　　2009 年 2 月第 1 次印刷
ISBN 978-7-307-06849-0/TP·325　　定价：40.00 元

版权所有，不得翻印；凡购买我社的图书，如有缺页、倒页、脱页等质量问题，请与当地图书销售部门联系调换。

内 容 简 介

本书的章节与《Core Java/Java 应用程序设计教程》一书相同，是该书的进一步继续与深化，在《Core Java/Java 应用程序设计教程》原有内容上，充分列举大量一题多解的示例，在每条语句后加以注解，说明其含义与作用，并对同一示例的不同方案说明其使用的方法与手段，使读者能通过具体对比其方法与手段的反复使用，熟练地掌握 Core Java/Java 中的编程基本方法。内容包括：基本 Core Java/Java(含基本编程模式,基本数据输入/输出,基本运算符,条件与循环语句,方法)；引用(含对象与引用的使用,字符串，数组，异常处理，文件)；对象与类(含类的创建与使用，基本方法，软件包，附加的构造)；继承(含继承的基本语法,接口，通用组件的实现)。全书总共列举 260 多个示例共 510 多个方案（所有示例均上机通过）。

因此，本书是《Core Java/Java 应用程序设计教程》的配套教材，各大专院校计算机师生及相关专业人员在使用时，依据《Core Java/Java 应用程序设计教程》章节，进一步参考《Core Java/Java 应用程序编程案例》内容，从而获取更多的解题方法与技巧。

前　言

本书采用 Core Java 编程，因为它是 Java 的高级版本，也适用于 Java 编程，且在实用上优越于 Java，目前正受到广大读者的喜爱与使用。本书通过大量实例，并对每条语句加上注解，说明其含义与作用，对初学者十分合适。本书是根据我们多年的教学经验总结和学生实践中出现的问题有针对性编写而成的，特别适用于读者在学习《Core Java/Java 应用程序设计教程》的同时，继续熟练掌握 Core Java 编程技巧。

本书具有如下特点：

（1）大量列举一题多解方案例，并对每条语句加上注解，说明其含义与作用，对初学者十分合适；

（2）本书是根据我们多年的教学经验总结和学生实践中出现的问题有针对性编写的，特别适用于读者入门自学和作为大专院校的教材；

（3）一题多解的示例，形式新颖，经在我校试用，这种教材能培养学生举一反三的思维方法与能力，反应很好；

（4）根据 Core Java 具有的功能列举大量例题及多种解决方案，通过一例多解的方式说明 Core Java 编程的灵活性、多样性、实用性与趣味性。

在本书编写中，承蒙美国某公司 CEO 刘涌博士、美国休斯敦大学（UH）教授冯千妹博士，以及美国贝勒医学院（BCM）教授刘浩博士提供了大量资料，私立华联大学校长侯德富教授关心和支持，在此表示感谢。

本书不足之处，敬请读者指正。

作者 E-mail：ygl0501@sina.com。

作　者

2008 年 10 月

目 录

第1章 基本 Core Java/Java 1
1.1 基本编程模式 1
- 1.1.1 Core Java 独立应用程序的基本编程模式 1
- 1.1.2 Java 独立应用程序的基本编程模式 2

1.2 基本的数据输入/输出 6
- 1.2.1 Core Java 基本的数据输入 6
- 1.2.2 Core Java 基本的数据输出 8
- 1.2.3 Java 基本的数据输入与输出 13

1.3 基本运算符 14
- 1.3.1 赋值运算符 14
- 1.3.2 双目算术运算符 14
- 1.3.3 单目运算符 24
- 1.3.4 类型转换 30
- 1.3.5 Math 类方法 39
- 1.3.6 关系与相等运算符 68
- 1.3.7 逻辑运算符 70
- 1.3.8 按位运算符 71
- 1.3.9 运算符的优先级与结合性 75

1.4 条件与循环语句 77
- 1.4.1 if 语句 77
- 1.4.2 switch 语句 95
- 1.4.3 while 语句 103
- 1.4.4 for 语句 111
- 1.4.5 do 语句 125
- 1.4.6 break 和 continue 以及带标号的 break 和 continue 语句 144

1.5 方法 156
- 1.5.1 方法的定义与调用 156
- 1.5.2 递归方法 189
- 1.5.3 方法名的重载 193
- 1.5.4 存储类型 198

第2章 引用 205
2.1 对象与引用的使用 205

2.1.1	点号运算符(.)及对象的说明与创建	205
2.1.2	=的含义与用法	207
2.1.3	参数传递	209
2.1.4	==的含义与用法	215

2.2 字符串 216
- 2.2.1 字符串连接 216
- 2.2.2 字符串比较 218
- 2.2.3 其他 String 方法 220
- 2.2.4 字符串与基本类型之间的转换 224

2.3 数组 226
- 2.3.1 数组的使用 226
- 2.3.2 数组方法 230
- 2.3.3 动态数组扩展 258
- 2.3.4 多维数组 260
- 2.3.5 命令行参数 273
- 2.3.6 Object 与向量 274

2.4 异常处理 276
- 2.4.1 异常处理 276
- 2.4.2 finally 子句 278
- 2.4.3 throw 与 throws 子句 280
- 2.4.4 创建异常类 281

2.5 文件 282
- 2.5.1 File 类 282
- 2.5.2 顺序文件 283
- 2.5.3 随机存取文件 287

第 3 章 对象与类 293
3.1 类的创建与使用 293
3.2 基本方法 301
- 3.2.1 构造方法 301
- 3.2.2 变异器方法与访问方法器 313
- 3.2.3 输出与 toString 317
- 3.2.4 equals 317
- 3.2.5 静态方法 318

3.3 软件包 337
- 3.3.1 软件包的创建与使用 337
- 3.3.2 友好包可见性规则 338

3.4 附加的构造 339
- 3.4.1 this 使用 339
- 3.4.2 构造方法的 this 简捷法 351

3.4.3 静态域 ··········352
3.4.4 静态初始化器 ··········354
3.4.5 内部类 ··········357

第4章 继承 ··········364
4.1 继承的基本语法 ··········364
4.1.1 构造方法与super ··········364
4.1.2 final方法与类 ··········374
4.1.3 抽象方法与抽象类 ··········375
4.2 接口 ··········391
4.2.1 接口的说明与实现 ··········391
4.2.2 多重接口 ··········399
4.3 通用组件的实现 ··········451

参考文献 ··········454

第1章 基本 Core Java/Java

1.1 基本编程模式

1.1.1 Core Java 独立应用程序的基本编程模式

[例1.1.1] 输入圆的半径，求圆的面积（π=3.14159）。
方案一：先输入数据，接着计算圆的面积，然后输出结果

```
//CircleAreaCoreJavaApp.java    //注解本程序的文件名为 CircleAreaCoreJavaApp.java
import corejava.*;    //引入 corejava 包中本程序用到的类
class CircleAreaCoreJavaApp    //定义类
{
    public static void main(String[] args)    //主方法
    {
        double radius=Console.readDouble("Enter radius of circle: ");
        //输入语句,输入圆的半径并赋给 double 型变量 radius
        double Area=3.14159*radius*radius;
        //计算语句(赋值语句)，计算圆的面积，计算结果赋给 double 型变量 Area
        Format.printf("Area of circle is: %f\n",Area);
        //Format 类调用 printf 方法，输出计算结果
        System.out.println("Area of circle is: "+Area);
        //输出语句，使用 System.out 类调用 println 方法，输出计算结果
    }
}
```

运行结果：

```
Enter radius of circle:  5
Area of circle is: 78.539750
Area of circle is: 78.53975
```

方案二：先输入数据，然后直接输出结果

```
//CircleAreaCoreJavaApp1.java    //注解本程序的文件名为 CircleAreaCoreJavaApp1.java
import corejava.*;    //引入 corejava 包中本程序用到的类
class CircleAreaCoreJavaApp1    //定义类
{
```

```
    public static void main(String[] args)    //主方法
    {
        double radius=Console.readDouble("Enter radius of circle: ");
        //输入语句,输入圆的半径并赋给 double 型变量 radius
        Format.printf("Area of circle is: %f\n",3.14159*radius*radius);
        //输出语句(含计算表达式),输出计算结果
        System.out.println("Area of circle is: "+3.14159*radius*radius);
        //输出语句(含计算表达式),输出计算结果
    }
}
```

运行结果与方案一同。

1.1.2 Java 独立应用程序的基本编程模式

[例 1.1.2] 输入圆的半径,求圆的面积（π=3.14159）。

方案一：先输入数据,接着计算圆的面积,然后输出结果

```
//CircleAreaJavaApp.java    //注解本程序的文件名为 CircleAreaJavaApp.java
import java.io.*;    //引入 java.io 包中本程序用到的类
import java.util.*;    //引入 java.util 包中本程序用到的类
class CircleAreaJavaApp    //定义类
{
    public static void main(String[] args)throws IOException
    //主方法,并实现 IO 异常
    {
        BufferedReader br=new BufferedReader(new InputStreamReader(System.in));
        //创建缓冲区读入器流类对象
        System.out.print("Enter radius of circle: ");
        //输出语句,提示输入圆的半径
        String s=br.readLine();    //输入语句,通过对象 br 调用 readLine 方法输入字串,并
                                    存入字符串变量 s 中
        double radius=Double.parseDouble(s);
        //从字符串中取出一个字符串,转换为 double 型数赋给 double 型变量 radius
        double Area=3.14159*radius*radius;    //计算语句,计算圆的面积
        System.out.println("Area of circle is: "+Area);
        //输出语句,输出计算结果
    }
}
```

运行结果：

```
Enter radius of circle: 5
Area of circle is: 78.53975
```

方案二：先输入数据,然后直接计算输出结果

```java
//CircleAreaJavaApp1.java    //注解本程序的文件名为 CircleAreaJavaApp1.java
import java.io.*;    //引入 java.io 包中本程序用到的类
import java.util.*;    //引入 java.util 包中本程序用到的类
class CircleAreaJavaApp1    //定义类
{
    public static void main(String[] args)throws IOException
    //主方法，并实现 IO 异常
    {
        BufferedReader br=new BufferedReader(new InputStreamReader(System.in));
        //创建缓冲区读入器流类对象
        System.out.print("Enter radius of circle: ");
        //输出语句，提示输入圆的半径
        String s=br.readLine();
        //输入语句，通过对象 br 调用 readLine 方法输入字串，并存入字符串变量 s 中
        double radius=Double.parseDouble(s);
        //从字符串中取出一个字符串，转换为 double 型数赋给 double 型变量 radius
        System.out.println("Area of circle is: "+3.14159*radius*radius);
        //输出语句(含计算表达式)，输出计算结果
    }
}
```

运行结果与方案一同。

方案三：直接输入数据，然后直接输出结果(输出语句中含计算表达式)

```java
//CircleAreaJavaApp2.java    //注解本程序的文件名为 CircleAreaJavaApp2.java
import java.io.*;    //引入 java.io 包中本程序用到的类
import java.util.*;    //引入 java.util 包中本程序用到的类
class CircleAreaJavaApp2    //定义类
{
    public static void main(String[] args)throws IOException
    //主方法，并实现 IO 异常
    {
        BufferedReader br=new BufferedReader(new InputStreamReader(System.in));
        //创建缓冲区读入器流类对象
        System.out.print("Enter radius of circle: ");
        //输出语句，提示输入圆的半径
        double radius=Double.parseDouble(br.readLine());
        /* 输入语句，通过对象 br 调用 readLine 方法输入字串，转换为 double 型数赋给
            double 型变量 radius    */
        System.out.println("Area of circle is: "+3.14159*radius*radius);
        //输出语句(含计算表达式)，输出计算结果
    }
}
```

运行结果与方案一同。

[例 1.1.3] 在屏幕上显示"Welcome to programming using Core Java!"

方案一：直接输出字符串

```
//WelcomeA.java
import corejava.*;    //引入 corejava 包中本程序用到的类
class WelcomeA     //定义类
{
    public static void main(String[] args)    //主方法
    {
        Format.printf("%s\n","Welcome to programming using Core Java!");
        //输出语句，使用 Format.printf 方法直接输出字符串
    }
}
```

运行结果：

`Welcome to programming using Core Java!`

方案二：字符串先初始化(赋值),再输出

```
//WelcomeB.java
import corejava.*;    //引入 corejava 包中本程序用到的类
class WelcomeB     //定义类
{
    public static void main(String[] args)    //主方法
    {
        String s="Welcome to programming using Core Java!";
        //说明 s 为 String 对象，并初始化(赋初值)
        Format.printf("%s\n",s);    //输出语句，输出字符串
    }
}
```

运行结果与方案一同。

方案三：先输入字符串，然后再输出

```
//WelcomeC.java
import corejava.*;    //引入 corejava 包中本程序用到的类
class WelcomeC     //定义类
{
    public static void main(String[] args)    //主方法
    {
        String s=Console.readLine("Enter a string: ");
        //输入语句，输入一字符串并赋给字符串对象 s
        Format.printf("%s\n",s);    //输出语句，输出所输入的字符串
    }
}
```

运行结果:

```
Enter a string: Welcome to programming using Core Java!
Welcome to programming using Core Java!
```

方案四：使用 println 方法直接输出。

```java
//WelcomeD.java
class WelcomeD    //定义类
{
    public static void main(String[] args)    //主方法
    {
        System.out.println("Welcome to programming using Core Java!");
        //输出语句，使用 println 方法直接输出字符串
    }
}
```

运行结果与方案一同。

方案五：字符串先初始化，再用 println 方法输出

```java
//WelcomeE.java
class WelcomeE    //定义类
{
    public static void main(String[] args)    //主方法
    {
        String s="Welcome to programming using Core Java!";
        //说明 s 为字符串对象，并初始化(赋初值)
        System.out.println(s);
        //输出语句，使用 println 方法输出所输入的字符串
    }
}
```

运行结果与方案一同。

方案六：先输入一个字符串，再用 println 方法输出

```java
//WelcomeF.java
import corejava.*;    //引入 corejava 包中本程序用到的类
class WelcomeF    //定义类
{
    public static void main(String[] args)    //主方法
    {
        String s=Console.readLine("Enter a string: ");
        //输入语句，输入一个字符串并赋给字符串对象 s
        System.out.println(s);    ////输出语句，输出所输入的字符串
    }
}
```

运行结果与方案三同。

方案七: 先输入字符串（使用缓冲区读入器流类对象），再用 println 方法输出
//WelcomeG.java
import java.io.*;   //引入 java.io 包中本程序用到的类
class WelcomeG   //定义类
{
　　public static void main(String[] args)throws IOException
　　//主方法，并实现 IO 异常
　　{
　　　　BufferedReader br=new BufferedReader(new InputStreamReader(System.in));
　　　　//创建缓冲区读入器流类对象
　　　　System.out.print("Enter a string: ");   //输出语句，提示输入一个字符串
　　　　String s=br.readLine();
　　　　//输入语句，通过对象 br 调用 readLine 方法输入字串，并存入变量 s 中
　　　　System.out.println(s);   //输出语句
　　}
}
运行结果与方案三同。

1.2 基本的数据输入/输出

1.2.1 Core Java 基本的数据输入

　　[例 1.2.1] 输入一个字符串，然后显示输入的字符串。
//StringPromptSample2.java
import corejava.*;   //引用 corejava 包中本程序用到的所有类
public class StringPromptSample2   //定义类
{
　　public static void main(String[] args)   //主方法
　　{
　　　　Format.printf("Hello %s\n",Console.readLine("Please enter your name: "));
　　　　//输出语句(含输入字符串方法)
　　}
}
运行结果：

```
Please enter your name: Annie Liu
Hello Annie Liu
```

　　[例 1.2.2] 输入一个 double 数（双精度浮点数），然后输出所输入的 double 数。
//ReadDoubleNumber1.java
import corejava.*;   //引入 corejava 包中本程序用到的类
public class ReadDoubleNumber1   //定义类

```
{
    public static void main(String[] args)    //主方法
    {
        Format.printf("%f\n",Console.readDouble("Enter a double number: "));
        //输出语句(含输入 double 数方法)，输出所输入的 double 数
    }
}
```
运行结果：

```
Enter a double number:  10.25
10.250000
```

[例 1.2.3] 输入一个 float 数（单精度浮点数）然后输出所输入的 float 数。
//ReadFloatNumber1.java
import corejava.*;   //引入 corejava 包中本程序用到的类
public class ReadFloatNumber1   //定义类
{
```
    public static void main(String[] args)    //主方法
    {
        System.out.println((float)Console.readDouble("Please enter a float number: "));
        //输出语句(含输入 float 数方法)，输出所输入的 float 数
        Format.printf("%f\n",(float)Console.readDouble("Please enter a float number: "));
        //输出语句(含输入 float 数方法)，输出所输入的 float 数
    }
}
```
运行结果：

```
Please enter a float number:  10.25
10.25
Please enter a float number:  10.25
10.250000
```

[例 1.2.4] 输入一个整数，然后输出所输入的整数。
//ReadIntNumber1.java
import corejava.*;   //引入 corejava 包中本程序用到的类
public class ReadIntNumber1   //定义类
{
```
    public static void main(String[] args)    //主方法
    {
        System.out.println(Console.readInt("Please enter an int number: "));
        //输出语句(含输入 int 数方法)，输出所输入的 int 数，使用 println 方法输出
        Format.printf("%d\n",Console.readInt("Please enter an int number: "));
```

        //输出语句(含输入 int 数方法)，输出所输入的 int 数，使用 printf 方法输出
    }
}
运行结果：

```
Please enter an int number: 918
918
Please enter an int number: 918
918
```

[例 **1.2.5**] 输入一个字符，然后显示输入的字符。
//ReadChar2.java
import corejava.*;   //引入 corejava 包中本程序用到的所有类
import java.io.*;   //引入 java.io 包中本程序要用到的类
class ReadChar2   //定义类
{
    public static void main(String[] args) throws IOException
     //主方法，并实现 IO 异常
    {
        System.out.print("Enter a char: ");   //输出语句，提示输入一个字符
        System.out.println("You enter's char is: "+(char)System.in.read());
        //输出语句(含输入字符的方法)，使用 println 方法输出一个字符
        System.out.println();
        System.in.skip(2);
        Format.printf("%s","Enter a char: ");   //输出语句，提示输入一个字符
        Format.printf("You enter's char is: %c\n",(char)System.in.read());
        //输出语句(含输入字符的方法),使用 printf 方法输出一个字符
        Format.printf("%s\n"," ");
    }
}
运行结果：

```
Enter a char: a
You enter's char is: a

Enter a char: a
You enter's char is: a
```

1.2.2 Core Java 基本的数据输出

[例 **1.2.6**] 输入两个 double 数并求其和。
方案一：用两个语句实现一次输入两个 double 数，输出语句中含有计算表达式
//splitTest.java
import corejava.*;   //引入 corejava 包中本程序用到的类
class splitTest   //定义类

```
{
    public static void main(String[] args)    //主方法
    {
        String sData=Console.readLine("Enter two numbers: ");
        //输入语句，输入两个 double 数，以字符串存入字符串变量 sData 中
        String[] s=sData.split(" ");
        //字符串之间用空格分隔，存入字符串数组 s 中
        double a=Double.parseDouble(s[0]);
        //从字符串数组元素中取出第一个字符串，转换为 double 型数赋给变量 a
        double b=Double.parseDouble(s[1]);
        //从字符串数组元素中取出第二个字符串，转换为 double 型数赋给变量 b
        Format.printf("sum=%f\n",a+b);    //输出语句,输出结果保留小数后 6 位
        System.out.println("sum="+(a+b));
        //输出语句,输出结果保留小数后 6 位，但遇到零时省略
    }
}
```

运行结果：

```
Enter two numbers:  9.18 1.24
sum=10.420000
sum=10.42
```

方案二：用一个语句实现一次输入两个 double 数，输出语句中含有计算表达式

```
//splitTestA.java
import corejava.*;    //引入 corejava 包中本程序用到的类
class splitTestA    //定义类
{
    public static void main(String[] args)    //主方法
    {
        String[] s=Console.readLine("Enter two numbers: ").split(" ");
        //输入语句，输入两个整数，并以字符串（中间用空格分隔）存入字符串数组 s
        double a=Double.parseDouble(s[0]);
        //从字符串数组元素中取出第一个字符串，转换为 double 型数赋给变量 a
        double b=Double.parseDouble(s[1]);
        //从字符串数组元素中取出第二个字符串，转换为 double 型数赋给变量 b
        Format.printf("sum=%f\n",a+b);    //输出语句（含有计算表达式）
        System.out.println("sum="+(a+b));    //输出语句（含有计算表达式）
    }
}
```

运行结果与方案一同。

方案三：分别输入两个整数，输出语句中含有计算表达式
//splitTestB.java

```
import corejava.*;    //引入 corejava 包中本程序用到的类
class splitTestB    //定义类
{
    public static void main(String[] args)    //主方法
    {
        double a=Console.readDouble("Enter a double numbers: ");
        //输入语句
        double b=Console.readDouble("Enter a double numbers: ");
        //输入语句
        Format.printf("sum=%f\n",a+b);   //输出语句（含有计算表达式）
        System.out.println("sum="+(a+b));   //输出语句（含有计算表达式）
    }
}
```

运行结果:

```
Enter a double  numbers: 9.18
Enter a double  numbers: 1.24
sum=10.420000
sum=10.42
```

［例 1.2.7］ 输入两个 float 数并求其和。

方案一: 用一个语句实现一次输入两个 float 数

```
//splitTestB.java
import corejava.*;    //引入 corejava 包中本程序用到的类
class splitTestB    //定义类
{
    public static void main(String[] args)    //主方法
    {
        String[] s=Console.readLine("Enter two numbers: ").split(" ");
        /* 输入语句,输入两个 double 数,并以字符串（中间用空格分隔）
           存入字符串数组 s 中 */
        float a=(float)Double.parseDouble(s[0]);
        //从字符串数组元素中取出第一个字符串,强制转换为 float 型数赋给变量 a
        float b=(float)Double.parseDouble(s[1]);
        //从字符串数组元素中取出第二个字符串,强制转换为 float 型数赋给变量 b
        Format.printf("sum=%f\n",a+b);
        //输出语句（含有计算表达式）,输出结果保留小数点后 6 位
        System.out.println("sum="+(a+b));
        //输出语句（含有计算表达式）,输出结果保留小数点后 6 位
    }
}
```

运行结果:

```
Enter two numbers:  5.1 10.2
sum=15.299999
sum=15.299999
```

方案二：分别输入两个 float 数

```
//splitTestC.java
import corejava.*;    //引入 corejava 包中本程序用到的类
class splitTestC    //定义类
{
        public static void main(String[] args)    //主方法
        {
            float a=(float)Console.readDouble("Enter an float number: ");
            //输入语句，输入一个 double 数并强制转换为 float 型数赋给 float 型变量 a
            float b=(float)Console.readDouble("Enter an float number: ");
            //输入语句，输入一个 double 数并强制转换为 float 型数赋给 float 型变量 b
            Format.printf("sum=%f\n",a+b);    //输出语句（含有计算表达式）,输出结果
            System.out.println("sum="+(a+b));    //输出语句（含有计算表达式）,输出结果
        }
}
```

运行结果：

```
Enter an float number:  5.1
Enter an float number:  10.2
sum=15.299999
sum=15.299999
```

方案三:分别输入两个整数，计算表达式，然后输出结果

```
//splitTestD.java
import corejava.*;    //引入 corejava 包中本程序用到的类
class splitTestD    //定义类
{
    public static void main(String[] args)    //主方法
    {
        float a=(float)Console.readDouble("Enter an float number: ");
        //输入语句，输入一个 double 数并强制转换为 float 型数赋给 float 型变量 a
        float b=(float)Console.readDouble("Enter an float number: ");
        //输入语句，输入一个 double 数并强制转换为 float 型数赋给 float 型变量 b
        float sum=a+b;    //计算语句
        Format.printf("sum=%f\n",sum);    //输出语句（含有计算表达式）,输出结果
        System.out.println("sum="+sum);    //输出语句（含有计算表达式）,输出结果
    }
}
```

［例 **1.2.8**］　输入单个字符并将其分别以字符及其对应的 ASCII 值输出。

方案一：使用 printf 方法输出

```java
//ReadCharA.java
import corejava.*;    //引入 corejava 包中本程序要用到的类
import java.io.*;    //引入 java.io 包中本程序要用到的类
class ReadCharA    //定义类
{
    public static void main(String[] args)throws IOException
    //主方法，并实现 IO 异常
    {
        System.out.print("Enter a char: ");    //输出语句，提示输入一个字符
        char ch=(char)System.in.read();
        //输入语句,输入一个字符并强制以 char 型表示赋给字符型变量 ch
        Format.printf("You enter's char is: %c\n",ch);
        //输出语句, 输出字符
        Format.printf("It's ASCII is: %d\n",(int)ch);
        //输出语句, 强制字符转换成 ASCII 值输出
    }
}
```

运行结果:

```
Enter a char: A
You enter's char is: A
It's ASCII is: 65
```

方案二：使用 println 方法输出

```java
//ReadCharB.java
import corejava.*;    //引入 corejava 包中本程序要用到的类
import java.io.*;    //引入 java.io 包中本程序要用到的类
class ReadCharB    //定义类
{
    public static void main(String[] args)throws IOException
    //主方法，并实现 IO 异常
    {
        System.out.print("Enter a char: ");    //输出语句，提示输入一个字符
        char ch=(char)System.in.read();
        //输入语句,输入一个字符并强制以 char 型表示赋给字符型变量 ch
        System.out.println("You enter's char is: "+ch);
        //输出语句, 输出字符
        System.out.println("It's ASCII is: "+(int)ch);
        //输出语句, 强制字符转换成 ASCII 值输出
    }
}
```

运行结果与方案一同。

1.2.3 Java 基本的数据输入与输出

[例 **1.2.9**] 输入一个圆的半径,计算圆的面积。

```java
//CircleArea.java
import java.io.*;   //引入 java.io 包中本程序要用到的类
public class CircleArea    //定义类
{
    public static void main(String[] args)throws IOException
      //主方法，并实现 IO 异常
    {
        BufferedReader   br=new
                BufferedReader(new InputStreamReader(System.in));
        //创建缓冲区读入器流类对象
        System.out.print("Enter radius of a circle: ");   //输出语句
        String s=br.readLine();    //输入语句(使用对象调用方法)
        float Radius=Float.parseFloat(s);
        //或  float Radius=new Float(s).floatValue();
        float Area=(float)(3.14159 *Radius*Radius);
        System.out.println("Area="+Area);    //输出语句
    }
}
```

运行结果：

```
Enter radius of a circle: 5.10
Area=81.71275
```

[例 **1.2.10**] 读写字符串。

```java
//StringIO1.java
import java.io.*;   //引入 java.io 包中本程序要用到的类
public class StringIO1    //定义类
{
    public static void main(String[] args)    //主方法
    {
        try
        {
            BufferedReader dis=new BufferedReader(new InputStreamReader(System.in),1);
            //创建缓冲区读入器流类对象
            System.out.println("Enter a string: ");    //输出语句
            String theLine=dis.readLine();    //输入语句
            System.out.println(theLine);    //输出语句
        }
```

```
            catch(IOException e)
            {
                    System.err.println(e);    //输出语句
            }
        }
}
```
运行结果：

```
Enter a string:
Hi, How are you
Hi, How are you
```

1.3 基本运算符

1.3.1 赋值运算符

　　[例 1.3.1]　赋值运算符和组合赋值运算符的使用。
```
//Assignment6.java
import corejava.*;    //引入 corejava 包中本程序用到的类
class Assignment6    //定义类
{
    public static void main(String[] args)    //主方法
    {
        int a=9,b=18;    //说明 a、b 为 int 型变量，并初始化
        a+=b;    //计算语句,a+=b 等价于 a=a+b
        Format.printf("Sum=%d\n",a);    //输出语句
    }
}
```
运行结果：

```
Sum=27
```

1.3.2 双目算术运算符

　　[例 1.3.2]　计算 $d=\dfrac{a+b}{x+y}$。

方案一：用两个语句实现一次输入四个 double 数，输出结果保留小数后 6 位，计算表达式放在输出语句中
```
//DTest1.java
import corejava.*;    //引入 corejava 包中本程序用到的类
class DTest1    //定义类
{
    public static void main(String[] args)    //主方法
```

```
    {
        String str=Console.readLine("Enter four numbers: ");
        //输入语句，输入四个 double 数，以字符串存入字符串变量 str 中
        String[] s=str.split(" ");
        //字符串之间用空格分隔，存入字符串数组 s 中
        double a=Double.parseDouble(s[0]);
        //从字符串数组元素中取出第一个字符串，转换为 double 型数赋给变量 a
        double b=Double.parseDouble(s[1]);
        //从字符串数组元素中取出第二个字符串，转换为 double 型数赋给变量 b
        double x=Double.parseDouble(s[2]);
        //从字符串数组元素中取出第三个字符串，转换为 double 型数赋给变量 x
        double y=Double.parseDouble(s[3]);
        //从字符串数组元素中取出第四个字符串，转换为 double 型数赋给变量 y
        Format.printf("d=%f\n",(a+b)/(x+y));   //输出语句（含有计算表达式）
    }
}
```

运行结果：

```
Enter four numbers:  1.24 10.25 5.1 10.2
d=0.750980
```

方案二：用一个语句实现一次输入四个数，计算表达式放在输出语句中

```
//DTest1CoreJ.java
import corejava.*;    //引入 corejava 包中本程序用到的类
class DTest1CoreJ    //定义类
{
    public static void main(String[] args)    //主方法
    {
        String[] s= Console.readLine("Enter four numbers: ").split(" ");
        /* 输入语句，输入两个 double 数，并以字符串（中间用空格分隔）存入
           字符串数组 s */
        double a=Double.parseDouble(s[0]);
        //从字符串数组元素中取出第一个字符串，转换为 double 型数赋给变量 a
        double b=Double.parseDouble(s[1]);
        //从字符串数组元素中取出第二个字符串，转换为 double 型数赋给变量 b
        double x=Double.parseDouble(s[2]);
        //从字符串数组元素中取出第三个字符串，转换为 double 型数赋给变量 x
        double y=Double.parseDouble(s[3]);
        //从字符串数组元素中取出第四个字符串，转换为 double 型数赋给变量 y
        Format.printf("d=%f\n",(a+b)/(x+y));   //输出语句（含有计算表达式）
    }
}
```

运行结果与方案一同。

方案三：用两个语句实现一次输入四个 double 数，然后计算，最后输出结果

```java
//DTest1A.java
import corejava.*;     //引入 corejava 包中本程序用到的类
class DTest1A    //定义类
{
    public static void main(String[] args)    //主方法
    {
        String str=Console.readLine("Enter four numbers: ");
         //输入语句，输入四个 double 数，以字符串存入字符串变量 str 中
        String[] s=str.split(" ");
        //字符串之间用空格分隔，存入字符串数组 s 中
        double a=Double.parseDouble(s[0]);
        //从字符串数组元素中取出第一个字符串，转换为 double 型数赋给变量 a
        double b=Double.parseDouble(s[1]);
        //从字符串数组元素中取出第二个字符串，转换为 double 型数赋给变量 b
        double x=Double.parseDouble(s[2]);
        //从字符串数组元素中取出第三个字符串，转换为 double 型数赋给变量 x
        double y=Double.parseDouble(s[3]);
        //从字符串数组元素中取出第四个字符串，转换为 double 型数赋给变量 y
        double d=(a+b)/(x+y);    //计算语句
        Format.printf("d=%f\n",d);    //输出语句
    }
}
```

运行结果与方案一同。

方案四：分别输入四个数，计算表达式放在输出语句中

```java
//DTest1A1.java
import corejava.*;     //引入 corejava 包中本程序用到的类
class DTest1A1    //定义类
{
    public static void main(String[] args)    //主方法
    {
        double a=Console.readDouble("Enter value of a: ");
        //输入语句，输入一个 double 型数并赋给 double 型变量 a
        double b=Console.readDouble("Enter value of b: ");
        //输入语句，输入一个 double 型数并赋给 double 型变量 b
        double x=Console.readDouble("Enter value of x: ");
        //输入语句，输入一个 double 型数并赋给 double 型变量 x
        double y=Console.readDouble("Enter value of y: ");
        //输入语句，输入一个 double 型数并赋给 double 型变量 y
```

```
            Format.printf("d=%f\n",(a+b)/(x+y));
            //输出语句（含有计算表达式）
        }
}
```
运行结果：

```
Enter value of a: 1.24
Enter value of b: 10.25
Enter value of x: 5.1
Enter value of y: 10.2
d=0.750980
```

方案五：分别输入四个数，然后计算，最后输出结果
```
//DTest1A2.java
import corejava.*;    //引入 corejava 包中本程序用到的类
class DTest1A2    //定义类
{
    public static void main(String[] args)    //主方法
    {
        double a=Console.readDouble("Enter value of a: ");
        //输入语句，输入一个 double 型数并赋给 double 型变量 a
        double b=Console.readDouble("Enter value of b: ");
        //输入语句，输入一个 double 型数并赋给 double 型变量 b
        double x=Console.readDouble("Enter value of x: ");
        //输入语句，输入一个 double 型数并赋给 double 型变量 x
        double y=Console.readDouble("Enter value of y: ");
        //输入语句，输入一个 double 型数并赋给 double 型变量 y
        double d=(a+b)/(x+y);    //计算语句
        Format.printf("d=%f\n",d);    //输出语句
    }
}
```
运行结果与方案四同。

方案六：分别输入四个数，所有变量先说明后使用
```
//DTest1A3.java
import corejava.*;    //引入 corejava 包中本程序用到的类
class DTest1A3    //定义类
{
    public static void main(String[] args)    //主方法
    {
        double a,b,x,y,d;    //说明 a,b,x,y,d 为 double 型变量
        a=Console.readDouble("Enter value of a: ");
        //输入语句，输入一个 double 型数并赋给变量 a
        b=Console.readDouble("Enter value of b: ");
```

```
        //输入语句,输入一个 double 型数并赋给变量 b
        x=Console.readDouble("Enter value of x: ");
        //输入语句,输入一个 double 型数并赋给变量 x
        y=Console.readDouble("Enter value of y: ");
        //输入语句,输入一个 double 型数并赋给变量 y
        d=(a+b)/(x+y);    //计算语句
        Format.printf("d=%f\n",d);   //输出语句
    }
}
```
运行结果与方案四同。

[例 1.3.3] 组合运算符的使用。

方案一：组合运算符与输出语句分开进行
```
//AssigningOp.java
import corejava.*;    //引入 corejava 包中本程序用到的类
class AssigningOp    //定义类
{
    public static void main(String[] args)    //主方法
    {
        int x=3,y=2;    //说明 x、y 为 int 型变量并初始化
        x+=y;    //加组合赋值语句
        Format.printf("x=%d\n",x);    //输出语句
        x-=y;    //减组合赋值语句
        Format.printf("x=%d\n",x);    //输出语句
        x*=y;    //乘组合赋值语句
        Format.printf("x=%d\n",x);    //输出语句
        x/=y;    //除组合赋值语句
        Format.printf("x=%d\n",x);    //输出语句
        x%=y;    //模除组合赋值语句
        Format.printf("x=%d\n",x);    //输出语句
    }
}
```
运行结果：
```
x=5
x=3
x=6
x=3
x=1
```

方案二：输出语句中含有组合运算符
```
//AssigningOp1.java
import corejava.*;    //引入 corejava 包中本程序用到的类
class AssigningOp1    //定义类
```

```java
{
    public static void main(String[] args)    //主方法
    {
        int x=3,y=2;   //说明语句，说明 x,y 为整型变量并初始化
        Format.printf("x=%d\n",x+=y);    //输出语句（含加组合表达式）
        Format.printf("x=%d\n",x-=y);    //输出语句（含减组合表达式）
        Format.printf("x=%d\n",x*=y);    //输出语句（含乘组合表达式）
        Format.printf("x=%d\n",x/=y);    //输出语句（含除组合表达式）
        Format.printf("x=%d\n",x%=y);    //输出语句（含模除组合表达式）
    }
}
```
运行结果与方案一同。

[例 1.3.4] 结合性的使用。

方案一：使用 printf 方法输出

```java
//AssocApp.java
import corejava.*;    //引入 corejava 包中本程序用到的类
class AssocApp    //定义类
{
    public static void main(String[] args)    //主方法
    {
        int a=510,b=124,c=918;    //说明变量 a,b,c 为整型变量并初始化
        Format.printf("a=%d   ",a);   //输出语句
        Format.printf("b=%d   ",b);   //输出语句
        Format.printf("c=%d\n",c);    //输出语句
        a=b=c;    //多重赋值语句
        Format.printf("After 'a+b+c' = %d   ",a);   //输出语句
        Format.printf("%d   ",b);   //输出语句
        Format.printf("%d\n",c);    //输出语句
    }
}
```

运行结果：

```
a=510   b=124   c=918
After 'a+b+c' = 918   918   918
```

方案二：使用 println 方法输出

```java
//AssocApp1.java
import corejava.*;    //引入 corejava 包中本程序用到的类
class AssocApp1    //定义类
{
    public static void main(String[] args)    //主方法
    {
```

```
        int a=510,b=124,c=918;    //说明变量 a,b,c 为整型变量并初始化
        System.out.println("a="+a+"    b="+b+"    c="+c);    //输出语句
        a=b=c;   //多重赋值语句
        System.out.println("After 'a+b+c' = "+a+"    "+b+"    "+c);    //输出语句
    }
}
```
运行结果与方案一同。

　　[例 1.3.5]　圆括号的使用。

方案一：使用 printf 方法输出

```
//UsingApp.java
import corejava.*;    //引入 corejava 包中本程序用到的类
class UsingApp    //定义类
{
    public static void main(String[] args)    //主方法
    {
        int a=11,b=19,c=1025;    //说明整型变量 a,b,c 并初始化
        Format.printf("a=%d\t",a);    //输出语句
        Format.printf("b=%d\t",b);    //输出语句
        Format.printf("c=%d\n",c);    //输出语句
        Format.printf("(a*b)+c=%d\t",(a*b)+c);    //输出语句(含有计算表达式)
        Format.printf("a*(b+c)=%d\n",a*(b+c));    //输出语句(含有计算表达式)
    }
}
```

运行结果：

```
a=11       b=19      c=1025
(a*b)+c=1234    a*(b+c)=11484
```

方案二：使用 println 方法输出

```
//UsingApp1.java
import corejava.*;    //引入 corejava 包中本程序用到的类
class UsingApp1    //定义类
{
    public static void main(String[] args)    //主方法
    {
        int a=11,b=19,c=1025;    //说明整型变量 a,b,c 并初始化
        System.out.println("a="+a+"    b="+b+"    c="+c);    //输出语句
        System.out.println("(a*b)+c="+((a*b)+c)+"    a*(b+c)="+a*(b+c));
        //输出语句(含有计算表达式)
    }
}
```
运行结果与方案一同。

[例 1.3.6]　实除的使用形式。

方案一：使用 printf 输出语句

```java
//DivideApp.java
import corejava.*;    //引入 corejava 包中本程序用到的类
class DivideApp    //定义类
{
    public static void main(String[] args)    //主方法
    {
        double a,b,c,d;    //说明 double 型变量 a,b,c,d
          a=5/2;    //整除，5/2 时就发生精度丢失
          b=5.0/2;    //实除，5.0/2 不会丢失精度
          c=5/2.0;    //实除，5/2.0 不会丢失精度
          d=5.0/2.0;    //实除，5.0/2.0 不会丢失精度
        Format.printf("%f\n",a);    //输出语句
        Format.printf("%f\n",b);    //输出语句
        Format.printf("%f\n",c);    //输出语句
        Format.printf("%f\n",d);    //输出语句
    }
}
```

运行结果：
```
2.0
2.5
2.5
2.5
```

方案二：使用 print、printf、println 多种输出语句

```java
//DivideApp1.java
import corejava.*;    //引入 corejava 包中本程序用到的类
class DivideApp1    //定义类
{
    public static void main(String[] args)    //主方法
    {
        double a,b,c,d;    //说明 double 变量 a,b,c,d
        a=5/2;    //整除
        b=5.0/2;    //实除
        c=5/2.0;    //实除
        d=5.0/2.0;    //实除
        System.out.print("a="+a);    //使用 print 方法输出，输出后不跳格不换行
        System.out.print("\tb="+b);    //使用 print 方法输出，输出后先跳格不换行
        System.out.print("\tc="+c);    //输出语句
        System.out.println("\td="+d);
        //使用 println 方法输出，输出后先跳格后换行
```

```
        Format.printf("a=%f\t",a);    //使用 printf 方法输出，输出后跳格不换行
        Format.printf("b=%f\t",b);    //输出语句
        Format.printf("c=%f\t",c);    //输出语句
        Format.printf("d=%f\n",d);    //输出语句
    }
}
```
运行结果：

```
a=2.0       b=2.5       c=2.5       d=2.5
a=2.000000  b=2.500000  c=2.500000  d==2.500000
```

方案三：使用 println 方法输出
```
//DivideApp3.java
import corejava.*;    //引入 corejava 包中本程序用到的类
class DivideApp3    //定义类
{
    public static void main(String[] args)    //主方法
    {
        double a=5/2;      //说明语句，说明 a 为 double 型变量并初始化为整数
        double b=5.0/2;    //说明语句，说明 b 为 double 型变量并初始化为实数
        double c=5/2.0;    //说明语句，说明 c 为 double 型变量并初始化为实数
        double d=5.0/2.0;  //说明语句，说明 d 为 double 型变量并初始化为实数
        System.out.println("a="+a+"   b="+b+"   "+c+"   d="+d);//输出语句,使用 println 方
            法输出，输出后换行
    }
}
```
运行结果：

```
a=2.0   b=2.5   2.5   d=2.5
```

方案四：使用 println 方法本身换行与 printf 方法加'\n' 换行
```
//DivideApp2.java
import corejava.*;    //引入 corejava 包中本程序用到的类
class DivideApp2    //定义类
{
    public static void main(String[] args)    //主方法
    {
        double a=5/2;      //说明语句，说明 a 为 double 型变量并初始化为整数
        double b=5.0/2;    //说明语句，说明 b 为 double 型变量并初始化为实数
        double c=5/2.0;    //说明语句，说明 c 为 double 型变量并初始化为实数
        double d=5.0/2.0;  //说明语句，说明 d 为 double 型变量并初始化为实数
        System.out.println(a);    //输出语句,使用 println 方法输出，输出后换行
        System.out.println(b);    //输出语句,使用 println 方法输出，输出后换行
```

```
        System.out.println(c);    //输出语句,使用 println 方法输出，输出后换行
        System.out.println(d);    //输出语句,使用 println 方法输出，输出后换行
        Format.printf("%f\n",a);
          //输出语句,使用 printf 方法输出，输出后换行,使用'\n' 换行
        Format.printf("%f\n",b);
          //输出语句,使用 printf 方法输出，输出后换行,使用'\n' 换行
        Format.printf("%f\n",c);
          //输出语句,使用 printf 方法输出，输出后换行,使用'\n' 换行
        Format.printf("%f\n",d);
          //输出语句,使用 printf 方法输出，输出后换行,使用'\n' 换行
    }
}
```
运行结果:

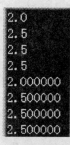

[例 1.3.7]　组合赋值运算符的使用。

方案一：先计算再输出

```
//Result.java
import corejava.*;    //引入 corejava 包中本程序用到的类
class Result     //定义类
{
    public static void main(String[] args)    //主方法
    {
        int x=2,y,z;    //说明 x,y,z 为整型变量并使 x 初始化
        x*=3+2;    //组合赋值,等价于 x=x*(3+2)
        Format.printf("%d\n",x);    //输出语句
        x*=y=z=4;    //多重赋值语句
        Format.printf("%d\n",x);
        x=y=(y=z);    //多重赋值语句
        Format.printf("%d\n",x);
    }
}
```
运行结果:

10
40
4

方案二：输出语句中含有计算表达式
```
// Result1.java
import corejava.*;    //引入 corejava 包中本程序用到的类
class Result1    //定义类
{
    public static void main(String[] args)    //主方法
    {
        int x=2,y,z;    //说明 x,y,z 为整型变量并使 x 初始化
        Format.printf("%d\n", x*=3+2);    //输出语句（含有组合赋值计算表达式）
        Format.printf("%d\n", x*=y=z=4);    //输出语句（含有多重赋值计算表达式）
        Format.printf("%d\n", x=y=(y=z));    //输出语句（含有多重赋值表达式）
    }
}
```
运行结果与方案一同。

方案三：使用 println 方法输出
```
// Result2.java
import corejava.*;    //引入 corejava 包中本程序用到的类
class Result2    //定义类
{
    public static void main(String[] args)    //主方法
    {
        int x=2,y,z;    //说明 x,y,z 为整型变量并使 x 初始化
        System.out.println((x*=3+2)+"\n"+(x*=y=z=4)+"\n"+(x=y=(y=z)));
        //输出语句（含有组合赋值计算表达式）
    }
}
```
运行结果与方案一同。

1.3.3 单目运算符

[例 1.3.8] 单目减运算符的使用。

方案一：使用 printf 方法输出
```
//UnaryApp.java
import corejava.*;    //引入 corejava 包中本程序用到的类
class UnaryApp    //定义类
{
    public static void main(String[] args)    //主方法
    {
```

```
        int a=0;    //说明 x 为整型变量并初始化为 0
        a=-1025;    //赋值语句
        Format.printf("%d\n",a);    //输出语句
    }
}
```
运行结果：
```
-1025
```
方案二：使用 printf 方法输出
```
//UnaryApp1.java
import corejava.*;    //引入 corejava 包中本程序用到的类
class UnaryApp1    //定义类
{
    public static void main(String[] args)    //主方法
    {
        int a=0;    //说明 x 为整型变量并初始化为 0
        System.out.println(a=-1025);    //输出语句
    }
}
```
运行结果与方案一同。

[例 1.3.9] 增 1 运算符的使用。

方案一：使用 printf 方法输出
```
//BasicOpApp.java
import corejava.*;    //引入 corejava 包中本程序用到的类
public class BasicOpApp    //定义类
{
    public static void main(String[] args)    //主方法
    {
        int a=12,b=8,c=6;    //说明语句，说明 a,b,c 为整型变量,并初始化
        Format.printf("%d ",a);    //输出语句
        Format.printf("%d ",b);    //输出语句
        Format.printf("%d\n",c);    //输出语句
        a=c;    //赋值语句
        Format.printf("%d ",a);    //输出语句
        Format.printf("%d ",b);    //输出语句
        Format.printf("%d\n",c);    //输出语句
        c+=b;    //组合赋值语句
        a=b+c;    //赋值语句
        Format.printf("%d ",a);    //输出语句
        Format.printf("%d ",b);    //输出语句
        Format.printf("%d\n",c);    //输出语句
```

```
        a++;      //后置++表达式
        ++b;      //前置++表达式
        c=a++ + ++b;    //赋值语句,后置++与前置++的表达式相加运算
        Format.printf("%d ",a);    //输出语句
        Format.printf("%d ",b);    //输出语句
        Format.printf("%d\n",c);   //输出语句
    }
}
```
运行结果：

```
12 8 6
6 8 6
22 8 14
24 10 33
```

方案二：使用 println 方法输出
```
//BasicOpApp1.java
public class BasicOpApp1    //定义类
{
    public static void main(String[] args)    //主方法
    {
        int a=12,b=8,c=6;    //说明语句，说明 a,b,c 为整型变量,并初始化
        System.out.println(a+" "+b+" "+c);    //输出语句
        a=c;    //赋值语句
        System.out.println(a+" "+b+" "+c);    //输出语句
        c+=b;    //组合赋值语句
        a=b+c;    //赋值语句
        System.out.println(a+" "+b+" "+c);    //输出语句
        a++;    //后置++表达式
        ++b;    //前置++表达式
        c=a++ + ++b;    //后置++与前置++的表达式相加运算
        System.out.println(a+" "+b+" "+c);    //输出语句
    }
}
```
运行结果与方案一同。

    [例 1.3.10]　增 1 运算符的使用。

方案一：使用 printf 方法输出
```
//Increment1.java
import corejava.*;    //引入 corejava 包中本程序用到的类
class Increment1    //定义类
{
    public static void main(String[] args)    //主方法
```

```
    {
        int x,y,z;    //说明语句，说明 x,y,z 为整型变量
        x=2; y=1; z=0;    //赋值语句
        z=x++ -1;    //赋值语句,后置++组合表达式
        Format.printf("%d\n",x);    //输出语句
        Format.printf("%d\n",z);    //输出语句
        z+=-x++ + ++y;    //组合赋值语句,后置++与前置++的表达式相加运算
        Format.printf("%d\n",x);    //输出语句
        Format.printf("%d\n",z);    //输出语句
        z=x/ ++x;    //赋值语句,前置++组合表达式
        Format.printf("%d\n",z);    //输出语句
    }
}
```

运行结果：
```
3
1
4
0
0
```

方案二：使用 println 方法输出
```
//Increment2.java
import corejava.*;    //引入 corejava 包中本程序用到的类
class Increment2    //定义类
{
    public static void main(String[] args)    //主方法
    {
        int x,y,z;    //说明语句，说明 x,y,z 为整型变量
        x=2; y=1; z=0;    //赋值语句
        z=x++ -1;    //赋值语句,后置++组合表达式
        System.out.println(x);    //输出语句
        System.out.println(z);    //输出语句
        z+=-x++ + ++y;    //组合赋值语句,后置++与前置++的表达式相加运算
        System.out.println(x);    //输出语句
        System.out.println(z);    //输出语句
        z=x/ ++x;    //赋值语句,前置++组合表达式
        System.out.println(z);    //输出语句
    }
}
```
运行结果与方案一同。

　　[例 1.3.11] 增 1 和减 1 运算符的使用。
方案一：使用 printf 方法输出

```java
//Increment3A.java
import corejava.*;     //引入 corejava 包中本程序用到的类
class Increment3A      //定义类
{
    public static void main(String[] args)    //主方法
    {
        int a,b,c;    //说明语句，说明 a,b,c 为整型变量
        a=b=c=0;      // 多重赋值语句
        a=++b + ++c;  //赋值语句，前置++的表达式相加运算
        Format.printf("%d   ",a);    //输出语句
        Format.printf("%d   ",b);    //输出语句
        Format.printf("%d\n",c);     //输出语句
        a=b++ + c++;  //赋值语句，后置++的表达式相加运算
        Format.printf("%d   ",a);    //输出语句
        Format.printf("%d   ",b);    //输出语句
        Format.printf("%d\n",c);     //输出语句
        a=++b + c++;    //赋值语句，前置++与后置++的表达式相加运算
        Format.printf("%d   ",a);    //输出语句
        Format.printf("%d   ",b);    //输出语句
        Format.printf("%d\n",c);     //输出语句
        a=b-- + --c;    //赋值语句，后置--与前置--的表达式相加运算
        Format.printf("%d   ",a);    //输出语句
        Format.printf("%d   ",b);    //输出语句
        Format.printf("%d\n",c);     //输出语句
        a=++c + c;    //赋值语句，前置++与表达式的相加运算
        Format.printf("%d   ",a);    //输出语句
        Format.printf("%d   ",b);    //输出语句
        Format.printf("%d\n",c);     //输出语句
    }
}
```

运行结果：

```
2 1 1
2 2 2
5 3 3
5 2 2
6 2 3
```

方案二：使用 println 方法,输出
```java
//Increment3B.java
import corejava.*;     //引入 corejava 包中本程序用到的类
class Increment3B      //定义类
```

```
{
    public static void main(String[] args)    //主方法
    {
        int a,b,c;   //说明语句，说明 a,b,c 为整型变量
        a=b=c=0;    //多重赋值语句
        a=++b + ++c;   //赋值语句，前置++的表达式相加运算
        System.out.println(a+"   "+b+"   "+c);   //输出语句
        a=b++ + c++;   //赋值语句，后置++的表达式相加运算
        System.out.println(a+"   "+b+"   "+c);   //输出语句
        a=++b + c++;    //赋值语句，前置++与后置++的表达式相加运算
        System.out.println(a+"   "+b+"   "+c);   //输出语句
        a=b-- + --c;   //赋值语句，后置--与前置--的表达式相加运算
        System.out.println(a+"   "+b+"   "+c);   //输出语句
        a=++c + c;    //赋值语句，前置++与表达式的相加运算
        System.out.println(a+"   "+b+"   "+c);   //输出语句
    }
}
```
运行结果与方案一同。

[例 1.3.12] 增 1 和减 1 运算符的使用。

方案一：使用 printf 方法输出

```
//Increment4A.java
import corejava.*;    //引入 corejava 包中本程序用到的类
class Increment4A    //定义类
{
    public static void main(String[] args)    //主方法
    {
        int x;   //说明语句，说明 x 为整型变量
        x=Console.readInt("Enter x: ");    //输入语句
        Format.printf("%d    ",x++);  //输出语句（含有后增 1 表达式）
        Format.printf("%d    ",++x);  //输出语句（含有前增 1 表达式）
        Format.printf("%d    ",++x-2);  //输出语句（含有前增 1 组合表达式）
        Format.printf("%d\n",x-- + --x);
        //输出语句（含有后减 1 与前减 1 组合表达式）
    }
}
```

运行结果：

```
Enter x: 10
10    12    11    24
```

方案二：使用 println 方法,输出

//Increment4B.java

```java
import corejava.*;    //引入corejava包中本程序用到的类
class Increment4B    //定义类
{
    public static void main(String[] args)    //主方法
    {
        int x=Console.readInt("Enter x: ");    //输入语句
        System.out.println((x++)+"    "+(++x)+"    "+(++x-2)+"    "+(x-- + --x));
    }
}
```

运行结果与方案一同。

1.3.4 类型转换

[例 1.3.13] 类型转换运算符的使用(字符与整型之间的转换)。

方案一：使用 printf 输出

```java
//TypeConversionA.java
import corejava.*;    //引入corejava包中本程序用到的类
public class TypeConversionA    //定义类
{
    public static void main(String[] args)    //主方法
    {
        int i;    //说明i为int型变量
        char ch='A';    //说明ch为char型变量并初始化为'A'
        Format.printf("%c\n",ch);    //输出语句
        Format.printf("%c\n",(char)(ch+1));
            //输出语句,将字符的ASCII码加1，其结果为数值，然后转换为字符
        Format.printf("%c\n",(char)(ch+2));
            //将字符的ASCII码加2，其结果为数值，然后转换为字符
        Format.printf("%d\n",(int)ch);    //强制结果转换为整型(ASCII码)输出
        i=65;    //赋值语句
        Format.printf("%c\n",(char)i);    //输出语句,强制结果转换为字符输出
        ch='a';    //赋值语句
        Format.printf("%i    ",(int)ch);    //强制结果转换为整型(ASCII码)输出
        Format.printf("%i    ",(int)' ');    //强制结果转换为整型(ASCII码)输出
        Format.printf("%i    ",(int)'\t');    //强制结果转换为整型(ASCII码)输出
        Format.printf("%i\n",(int)'\n');    //强制结果转换为整型(ASCII码)输出
    }
}
```

运行结果：

方案二：使用 System.out.println 输出
// TypeConversionB.java
import corejava.*;   //引入 corejava 包中本程序用到的类
public class TypeConversionB   //定义类
{
    public static void main(String[] args)   //主方法
    {
        int i;   //说明 i 为 int 型变量
        char ch='A';   //说明 ch 为 char 型变量并初始化为'A'
        System.out.println(String.valueOf(ch));
          //输出语句,将字符转换成字符串输出
        System.out.println(String.valueOf((char)(ch+1)));
        //将字符码加 1，其结果为数值，然后转换为字符，再转换成字符串输出
        System.out.println(String.valueOf((char)(ch+2)));
        // 输出语句,强制结果转换为字符型输出
        System.out.println(Integer.toString(ch));
          //输出语句,将字符码转换字符串输出
        i=65;   //赋值语句
        System.out.println(String.valueOf((char)i));
        //输出语句,将整数转换成字符，再转换成字符串输出
        ch='a';   //赋值语句
        System.out.println(String.valueOf((int)ch)+" "+String.valueOf((int) ' ')+
        String.valueOf((int) '\t')+"   "+String.valueOf((int) '\n'));
        //将字符、空格、Tab 制表符、换行符转换到整数，再转换到字符串输出
    }
}
运行结果与方案一同。

　　[例 1.3.14]　输入一个整数，然后将其转换成一个字符输出。
方案一：强制转换与输出分别进行
//TypeConversionC.java
import corejava.*;   //引入 corejava 包中本程序用到的类
public class TypeConversionC   //定义类
{
    public static void main(String[] args)   //主方法
    {

```
        int i=Console.readInt("Enter a int(y/n--121/110): ");   //输入语句
        char ch=(char)i;    //整型 i 强制转换成字符型
        Format.printf("You enter's char is: %c\n",ch);   //输出语句
    }
}
```
运行结果：

```
Enter a int(y/n--121/110): 65
You enter's char is: A
```

方案二：在输出语句中含有强制转换
//TypeconversionC1.java
```
import corejava.*;    //引入 corejava 包中本程序用到的类
public class TypeconversionC1    //定义类
{
    public static void main(String[] args)    //主方法
    {
        int i=Console.readInt("Enter a int(y/n--121/110): ");   //输入语句
        Format.printf("You enter's char is: %c\n",(char)i);
            //输出语句，整型 i 强制转换成字符型输出
    }
}
```
运行结果与方案一同。

方案三：使用 println 方法输出
//TypeconversionC2.java
```
import corejava.*;    //引入 corejava 包中本程序用到的类
public class TypeconversionC2    //定义类
{
    public static void main(String[] args)    //主方法
    {
        int i=Console.readInt("Enter a int(y/n--121/110): ");   //输入语句
        System.out.println("You enter's char is: "+(char)i);
            //输出语句，整型 i 强制转换成字符型输出
    }
}
```
运行结果与方案一同。

　　[例 1.3.15]　输入一个字符，找出它的前导与后导字符，并按从小到大的顺序输出其字符及对应的 ASCII 码。
方案一：使用 printf 方法输出
// TypeConversionD.java
```
import corejava.*;   //引入 corejava 包中本程序用到的类
import java.io.*;
```

```java
public class TypeConversionD    //定义类
{
    public static void main(String[] args)throws IOException   //主方法,并实现IO异常
    {
        System.out.print("Enter a char: ");    //输出语句
        char ch=(char)System.in.read();    //输入语句
        int ch1=ch-1;    //计算语句(赋值语句)
        int ch2=ch+1;    //计算语句(//赋值语句)
        Format.printf("%c    ",(char)ch1);    //输出语句,整型 ch1 强制转换成字符型输出
        Format.printf("%d\n",ch1);    //输出语句
        Format.printf("%c    ",ch);    //输出语句
        Format.printf("%d\n",(int)ch);    //输出语句,字符型 ch 强制转换成整型输出
        Format.printf("%c    ",(char)ch2);    //输出语句,整型 ch2 强制转换成字符型输出
        Format.printf("%d\n",ch2);    //输出语句
    }
}
```

运行结果：

```
Enter a char: b
a 97
b 98
c 99
```

方案二：使用 println 方法输出

```java
//TypeConversionD1.java
import corejava.*;    //引入 corejava 包中本程序要用到的类
import java.io.*;    //引入 java.io 包中本程序要用到的类
public class TypeConversionD1    //定义类
{
    public static void main(String[] args)throws IOException   //主方法,并实现IO异常
    {
        System.out.print("Enter a char: ");    //输出语句
        char ch=(char)System.in.read();    //输入语句
        int ch1=ch-1;    //赋值语句
        int ch2=ch+1;    //赋值语句
        System.out.println((char)ch1+"    "+ch1);
        //输出语句,整型 ch1 强制转换成字符型输出
        System.out.println(ch+"    "+ (int)ch);
        //输出语句,字符型 ch 强制转换成整型输出
        System.out.println((char)ch2+"    "+ch2);
        //输出语句,整型 ch2 强制转换成字符型输出
    }
}
```

运行结果与方案一同。
方案三：使用 readInt 方法输入，使用赋值语句,使用 println 方法输出
//TypeConversionD2.java
import corejava.*;   //引入 corejava 包中本程序要用到的类
import java.io.*;   //引入 java.io 包中本程序要用到的类
public class TypeConversionD2   //定义类
{
    public static void main(String[] args)throws IOException   //主方法，并实现 IO 异常
    {
        int ch=(char)Console.readInt("Enter an int number: ");   //输入语句
        int ch1=ch-1;   //赋值语句
        int ch2=ch+1;   //赋值语句
        System.out.println((char)ch1+" "+ch1);
        //输出语句,整型 ch1 强制转换成字符型输出
        System.out.println(ch+" "+(int)ch);
        //输出语句,字符型 ch 强制转换成整型输出
        System.out.println((char)ch2+" "+ch2);
        //输出语句,整型 ch2 强制转换成字符型输出
    }
}
运行结果：

```
Enter an int number: 98
a 97
b 98
c 99
```

方案四：使用 readInt 方法输入,使用 println 方法输出
//TypeConversionD3.java
import corejava.*;   //引入 corejava 包中本程序要用到的类
import java.io.*;   //引入 java.io 包中本程序要用到的类
public class TypeConversionD3   //定义类
{
    public static void main(String[] args)throws IOException   //主方法，并实现 IO 异常
    {
        char ch=(char)Console.readInt("Enter an int number: ");   //输入语句
        System.out.println((char)(ch-1)+" "+(int)(ch-1));
        //输出语句,整型 ch-1 强制转换成字符型与整型输出
        System.out.println(ch+" "+(int)ch);
        //输出语句,字符型 ch 强制转换成整型输出
        System.out.println((char)(ch+1)+" "+(int)(ch+1));

        //输出语句,ch+1 强制转换成字符型与整型输出
    }
}
运行结果与方案三同。
　　[例 1.3.16] 类型转换运算符的使用。
方案一：使用 printf 方法输出
//TypeCon1.java
import corejava.*;   //引入 corejava 包中本程序用到的类
class TypeCon1   //定义类
{
    public static void main(String[] args)   //主方法
    {
        int i;   //说明 i 为 int 型变量
        long l;   //说明 l 为 long 型变量
        float f;   //说明 f 为 float 型变量
        double d;   //说明 d 为 double 型变量
        l=i=100/3;   //多重赋值语句
        d=100/3;   //赋值语句
        f=(float)(100/3);   //赋值语句,实除后强制转换为 float 型
        Format.printf("%d\t",i);   //输出语句
        Format.printf("%d\t",l);   //输出语句
        Format.printf("%f\t",f);   //输出语句
        Format.printf("%f\n",d);   //输出语句
        d=(double)100/3;   //将整数 100 强制转换为 double 型再除以 3
        f=(float)100/3;   //将实数 100 强制转换为 float 型再除以 3
        l=i=100/3;   //多重赋值语句,整除
        Format.printf("%d\t",i);   //输出语句
        Format.printf("%d\t",l);   //输出语句
        Format.printf("%f\t",f);   //输出语句
        Format.printf("%f\n",d);   //输出语句
        l=i=100/3;   //多重赋值语句,整除
        d=100/3;   //赋值语句,实除
        f=(float)100/3;   ////赋值语句,实除
        Format.printf("%d\t",i);   //输出语句
        Format.printf("%d\t",l);   //输出语句
        Format.printf("%f\t",f);   //输出语句
        Format.printf("%f\n",d);   //输出语句
        d=1000/3;   ////赋值语句,实除
        f=(float)(1000/3);   //将整数 100 强制转换为 float 型再除以 3
        l=i=1000/3;   //多重赋值语句,整除

```
            Format.printf("%d\t",i);      //输出语句
            Format.printf("%d\t",l);      //输出语句
            Format.printf("%f\t",f);      //输出语句
            Format.printf("%f\n",d);      //输出语句
            d=10000/3;         ////赋值语句,实除
            f=(float)(10000/3.0);    //将实除结果强制转换为 float 型
            i=10000/3;    //赋值语句,整除
            l=(long)10000/3;   //赋值语句,将整数 10000 强制转换为 long 型再除以 3
            Format.printf("%d\t",i);      //输出语句
            Format.printf("%d\t",l);      //输出语句
            Format.printf("%f\t",f);      //输出语句
            Format.printf("%f\n",d);      //输出语句
    }
}
```

运行结果:

```
33        33        33.333332        33.333333
33        33        33.333332        33.333333
33        33        33.333332        33.333333
333       333       333.000000       333.333333
3333      3333      3333.333252      3333.333333
```

方案二：使用 println 方法输出

```
//TypeCon1A.java
import corejava.*;    //引入 corejava 包中本程序用到的类
class TypeCon1A    //定义类
{
    public static void main(String[] args)    //主方法
    {
        int i;    //说明 i 为 int 型变量
        long l;   //说明 l 为 long 型变量
        float f;  //说明 f 为 float 型变量
        double d; //说明 d 为 double 型变量
        l=i=100/3;   //多重赋值语句
        d=100/3;     //赋值语句
        f=(float)(100/3);   //赋值语句,实除后强制转换为 float 型
        System.out.println(i+"\t"+l+"\t"+f+"\t"+d);   //输出语句
        d=(double)100/3;    //将整数 100 强制转换为 double 型再除以 3
        f=(float)100/3;     //将实数 100 强制转换为 float 型再除以 3
        l=i=100/3;          //多重赋值语句,整除
        System.out.println(i+"\t"+l+"\t"+f+"\t"+d);   //输出语句
        l=i=100/3;          //多重赋值语句,整除
```

```
        d=100/3;    ////赋值语句,实除
        f=(float)100/3;    ////赋值语句,实除
        System.out.println(i+"\t"+l+"\t"+f+"\t"+d);    //输出语句
        d=1000/3;    ////赋值语句,实除
        f=(float)(1000/3);    //将整数 100 强制转换为 float 型再除以 3
        l=i=1000/3;    //多重赋值语句,整除
        System.out.println(i+"\t"+l+"\t"+f+"\t\t"+d);    //输出语句
        d=10000/3;    ////赋值语句,实除
        f=(float)(10000/3.0);    //将实除结果强制转换为 float 型
        i=10000/3;    //赋值语句,整除
        l=(long)10000/3;    //赋值语句,将整数 10000 强制转换为 long 型再除以 3
        System.out.println(i+"\t"+l+"\t"+f+"\t"+d);    //输出语句
    }
}
```
运行结果与方案一同。

[例 1.3.17] 类型转换运算符的使用。

方案一：使用 printf 方法输出

```
//TypeCon2.java
import corejava.*;    //引入 corejava 包中本程序用到的类
class TypeCon2    //定义类
{
    public static void main(String[] args)    //主方法
    {
        double d=3.2,x;    //说明 d,x 为 double 型变量并初始化 d 为 3.2
        int i=2,y;    //说明 i,y 为 int 型变量并初始化 i 为 2
        x=y=(int)(d/i*2);    //多重赋值语句,强制把 d/i*2 的结果转换为 int 型
        Format.printf("%f\t",x);    //输出语句
        Format.printf("%d\n",y);    //输出语句
        x=y=(int)d/i*2;    //多重赋值语句,把 double 型 d 转换为 int 型,再除以 i*2
        Format.printf("%f\t",x);    //输出语句
        Format.printf("%d\n",y);    //输出语句
        y=(int)(d*(x=2.5/d));    //赋值语句,将计算结果转换为 int 型
        Format.printf("%f\t",x);    //输出语句
        Format.printf("%d\n",y);    //输出语句
        x=(double)((y=(int)(2.9+1.1))/d);
        /* 赋值语句,计算表达式(2.9+1.1)的结果转换为整型,赋给整型变量 y,再除以 double
           变量 a,结果强制转换为 double 型  */
        Format.printf("%f\t",x);    //输出语句
        Format.printf("%d\n",y);    //输出语句
    }
}
```

运行结果：

```
3.000000    3
2.000000    2
0.781250    2
1.250000    4
```

方案二：使用 println 方法输出
```java
//TypeCon2A.java
import corejava.*;    //引入 corejava 包中本程序用到的类
class TypeCon2A    //定义类
{
    public static void main(String[] args)    //主方法
    {
        double d=3.2,x;    //说明 d,x 为 double 型变量并初始化 d 为 3.2
        int i=2,y;    //说明 i,y 为 int 型变量并初始化 i 为 2
        x=y=(int)(d/i*2);    //多重赋值语句,强制把 d/i*2 的结果转换为 int 型
        System.out.println(x+"\t"+y);    //输出语句
        x=y=(int)d/i*2;    //多重赋值语句,把 double 型 d 转换为 int 型,再除以 i*2
        System.out.println(x+"\t"+y);    //输出语句
        y=(int)(d*(x=2.5/d));    //赋值语句,将计算结果转换为 int 型
        System.out.println(x+"\t"+y);    //输出语句
        x=(double)((y=(int)(2.9+1.1))/d);
        /* 赋值语句,计算表达式(2.9+1.1)的结果转换为整型，赋给整型变量 y,
           再除以 double 变量 a,结果强制转换为 double 型 */
        System.out.println(x+"\t"+y);    //输出语句
    }
}
```

运行结果：

```
3.0         3
2.0         2
0.78125     2
1.25        4
```

[例 1.3.18] 类型转换运算符的使用。

方案一：使用 printf 方法输出
```java
//TypeCon3.java
import corejava.*;    //引入 corejava 包中本程序用到的类
class TypeCon3    //定义类
{
    public static void main(String[] args)    //主方法
    {
        int i,j=2,k;    //说明 i,k,k 为 int 型变量并初始化 j 为 2
```

```
    float x;    //说明 x 为 float 型变量
    i=5; k=6; x=4.0f;    //赋值语句
    Format.printf("%c\n",(char)(8*x+3));
    //输出语句,将 8*x+3 之值强制转换为字符型输出
    Format.printf("%d\n",(int)((int)x+(float)i+j));
    /* 输出语句,将表达式中的 x 转换为 int 型,i 转换为 float 型,然后再计算表达
       式,结果转换为 int 型输出 */
  }
}
```

运行结果：

\#
11

方案二：使用 println 方法输出

```
//TypeCon3A.java
import corejava.*;    //引入 corejava 包中本程序用到的类
class TypeCon3A    //定义类
{
    public static void main(String[] args)    //主方法
    {
        int i,j=2,k;    //说明 i,k,k 为 int 型变量并初始化 j 为 2
        float x;    //说明 x 为 float 型变量
        i=5; k=6; x=4.0f;    //赋值语句
        System.out.println((char)(8*x+3));
        //输出语句,将 8*x+3 之值强制转换为字符型输出
        System.out.println((int)((int)x+(float)i+j));
        /* 输出语句,将表达式中的 x 转换为 int 型,i 转换为 float 型,然后再计算表达
           式,结果转换为 int 型输出 */
    }
}
```

运行结果与方案一同。

1.3.5 Math 类方法

[例 1.3.19] 计算 $y=x^{1.375}+b$ 之值(要求输出结果保留小数后 2 位)。
方案一：分别输入两个数,输出语句与计算表达式分别进行

```
//AppY1.java
import corejava.*;    //引入 corejava 包中本程序用到的类
public class AppY1    //定义类
{
    public static void main(String[] args)    //主方法
    {
```

```
        double x=Console.readDouble("Enter the value of x: ");   //输入语句
        double b=Console.readDouble("Enter the value of b: ");   //输入语句
        double y=Math.pow(x,1.375)+b;   //赋值语句（计算语句）
        Format.printf("y=%.2f\n",y);   //输出语句，输出结果保留小数后2位
    }
}
```

运行结果：

```
Enter the value of x: 9.18
Enter the value of b: 8.3
y=29.38
```

方案二：分别输入两个数，输出语句中含有计算表达式

```
//AppY2.java
import corejava.*;   //引入corejava包中本程序用到的类
public class AppY2   //定义类
{
    public static void main(String[] args)   //主方法
    {
        double x=Console.readDouble("Enter the value of x: ");   //输入语句
        double b=Console.readDouble("Enter the value of b: ");   //输入语句
        Format.printf("y=%.2f\n",Math.pow(x,1.375)+b);
        //输出语句（含计算表达式），输出结果保留小数后2位
    }
}
```

运行结果与方案一同。

方案三：一次输入两个数，输入语句中使用字符串变量

```
//AppY3.java
import corejava.*;   //引入corejava包中本程序用到的类
public class AppY3   //定义类
{
    public static void main(String[] args)   //主方法
    {
      String sData=Console.readLine("Enter two numbers: ");
      //输入语句，输入两个double数，以字符串存入字符串变量中
       String[] s=sData.split(" ");   //字符串之间用空格分隔，存入字符串数组中
      double x=Double.parseDouble(s[0]);
      //从字符串数组中取出第一个字符串，转换为double数赋给变量x
      double b=Double.parseDouble(s[1]);
      //从字符串数组中取出第二个字符串，转换为double数赋给变量b
      Format.printf("y=%.2f\n",Math.pow(x,1.375)+b);
      //输出语句（含计算表达式），输出结果保留小数后2位
```

        }
}
运行结果：

```
Enter two numbers:  9.18 8.3
y=29.38
```

方案四：一次输入两个数，输入语句中使用字符串数组
//AppY4.java
import corejava.*;   //引入 corejava 包中本程序用到的类
public class AppY4   //定义类
{
    public static void main(String[] args)   //主方法
    {
        String[] s=Console.readLine("Enter two numbers: ").split(" ");
        /* 输入语句，输入两个 double 数，以字符串存入字符串数组(字符串之间用空格
           分隔)中 */
        double x=Double.parseDouble(s[0]);
        // 从字符串数组中取出第一个字符串，转换为 double 数赋给变量 x
            double b=Double.parseDouble(s[1]);
        // 从字符串数组中取出第二个字符串，转换为 double 数赋给变量 b
        Format.printf("y=%.2f\n",Math.pow(x,1.375)+b);
        //输出语句（含计算表达式），输出结果保留小数后 2 位
    }
}
运行结果与方案一同。

[例 1.3.20]   计算 $x=\dfrac{e^a+a^b}{a\pi}$ 之值。

方案一：分别输入两个数，输出语句与计算表达式分别进行
//MathComputeX.java
import corejava.*;   //引入 corejava 包中本程序用到的类
public class MathComputeX   //定义类
{
    public static void main(String[] args)   //主方法
    {
        double a=Console.readDouble("Enter a double number: ");   //输入语句
        double b=Console.readDouble("Enter a double number: ");   //输入语句
        double x=(Math.exp(a)+Math.pow(a,b))/(a*Math.PI);
        //赋值语句（计算语句）
        Format.printf("x=%f\n",x);   //输出语句，输出结果保留小数后 6 位
        Format.printf("x=%10.16f\n",x);
                //输出语句，输出结果为域宽 10 位，保留小数后 16 位

       }
}

运行结果：

```
Enter a double number:  11.19
Enter a double number:  10.25
x=1601507534.513434
x=1601507534.5134344100952148
```

方案二：一次输入两个数，输入语句中使用字符串变量
//MathComputeX1.java
import corejava.*;   //引入corejava包中本程序用到的类
public class MathComputeX1//定义类
{
    public static void main(String[] args)   //主方法
    {
        String sData=Console.readLine("Enter two numbers: ");
          //输入语句，输入两个double数，以字符串存入字符串变量中
        String[] s=sData.split(" ");
        //字符串之间用空格分隔，存入字符串数组中
        double a=Double.parseDouble(s[0]);
        //从字符串数组中取出第一个字符串，转换为double数赋给变量a
        double b=Double.parseDouble(s[1]);
        //从字符串数组中取出第二个字符串，转换为double数赋给变量b
        double x=(Math.exp(a)+Math.pow(a,b))/(a*Math.PI);
        Format.printf("x=%f\n",x);   //输出语句，输出结果保留小数后6位
    }
}
```

运行结果：

```
Enter two numbers:  9.18 1.24
x=336.922400
```

方案三：一次输入两个数，输入语句中使用字符串数组
//MathComputeX2.java
import corejava.*;   //引入corejava包中本程序用到的类
public class MathComputeX2   //定义类
{
    public static void main(String[] args)   //主方法
    {
        String[] s=Console.readLine("Enter two numbers: ").split(" ");
       /* 输入语句，输入两个double数，以字符串存入字符串数组(字符串之间用空格分隔)中 */
        double a=Double.parseDouble(s[0]);
        //从字符串数组中取出第一个字符串，转换为double数赋给变量a
```

```
        double b=Double.parseDouble(s[1]);
        //从字符串数组中取出第二个字符串,转换为 double 数赋给变量 b
        Format.printf("x=%f\n",(Math.exp(a)+Math.pow(a,b))/(a*Math.PI));   //输出语句

}
```
运行结果与方案二同。

[例 1.3.21]   Math 类方法的使用。

方案一：使用 printf 方法输出

```java
//MathTestB.java
import corejava.*;   //引入 corejava 包中本程序用到的类
public class MathTestB   //定义类
{
    public static void main(String[] args)   //主方法
    {
        Format.printf("Math.abs(23.7)=%f\n",Math.abs(23.7));   //输出语句,取绝对值
        Format.printf("Math.abs(0.0)=%d\n",(int)Math.abs(0.0));
        //输出语句, 取绝对值的整数值
        Format.printf("Math.abs(-23.7)=%f\n",Math.abs(-23.7));
        //输出语句, 取绝对值
        Format.printf("Math.ceil(9.2)=%d\n",(int)Math.ceil(9.2));
        //输出语句,取上整值
        Format.printf("Math.ceil(-9.8)=%d\n",(int)Math.ceil(-9.8));
        //输出语句, 取上整值
        Format.printf("Math.cos(0.0)=%f\n",Math.cos(0.0));   //输出语句,取余弦值
        Format.printf("Math.exp(1.0)=%f\n",Math.exp(1.0));
        //输出语句, 取指数函数值
        Format.printf("Math.exp(2.0)=%f\n",Math.exp(2.0));
        //输出语句, 取指数函数值
        Format.printf("Math.floor(9.2)=%d\n",(int)Math.floor(9.2));
        //输出语句,取下整值
        Format.printf("Math.floor(-9.8)=%d\n",(int)Math.floor(-9.8));
        //输出语句, 取下整值
        Format.printf("Math.log(2.718282)=%f\n",Math.log(2.718282));
        //输出语句, 取自然对数值
        Format.printf("Math.log(7.389056)=%f\n",Math.log(7.389056));
        //输出语句, 取自然对数值
        Format.printf("Math.max(2.3,12.7)=%f\n",Math.max(2.3,12.7));
        //输出语句,取最大数
        Format.printf("Math.max(-2.3, -12.7)=%f\n",Math.max(-2.3, -12.7));
        //输出语句, 取最大数
```

```java
        Format.printf("Math.min(2.3,12.7)=%f\n",Math.min(2.3,12.7));
            //输出语句,取最小数
        Format.printf("Math.min(-2.3,-12.7)=%f\n",Math.min(-2.3,-12.7));
            //输出语句, 取最小数
        Format.printf("Math.pow(2,7)=%f\n",Math.pow(2,7));
            //输出语句,取幂次方值
        Format.printf("Math.pow(9,0.5)=%f\n",Math.pow(9,0.5));
            //输出语句,取幂次方值
        Format.printf("Math.sin(0.0)=%f\n",Math.sin(0.0));    //输出语句,取正弦值
        Format.printf("Math.sqrt(25.0)=%f\n",Math.sqrt(25.0));
            //输出语句,取平方根值
        Format.printf("Math.tan(0.0)=%f\n",Math.tan(0.0));    //输出语句,取正切值
    }
}
```

运行结果:

```
Math.abs(23.7)=23.700000
Math.abs(0.0)=0
Math.abs(-23.7)=23.700000
Math.ceil(9.2)=10
Math.ceil(-9.8)=-9
Math.cos(0.0)=1.000000
Math.exp(1.0)=2.718282
Math.exp(2.0)=7.389056
Math.floor(9.2)=9
Math.floor(-9.8)=-10
Math.log(2.718282)=1.000000
Math.log(7.389056)=2.000000
Math.max(2.3,12.7)=12.700000
Math.max(-2.3,-12.7)=-2.300000
Math.min(2.3,12.7)=2.300000
Math.min(-2.3,-12.7)=-12.700000
Math.pow(2,7)=128.000000
Math.pow(9,0.5)=3.000000
Math.sin(0.0)=0.000000
Math.sqrt(25.0)=5.000000
Math.tan(0.0)=0.000000
```

方案二：使用 println 方法输出

```java
//MathTestB1.java
public class MathTestB1    //定义类
{
    public static void main(String[] args)    //主方法
    {
        System.out.println("Math.abs(23.7)="+Math.abs(23.7));
            //输出语句,取绝对值
```

```java
System.out.println("Math.abs(0.0)="+(int)Math.abs(0.0));
//输出语句,取绝对值的整数值
System.out.println("Math.abs(-23.7)="+Math.abs(-23.7));
//输出语句,取绝对值
System.out.println("Math.ceil(9.2)="+(int)Math.ceil(9.2));
//输出语句,取上整值
System.out.println("Math.ceil(-9.8)="+(int)Math.ceil(-9.8));
//输出语句,取上整值
System.out.println("Math.cos(0.0)="+Math.cos(0.0));
 //输出语句,取余弦值
System.out.println("Math.exp(1.0)="+Math.exp(1.0));
//输出语句,取指数函数值
System.out.println("Math.exp(2.0)="+Math.exp(2.0));
//输出语句,取指数函数值
System.out.println("Math.floor(9.2)="+(int)Math.floor(9.2));
//输出语句,取下整值
System.out.println("Math.floor(-9.8)="+(int)Math.floor(-9.8));
//输出语句,取下整值
System.out.println("Math.log(2.718282)="+Math.log(2.718282));
//输出语句,取自然对数值
System.out.println("Math.log(7.389056)="+Math.log(7.389056));
//输出语句,取自然对数值
System.out.println("Math.max(2.3,12.7)="+Math.max(2.3,12.7));
//输出语句,取最大数
System.out.println("Math.max(-2.3,-12.7)="+Math.max(-2.3,-12.7));
//输出语句,取最大数
System.out.println("Math.min(2.3,12.7)="+Math.min(2.3,12.7));
//输出语句,取最小数
System.out.println("Math.min(-2.3,-12.7)="+Math.min(-2.3,-12.7));
//输出语句,取最小数
System.out.println("Math.pow(2,7)="+Math.pow(2,7));
//输出语句,取幂次方值
System.out.println("Math.pow(9,0.5)="+Math.pow(9,0.5));
//输出语句,取幂次方值
System.out.println("Math.sin(0.0)="+Math.sin(0.0));
 //输出语句,取正弦值
System.out.println("Math.sqrt(25.0)="+Math.sqrt(25.0));
 //输出语句,取平方根值
System.out.println("Math.tan(0.0)="+Math.tan(0.0));
 //输出语句,取正切值
```

    }
}
运行结果:

```
Math.abs(23.7)=23.7
Math.abs(0.0)=0
Math.abs(-23.7)=23.7
Math.ceil(9.2)=10
Math.ceil(-9.8)=-9
Math.cos(0.0)=1.0
Math.exp(1.0)=2.7182818284590455
Math.exp(2.0)=7.38905609893065
Math.floor(9.2)=9
Math.floor(-9.8)=-10
Math.log(2.718282)=1.0000000631063886
Math.log(7.389056)=1.9999999866111924
Math.max(2.3,12.7)=12.7
Math.max(-2.3,-12.7)=-2.3
Math.min(2.3,12.7)=2.3
Math.min(-2.3,-12.7)=-12.7
Math.pow(2,7)=128.0
Math.pow(9,0.5)=3.0
Math.sin(0.0)=0.0
Math.sqrt(25.0)=5.0
Math.tan(0.0)=0.0
```

[例 1.3.22] 类型转换以及几种数学方法实现浮点数的取值。

方案一：使用 printf 方法输出

```java
//NumberTest.java
import corejava.*;    //引入 corejava 包中本程序用到的类
public class NumberTest    //定义类
{
    public static void main(String[] args)    //主方法
    {
        double x=Console.readDouble("Enter a double number: ");    //输入语句
        double y=Console.readDouble("Enter a double number: ");    //输入语句
        double sum=x+y;    //赋值语句
        Format.printf("Sum=%f\n",sum);    //输出语句,输出结果保留小数后 6 位
        Format.printf("Sum=%10.16f\n",sum);
        //输出语句,输出结果域宽为 10，保留小数后 16 位
        Format.printf("Sum=%d\n",(int)sum);    //输出语句,输出为整数
        Format.printf("Sum=%f\n",Math.ceil(sum));    //输出语句,输出为取上整
        Format.printf("Sum=%f\n",Math.floor(sum));    //输出语句,输出为取下整
        Format.printf("Sum=%f\n",Math.rint(sum));    //输出语句,输出为取下整
        Format.printf("Sum=%d\n",Math.round(sum));
        //输出语句,取四舍五入值输出
```

        }
}
运行结果:

```
Enter a double number: 10.25
Enter a double number: 13.05
Sum=23.300000
Sum=23.3000000000000007
Sum=23
Sum=24.000000
Sum=23.000000
Sum=23.000000
Sum=23
```

方案二: 使用 println 方法输出

```java
//NumberTest1.java
import corejava.*;    //引入 corejava 包中本程序用到的类
public class NumberTest1   //定义类
{
    public static void main(String[] args)    //主方法
    {
        double x=Console.readDouble("Enter a double number: ");   //输入语句
        double y=Console.readDouble("Enter a double number: ");   //输入语句
        double sum=x+y;    //赋值语句
        System.out.println("Sum="+sum);  //输出语句,输出结果保留小数后 6 位
        System.out.println("Sum="+(int)sum);    //输出语句,输出为整数
        System.out.println("Sum="+Math.ceil(sum));   //输出语句,输出为取上整数
        System.out.println("Sum="+Math.floor(sum));    //输出语句,输出为取下整数
        System.out.println("Sum="+Math.rint(sum));   //输出语句,输出为取下整数
        System.out.println("Sum="+Math.round(sum));
        //输出语句,取四舍五入值输出
    }
}
```

运行结果:

```
Enter a double number: 10.25
Enter a double number: 13.05
Sum=23.3
Sum=23
Sum=24.0
Sum=23.0
Sum=23.0
Sum=23
```

[例 1.3.23] 计算 $y=\left(\left|\ln\sqrt{1+\alpha^2}-e^{2\beta}\right|\right)^{\frac{3}{2}}$ 之值。

方案一：分别输入两数，输出语句与计算表达式分别进行

```java
//TestMath.java
import corejava.*;    //引入 corejava 包中本程序用到的类
public class TestMath    //定义类
{
    public static void main(String[] args)    //主方法
    {
        double alpha=Console.readDouble("Enter a double: ");    //输入语句
        double beta=Console.readDouble("Enter a double: ");     //输入语句
        Format.printf("alpha=%f\n",alpha);    //输出语句
        Format.printf("beta=%f\n",beta);      //输出语句
        double y=Math.pow(Math.abs(Math.log(Math.sqrt(1+alpha*alpha))
                -Math.exp(2*beta)),5/2.);     //计算语句
        Format.printf("y=%f\n",y);    //输出语句
    }
}
```

运行结果：

```
Enter a double: 11.19
Enter a double: 14.45
alpha=11.190000
beta=14.450000
y=2.386582E+031
```

方案二：一次输入两个数，输出语句与计算表达式分别进行

```java
//TestMath1A.java
import corejava.*;    //引入 corejava 包中本程序用到的类
public class TestMath1A    //定义类
{
    public static void main(String[] args)    //主方法
    {
        String[] s=Console.readLine("Enter two numbers: ").split(" ");
        /* 输入语句，输入两个 double 数，以字符串存入字符串数组中(字符串之间用空格
           分隔) */
        double alpha=Double.parseDouble(s[0]);
        //从字符串数组中取出第一个字符串，转换为 double 型数赋给变量 alpha
        double beta=Double.parseDouble(s[1]);
        //从字符串数组中取出第二个字符串，转换为 double 型数赋给变量 beta
        double y=Math.pow(Math.abs(Math.log(Math.sqrt(1+alpha*alpha))
                -Math.exp(2*beta)),5/2.);    //计算语句
        Format.printf("y=%f\n",y);    //输出语句
    }
}
```

运行结果:

```
Enter two numbers:  11.19 14.45
y=2.386582E+031
```

[例 1.3.24] 输入两个整数，使用 Math 类方法求最大的一个整数。

方案一：分别输入两个数，输出语句中含有计算表达式

```
//MathMaxApp.java
import corejava.*;    //引入 corejava 包中本程序用到的类
class MathMaxApp    //定义类
{
    public static void main(String[] args)    //主方法
    {
        int x=Console.readInt("Enter an int number: ");    //输入语句
        int y=Console.readInt("Enter an int number: ");    //输入语句
        Format.printf("Max=%d\n",Math.max(x,y));
        //输出语句，max(x,y)是求 x，y 中的最大值
    }
}
```

运行结果:

```
Enter an int number:  918
Enter an int number:  124
Max=918
```

方案二：一次输入两个数，输出语句中含有计算表达式

```
//MathMaxApp1.java
import corejava.*;    //引入 corejava 包中本程序用到的类
class MathMaxApp1    //定义类
{
    public static void main(String[] args)    //主方法
    {
        String sData=Console.readLine("Enter two int numbers: ");
        //输入语句，输入两个 int 数，以字符串存入字符串变量中
        String[] s=sData.split(" ");    //字符串之间用空格分隔，存入字符串数组中
        int x=Integer.parseInt(s[0]);
        //从字符串数组中取出第一个字符串，转换为 int 型数赋给变量 x
        int y=Integer.parseInt(s[1]);
        //从字符串数组中取出第二个字符串，转换为 int 型数赋给变量 y
        Format.printf("Max=%d\n",Math.max(x,y));
        //输出语句，max(x,y)是求 x，y 中的最大值
    }
}
```

运行结果:

```
Enter two int numbers: 918 124
Max=918
```

［例 1.3.25］ 计算 $a=x^{y+z}$。

方案一：分别输入三个数，输出语句中含有计算表达式
//Axyz1.java
import corejava.*;   //引入 corejava 包中本程序用到的类
class Axyz1   //定义类
{
    public static void main(String[] args)   //主方法
    {
        double x=Console.readDouble("Enter value of x: ");   //输入语句
        double y=Console.readDouble("Enter value of y: ");   //输入语句
        double z=Console.readDouble("Enter value of z: ");   //输入语句
        Format.printf("a=%f\n",Math.pow(x,y+z));   //输出语句(含有计算表达式)

    }
}

运行结果:

```
Enter value of x: 2
Enter value of y: 3
Enter value of z: 4
a=128.000000
```

方案二：分别输入三个数，输入语句与方案一不同，输出语句中含有计算表达式
//Axyz1A.java
import corejava.*;   //引入 corejava 包中本程序用到的类
class Axyz1A   //定义类
{
    public static void main(String[] args)   //主方法
    {
        String str=Console.readLine("Enter three numbers: ");
        //输入语句，输入三个数，以字符串存入字符串变量中
        String[] s=str.split(" ");   //字符串之间用空格分隔，存入字符串数组中
        double x=Double.parseDouble(s[0]);
        //从字符串数组中取出第一个字符串，转换为 double 型数赋给变量 x
        double y=Double.parseDouble(s[1]);
        //从字符串数组中取出第二个字符串，转换为 double 型数赋给变量 y
        double z=Double.parseDouble(s[2]);
        //从字符串数组中取出第三个字符串，转换为 double 型数赋给变量 z

```
        Format.printf("a=%f\n",Math.pow(x,y+z));    //输出语句(含有计算表达式)
    }
}
```
运行结果:

```
Enter three numbers: 2 3 4
a=128.000000
```

[例 1.3.26]　计算 $a=x^{y^z}$。

方案一：分别输入三个数

```
//ATest.java
import corejava.*;    //引入 corejava 包中本程序用到的类
class Atest    //定义类
{
    public static void main(String[] args)    //主方法
    {
        double x=Console.readDouble("Enter value of x: ");    //输入语句
        double y=Console.readDouble("Enter value of y: ");    //输入语句
        double z=Console.readDouble("Enter value of z: ");    //输入语句
        Format.printf("a=%f\n",Math.pow(x,Math.pow(y,z)));
        //输出语句(含有计算表达式)
    }
}
```
运行结果:

```
Enter value of x: 2
Enter value of y: 3
Enter value of z: 4
a=2.417852E+024
```

方案二：一次输入三个数，输入语句与方案一不同

```
//Atest1.java
import corejava.*;    //引入 corejava 包中本程序用到的类
class Atest1    //定义类
{
    public static void main(String[] args)    //主方法
    {
        String sData=Console.readLine("Enter three numbers: ");
        //输入语句，输入三个数，以字符串存入字符串变量中
        String[] s=sData.split(" ");    //字符串之间用空格分隔，存入字符串数组中
        double x=Double.parseDouble(s[0]);
        //从字符串数组中取出第一个字符串，转换为 double 型数赋给变量 x
        double y=Double.parseDouble(s[1]);
```

```
        //从字符串数组中取出第二个字符串，转换为 double 型数赋给变量 y
        double z=Double.parseDouble(s[2]);
        //从字符串数组中取出第三个字符串，转换为 double 型数赋给变量 z
        Format.printf("a=%f\n",Math.pow(x,Math.pow(y,z)));
        //输出语句（含计算表达式）
    }
}
```
运行结果：

```
Enter three numbers:  2 3 4
a=2.417852E+024
```

[例 1.3.27] 计算 $y=\sin^2 x$。

方案一：使用 printf 方法输出

```
//YApp.java
import corejava.*;    //引入 corejava 包中本程序用到的类
class Yapp    //定义类
{
    public static void main(String[] args)    //主方法
    {
        double x=Console.readDouble("Enter value of x: ");    //输入语句
        Format.printf("y=%f\n",Math.sin(x*Math.PI/180)
                    *Math.sin(x*Math.PI/180));    //输出语句（含有计算表达式）
        Format.printf("y=%f\n",Math.pow(Math.sin(x*Math.PI/180),2));
        //输出语句（含有计算表达式）
    }
}
```
运行结果：

```
Enter value of x:  10.25
y=0.031664
y=0.031664
```

方案二：使用 println 方法输出

```
//YJava.java
import java.io.*;    //引入 java.io 包中本程序要用到的类
import java.util.*;    //引入 java.util 包中本程序要用到的类
class Yjava    //定义类
{
    public static void main(String[] args)throws IOException
    //主方法，并实现 IO 异常
    {
        System.out.print("Enter value of x: ");    //输出语句，提示输入数据
```

```
BufferedReader in=new BufferedReader(new InputStreamReader(System.in));
//创建缓冲区读入器类对象
double x=Double.parseDouble(in.readLine());
//输入语句，输入数据 并转换为 double 型数赋给变量 x
System.out.println("y="+Math.sin(x*Math.PI/180)
                              *Math.sin(x*Math.PI/180));
//输出语句（含有计算表达式）
System.out.println("y="+Math.pow(Math.sin(x*Math.PI/180),2));
//输出语句（含有计算表达式）
    }
}
```
运行结果：

```
Enter value of x: 10.25
y=0.03166390537580118
y=0.03166390537580118
```

[例 1.3.28] 计算 $a=\left(\dfrac{x+y}{z}\right)^{3.5}$。

方案一：分别输入三个数

```
//AApp.java
import corejava.*;    //引入 corejava 包中本程序用到的类
class AApp//定义类
{
    public static void main(String[] args)    //主方法
    {
        double x=Console.readDouble("Enter value of x: ");   //输入语句
        double y=Console.readDouble("Enter value of y: ");   //输入语句
        double z=Console.readDouble("Enter value of z: ");   //输入语句
        Format.printf("a=%f\n",Math.pow((x+y)/z,3.5));
        //输出语句（含有计算表达式）
    }
}
```
运行结果：

```
Enter value of x: 2
Enter value of y: 3
Enter value of z: 4
a=2.183660
```

方案二：一次输入三个数，输入语句与方案一不同

```
// AApp1.java
import corejava.*;    //引入 corejava 包中本程序用到的类
```

```
class AApp1    //定义类
{
    public static void main(String[] args)    //主方法
    {
        String sData=Console.readLine("Enter three numbers: ");
        //输入语句，输入三个数，以字符串存入字符串变量中
        String[] s=sData.split(" ");    //字符串之间用空格分隔，存入字符串数组中
        double x=Double.parseDouble(s[0]);
        //从字符串数组中取出第一个字符串，转换为 double 型数赋给变量 x
        double y=Double.parseDouble(s[1]);
        //从字符串数组中取出第二个字符串，转换为 double 型数赋给变量 y
        double z=Double.parseDouble(s[2]);
        //从字符串数组中取出第三个字符串，转换为 double 型数赋给变量 z
        Format.printf("a=%f\n",Math.pow((x+y)/z,3.5));
        //输出语句（含有计算表达式）
    }
}
```

运行结果：

```
Enter three numbers:  2 3 4
a=2.183660
```

[例 1.3.29] 计算 $a=\frac{1}{2}\left(x+\sqrt{x^2+1}+\ln\left|x+\sqrt{x^2+1}\right|\right)$, $b=\ln\left|y+\sqrt{y^2+1}\right|$, $c=a+b$。

方案一：分别输入三个数

```
//MathABC1.java
import corejava.*;    //引入 corejava 包中本程序用到的类
class MathABC1    //定义类
{
    public static void main(String[] args)    //主方法
    {
        double x=Console.readDouble("Enter value x: ");    //输入语句
        double y=Console.readDouble("Enter value y: ");    //输入语句
        double a=(x+Math.sqrt(x*x+1)+Math.log(Math.abs(x+Math.sqrt(x*x+1))))/2;
        //计算语句
        Format.printf("a=%f\n",a);    //输出语句
        double b=Math.log(Math.abs(y+Math.sqrt(y*y+1)));    //计算语句
        Format.printf("b=%f\n",b);    //输出语句
        Format.printf("c=%f\n",a+b);    //输出语句（含有计算表达式）
    }
}
```

运行结果：

```
Enter value x:  5
Enter value y:  10
a=6.205729
b=2.998223
c=9.203952
```

方案二：一次输入两个数

```java
//MathABC2.java
import corejava.*;    //引入 corejava 包中本程序用到的类
class MathABC2    //定义类
{
    public static void main(String[] args)    //主方法
    {
        String str=Console.readLine("Enter two double numbers: ");
         //输入语句，输入两个 double 数，以字符串存入字符串变量中
        String[] s=str.split(" ");    //字符串之间用空格分隔，存入字符串数组中
        double x=Double.parseDouble(s[0]);
        //从字符串数组中取出第一个字符串，转换为 double 型数赋给变量 x
        double y=Double.parseDouble(s[1]);
        //从字符串数组中取出第二个字符串，转换为 double 型数赋给变量 y
        double a=(x+Math.sqrt(x*x+1)+Math.log(Math.abs(x+Math.sqrt(x*x+1))))/2;
        //计算语句
        Format.printf("a=%f\n",a);    //输出语句
        double b=Math.log(Math.abs(y+Math.sqrt(y*y+1)));    //计算语句
        Format.printf("b=%f\n",b);    //输出语句
        Format.printf("c=%f\n",a+b);    //输出语句（含有计算表达式）
    }
}
```

运行结果：

```
Enter two double numbers:  5 10
a=6.205729
b=2.998223
c=9.203952
```

方案三：一次输入两个数，输出语句与方案二不同

```java
//MathABC3.java
import corejava.*;    //引入 corejava 包中本程序用到的类
class MathABC3    //定义类
{
    public static void main(String[] args)    //主方法
    {
        String[] s=Console.readLine("Enter two double numbers: ").split(" ");
        /* 输入语句，输入两个 double 数，以字符串存入字符串数组中(字符串之间用空格
```

分隔) */
double x=Double.parseDouble(s[0]);
//从字符串数组中取出第一个字符串，转换为 double 型数赋给变量 x
double y=Double.parseDouble(s[1]);
//从字符串数组中取出第二个字符串，转换为 double 型数赋给变量 y
double c=(x+Math.sqrt(x*x+1)+Math.log(Math.abs(x+Math.sqrt(x*x+1))))/2
        +Math.log(Math.abs(y+Math.sqrt(y*y+1)));   //计算语句
Format.printf("a=%f\n",(x+Math.sqrt(x*x+1)+
                Math.log(Math.abs(x+Math.sqr t(x*x+1))))/2);
    //输出语句（含有计算表达式）
Format.printf("b=%f\n",Math.log(Math.abs(y+Math.sqrt(y*y+1))));
//输出语句（含有计算表达式）
Format.printf("c=%f\n",c);   //输出语句
    }
}
运行结果与方案二同。
[例 1.3.30] 获得 50~100 范围内的随机数。
方案一：计算语句与输出语句分别进行
// RandomRange.java
import corejava.*;   //引入 corejava 包中本程序用到的类
class RandomRange   //定义类
{
    public static void main(String[] args)   //主方法
    {
        int min=50,max=100,random;
        //说明 min,max,ramdom 为 int 型变量并初始化 min 与 max
        random=min+(int)((max-min)*(Math.random()));   //计算语句
        Format.printf("%d\n",random);   //输出语句
    }
}
运行结果：
58
方案二：输出语句中含有计算表达式
//RandomRange1.java
import corejava.*;   //引入 corejava 包中本程序用到的类
class RandomRange1   //定义类
{
    public static void main(String[] args)   //主方法
    {
        int min=50,max=100;   //说明语句

```
        Format.printf("%d\n",min+(int)((max-min)*(Math.random())));
        //输出语句(含有计算表达式)
    }
}
```
运行结果与方案一同。

[例 1.3.31] 计算 $y=\dfrac{1}{A^2}\left(\dfrac{R}{10}\right)^2$。

方案一：一次输入两个数，计算语句与输出语句分别进行
```
//Math_A.java
import corejava.*;    //引入 corejava 包中本程序用到的类
class Math_A    //定义类
{
    public static void main(String[] args)    //主方法
    {
        String[] s=Console.readLine("Enter two double numbers: ").split(" ");
        /* 输入语句，输入两个 double 数，以字符串存入字符串数组中(字符串之间用空格分隔) */
        double A=Double.parseDouble(s[0]);
        //从字符串数组中取出第一个字符串，转换为 double 型数赋给变量 A
        double R=Double.parseDouble(s[1]);
        //从字符串数组中取出第二个字符串，转换为 double 型数赋给变量 R
        double y=1/(A*A)*((R/10)* (R/10));    //计算语句
        Format.printf("y=%f\n",y);    //输出语句
    }
}
```
运行结果：

```
Enter two double numbers:  1 10
y=1.000000
```

方案二：分别输入两个数，输出语句中含有计算表达式
```
//Math_A1.java
import corejava.*;    //引入 corejava 包中本程序用到的类
class Math_A1    //定义类
{
    public static void main(String[] args)    //主方法
    {
        double A=Console.readDouble("Enter a double numbers: ");
        //输入语句，输入一个 double 数
        double R=Console.readDouble("Enter a double numbers: ");
        //输入语句，输入一个 double 数
```

```
        Format.printf("y=%f\n",1/(A*A)*((R/10)* (R/10)));
        //输出语句（含计算表达式）
    }
}
```
运行结果：

```
Enter a double numbers:  1
Enter a double numbers:  10
y=1.000000
```

[例 1.3.32]　计算 $y=\left(a^b\right)^c$

方案一：一次输入三个数，计算语句与输出语句分别进行
```
//Math_B.java
import corejava.*;    //引入 corejava 包中本程序用到的类
public class Math_B    //定义类
{
    public static void main(String[] args)    //主方法
    {
        String sData=Console.readLine("Enter three numbers: ");
        //输入语句，输入三个 double 数，以字符串存入字符串中
        String[] s=sData.split(" ");    //字符串之间用空格分隔
        double a=Double.parseDouble(s[0]);
        //从字符串数组中取出第一个字符串，转换为 double 型数赋给变量 a
        double b=Double.parseDouble(s[1]);
        //从字符串数组中取出第二个字符串，转换为 double 型数赋给变量 b
        double c=Double.parseDouble(s[2]);
        //从字符串数组中取出第三个字符串，转换为 double 型数赋给变量 b
        double y=Math.pow(Math.pow(a,b),c);    //计算语句
        Format.printf("y=%f\n",y);    //输出语句
    }
}
```
运行结果：

```
Enter three numbers:  2 3 4
y=4096.000000
```

方案二：分别输入三个数，输出语句中含有计算表达式
```
//Math_B1.java
import corejava.*;    //引入 corejava 包中本程序用到的类
public class Math_B1    //定义类
{
    public static void main(String[] args)    //主方法
    {
```

```
        double a=Console.readDouble("Enter a numbers: ");
        //输入语句，输入一个数赋给 double 型变量 a
        double b=Console.readDouble("Enter a numbers: ");
        //输入语句，输入一个数赋给 double 型变量 b
        double c=Console.readDouble("Enter a numbers: ");
        //输入语句，输入一个数赋给 double 型变量 c
        Format.printf("y=%f\n",Math.pow(Math.pow(a,b),c));
        //输出语句(含有计算表达式)
    }
}
```
运行结果：

```
Enter a numbers:  2
Enter a numbers:  3
Enter a numbers:  4
y=4096.000000
```

[例 1.3.33] 计算 $y=A^{x+2}C$。

方案一：一次输入三个数，计算语句与输出语句分别进行

```
//Math_C.java
import corejava.*;    //引入 corejava 包中本程序用到的类
public class Math_C   //定义类
{
    public static void main(String[] args)   //主方法
    {
        String sData=Console.readLine("Enter three   numbers: ");
        //输入语句，输入三个数，以字符串存入字符串中
        String[] s=sData.split(" ");   //字符串之间用空格分隔
        double A=Double.parseDouble(s[0]);
        //从字符串数组中取出第一个字符串，转换为 double 型数赋给变量 A
        double x=Double.parseDouble(s[1]);
        //从字符串数组中取出第二个字符串，转换为 double 型数赋给变量 x
        double C=Double.parseDouble(s[2]);
        //从字符串数组中取出第三个字符串，转换为 double 型数赋给变量 C
        double y=Math.pow(A,x+2)*C;   //计算语句
        Format.printf("y=%f\n",y);   //输出语句
    }
}
```
运行结果：

```
Enter three   numbers:  2 3 4
y=128.000000
```

方案二：分别输入三个数，输出语句中含有计算表达式

```java
//Math_C1.java
import corejava.*;     //引入 corejava 包中本程序用到的类
public class Math_C1   //定义类
{
    public static void main(String[] args)   //主方法
    {
        double A=Console.readDouble("Enter a numbers: ");
        //输入语句，输入一个数赋给 double 型变量 A
        double x=Console.readDouble("Enter a numbers: ");
        //输入语句，输入一个数赋给 double 型变量 x
        double C=Console.readDouble("Enter a numbers: ");
        //输入语句，输入一个数赋给 double 型变量 C
        Format.printf("y=%f\n",Math.pow(A,x+2)*C);
        //输出语句(含有计算表达式)
    }
}
```

运行结果：

```
Enter a numbers: 2
Enter a numbers: 3
Enter a numbers: 4
y=128.000000
```

[例 1.3.34] 计算 $a=\dfrac{-x+y-z}{y^3}$。

方案一：一次输入三个数，输出语句中含有计算表达式

```java
//Math_D.java
import corejava.*;     //引入 corejava 包中本程序用到的类
public class Math_D    //定义类
{
    public static void main(String[] args)   //主方法
    {
        String sData=Console.readLine("Enter three   numbers: ");
        //输入语句，输入三个数，以字符串存入字符串中
        String[] s=sData.split(" ");    //字符串之间用空格分隔
        double x=Double.parseDouble(s[0]);
        //从字符串数组中取出第一个字符串，转换为 double 型数赋给变量 x
        double y=Double.parseDouble(s[1]);
        //从字符串数组中取出第二个字符串，转换为 double 型数赋给变量 y
        double z=Double.parseDouble(s[2]);
        //从字符串数组中取出第三个字符串，转换为 double 型数赋给变量 z
        Format.printf("a=%f\n",(-x+y-z)/Math.pow(y,3));
```

//输出语句(含有计算表达式)
    }
}
运行结果:

```
Enter three    numbers:  6 18 20
a=-0.001372
```

方案二：分别输入三个数，计算语句与输出语句分别进行
//Math_D1.java
import corejava.*;   //引入 corejava 包中本程序用到的类
public class Math_D1   //定义类
{
    public static void main(String[] args)   //主方法
    {
        double x=Console.readDouble("Enter a   numbers: ");
        //输入语句，输入一个数赋给 double 型变量 x
        double y=Console.readDouble("Enter a   numbers: ");
        //输入语句，输入一个数赋给 double 型变量 y
        double z=Console.readDouble("Enter a   numbers: ");
        //输入语句，输入一个数赋给 double 型变量 z
        double a=(-x+y-z)/Math.pow(y,3);   //计算语句
        Format.printf("a=%f\n",a);   //输出语句
    }
}
```
运行结果:

```
Enter a    numbers:  6
Enter a    numbers:  18
Enter a    numbers:  20
a=-0.001372
```

[例 1.3.35]   计算 $a=(x+y)^3$。

方案一：分别输入两个数，计算语句与输出语句分别进行
//Math_E.java
import corejava.*;   //引入 corejava 包中本程序用到的类
public class Math_E   //定义类
{
    public static void main(String[] args)   //主方法
    {
        double x=Console.readDouble("Enter the value of x: ");
        //输入语句，输入一个数赋给 double 型变量 x
        double y=Console.readDouble("Enter the value of y: ");
```

```
            //输入语句，输入一个数赋给 double 型变量 y
            double a=Math.pow(x+y,3);    //计算语句
            Format.printf("a=%f\n",a);   //输出语句
        }
}
```
运行结果：

```
Enter the value of x:  112
Enter the value of y:  5
a=1601613.000000
```

方案二：一次输入两个数，输出语句中含有计算表达式
```
//Math_E1.java
import corejava.*;    //引入 corejava 包中本程序用到的类
public class Math_E1    //定义类
{
    public static void main(String[] args)    //主方法
    {
        String[] s=Console.readLine("Enter two numbers: ").split(" ");
        //输入语句，输入两个数，以字符串存入字符串数组中(字符串之间用空格分隔)
        double x=Double.parseDouble(s[0]);
        //从字符串数组中取出第一个字符串，转换为 double 型数赋给变量 x
        double y=Double.parseDouble(s[1]);
        //从字符串数组中取出第二个字符串，转换为 double 型数赋给变量 y
        Format.printf("a=%f\n",Math.pow(x+y,3));   //输出语句(含有计算表达式)
    }
}
```
运行结果：

```
Enter two numbers:  112 5
a=1601613.000000
```

[例 1.3.36] 计算 $y=2\sin^2(3.14+z)$ 。

方案一：计算语句与输出语句分别进行
```
//Math_F.java
import corejava.*;    //引入 corejava 包中本程序用到的类
public class Math_F    //定义类
{
    public static void main(String[] args)    //主方法
    {
        double z=Console.readDouble("Enter the value of z: ");
        //输入语句，输入一个数赋给 double 变量 z
        double y=2*Math.pow(Math.sin((3.14+z)*Math.PI/180),2);    //计算语句
```

```
        Format.printf("y=%f\n",y);    //输出语句
    }
}
```
运行结果:

```
Enter the value of z:  1.5
y=0.013088
```

方案二：输出语句中含有计算表达式
```
//Math_F1.java
import corejava.*;    //引入 corejava 包中本程序用到的类
public class Math_F1    //定义类
{
    public static void main(String[] args)    //主方法
    {
        double z=Console.readDouble("Enter the value of z: ");
        //输入语句，输入一个数赋给 double 变量 z
        Format.printf("y=%f\n",2*Math.pow(Math.sin((3.14+z)*Math.PI/180),2));
        //输出语句（含计算表达式）
    }
}
```
运行结果与方案一同。

[例 1.3.37] 计算 $y=\sqrt{x-1}+\dfrac{1}{x-1}$。

方案一：计算语句与输出语句分别进行
```
//Math_G.java
import corejava.*;    //引入 corejava 包中本程序用到的类
public class Math_G    //定义类
{
    public static void main(String[] args)    //主方法
    {
        double x=Console.readDouble("Enter the value of x: ");    //输入语句
        double y=Math.sqrt(x-1)+1/(x-1);    //计算语句
        Format.printf("y=%f\n",y);    //输出语句
    }
}
```
运行结果:

```
Enter the value of x:  10
y=3.111111
```

方案二：输出语句中含有计算表达式
```
//Math_G1.java
import corejava.*;    //引入 corejava 包中本程序用到的类
```

```java
public class Math_G1    //定义类
{
    public static void main(String[] args)    //主方法
    {
        double x=Console.readDouble("Enter the value of x: ");    //输入语句
        Format.printf("y=%f\n",Math.sqrt(x-1)+1/(x-1));
        //输出语句（含计算表达式）
    }
}
```

运行结果与方案一同。

[例 1.3.38]　计算　y=a[x+b(x+c)]

方案一：分别输入四个数
//Yabcx.java
import corejava.*;   //引入 corejava 包中本程序用到的类
public class Yabcx   //定义类
{
```java
    public static void main(String[] args)    //主方法
    {
        double x=Console.readDouble("Enter double x: ");    //输入语句
        double a=Console.readDouble("Enter double a: ");    //输入语句
        double b=Console.readDouble("Enter double b: ");    //输入语句
        double c=Console.readDouble("Enter double c: ");    //输入语句
        double y=a*(x+b*(x+c));    //计算语句
        Format.printf("y=%f\n",y);    //输出语句
    }
}
```

运行结果：

```
Enter double x:  5.10
Enter double a:  1.24
Enter double b:  9.18
Enter double c:  11.19
y=191.756328
```

方案二：一次输入四个数
//Yabcx1.java
import corejava.*;   //引入 corejava 包中本程序用到的类
public class Yabcx1   //定义类
{
```java
    public static void main(String[] args)    //主方法
    {
        String[] s=Console.readLine("Enter four numbers: ").split(" ");
```

```
        //输入语句，输入四个数，以字符串存入字符串数组中(字符串之间用空格分隔)
        double x=Double.parseDouble(s[0]);
        //从字符串数组中取出第一个字符串，转换为 double 型数赋给变量 x
        double a=Double.parseDouble(s[1]);
        //从字符串数组中取出第二个字符串，转换为 double 型数赋给变量 a
        double b=Double.parseDouble(s[2]);
        //从字符串数组中取出第三个字符串，转换为 double 型数赋给变量 b
        double c=Double.parseDouble(s[3]);
        //从字符串数组中取出第四个字符串，转换为 double 型数赋给变量 c
        double y=a*(x+b*(x+c));    //计算语句
        Format.printf("y=%f\n",y);    //输出语句
    }
}
```
运行结果：

```
Enter four numbers:  5.10 1.24 9.18 11.19
y=191.756328
```

[例 1.3.39]　计算

$$y=a+\frac{b}{c+d}$$

方案一：一次输入四个数（输出语句中含有计算表达式）

```
//Yabcd.java
import corejava.*;    //引入 corejava 包中本程序用到的类
public class Yabcd    //定义类
{
    public static void main(String[] args)    //主方法
    {
        String[] s=Console.readLine("Enter four numbers: ").split(" ");
        //输入语句，输入四个数，以字符串存入字符串数组中(字符串之间用空格分隔)
        double a=Double.parseDouble(s[0]);
        //从字符串数组中取出第一个字符串，转换为 double 型数赋给变量 a
        double b=Double.parseDouble(s[1]);
        //从字符串数组中取出第二个字符串，转换为 double 型数赋给变量 b
        double c=Double.parseDouble(s[2]);
        //从字符串数组中取出第三个字符串，转换为 double 型数赋给变量 c
        double d=Double.parseDouble(s[3]);
        //从字符串数组中取出第四个字符串，转换为 double 型数赋给变量 d
        Format.printf("y=%f\n",a+b/(c+d));    //输出语句（含有计算表达式）
    }
}
```
运行结果：

```
Enter four numbers:  5.10 1.24 9.18 10.25
y=5.163819
```

方案二：分别输入四个数（输出语句中不含有计算表达式）
//Yabcd1.java
import corejava.*;   //引入 corejava 包中本程序用到的类
public class Yabcd1   //定义类
{
    public static void main(String[] args)   //主方法
    {
        double a=Console.readDouble("Eter a double number: ");   //输入语句
        double b=Console.readDouble("Eter a double number: ");   //输入语句
        double c=Console.readDouble("Eter a double number: ");   //输入语句
        double d=Console.readDouble("Eter a double number: ");   //输入语句
        double y=a+b/(c+d);   //计算语句
        Format.printf("y=%f\n",y);   //输出语句（不含有计算表达式）
    }
}

运行结果：

```
Eter a double number:  5.10
Eter a double number:  1.24
Eter a double number:  9.18
Eter a double number:  10.25
y=5.163819
```

[例 1.3.40] 计算

$$y=\frac{x}{1+\frac{x}{1+\frac{x}{1+x}}}$$

方案一：输出语句中含有计算表达式
//Yx.java
import corejava.*;   //引入 corejava 包中本程序用到的类
public class Yx   //定义类
{
    public static void main(String[] args)   //主方法
    {
        double x=Console.readDouble("Eter a double number: ");   //输入语句
        double y=x/(1+x/(1+x/(1+x)));   //计算语句
        Format.printf("y=%f\n",y);   //输出语句
    }
}

运行结果：

```
Eter a double number:  9.18
y=1.575401
```

方案二：输出语句中不含有计算表达式
//Yx1.java
import corejava.*;   //引入 corejava 包中本程序用到的类
public class Yx1   //定义类
{
    public static void main(String[] args)   //主方法
    {
        double x=Console.readDouble("Eter a double number: ");   //输入语句
        Format.printf("y=%f\n",x/(1+x/(1+x)));   //输出语句（含有计算表达式）
    }
}
运行结果与方案一同。

[例 1.3.41] 计算

$$y=\frac{1}{\cos x}+\ln\left|\tan\frac{x}{2}\right|+\frac{A+Bx}{C+Dx}$$

方案一：分别输入五个数
//Ycosx.java
import corejava.*;   //引入 corejava 包中本程序用到的类
public class Ycosx //定义类
{
    public static void main(String[] args)   //主方法
    {
        double x=Console.readDouble("Eter number x: ");   //输入语句
        double a=Console.readDouble("Eter number a: ");   //输入语句
        double b=Console.readDouble("Eter number b: ");   //输入语句
        double c=Console.readDouble("Eter number c: ");   //输入语句
        double d=Console.readDouble("Eter number d: ");   //输入语句
        double y=1/Math.cos(x*Math.PI/180)+Math.log(Math.abs
        (Math.tan(x/2*Math.PI/180)))+(a+b*x)/(c+d*x);   //计算语句
        Format.printf("y=%f\n",y);   //输出语句
    }
}
运行结果：
```
Eter number x:  5.10
Eter number a:  1.24
Eter number b:  9.18
Eter number c:  11.19
Eter number d:  10.25
y=-1.350262
```

方案二：一次输入五个数
```java
//Ycosx1.java
import corejava.*;   //引入 corejava 包中本程序用到的类
public class Ycosx1    //定义类
{
    public static void main(String[] args)    //主方法
    {
        String[] s=Console.readLine("Enter five numbers: ").split(" ");
        //输入语句，输入五个数，以字符串存入字符串数组中(字符串之间用空格分隔)
        double x=Double.parseDouble(s[0]);
        //从字符串数组中取出第一个字符串，转换为 double 型数赋给变量 x
        double a=Double.parseDouble(s[1]);
        //从字符串数组中取出第二个字符串，转换为 double 型数赋给变量 a
        double b=Double.parseDouble(s[2]);
        //从字符串数组中取出第三个字符串，转换为 double 型数赋给变量 b
        double c=Double.parseDouble(s[3]);
        //从字符串数组中取出第四个字符串，转换为 double 型数赋给变量 c
        double d=Double.parseDouble(s[4]);
        //从字符串数组中取出第五个字符串，转换为 double 型数赋给变量 d
        double y=1/Math.cos(x*Math.PI/180)+Math.log(Math.abs
        (Math.tan(x/2*Math.PI/180)))+(a+b*x)/(c+d*x);    //计算语句
        Format.printf("y=%f\n",y);    //输出语句
    }
}
```
运行结果：

```
Enter five numbers:  5.10 1.24 9.18 11.19 10.25
y=-1.350262
```

1.3.6 关系与相等运算符

[例 1.3.42]   关系运算符的使用。
方案一：输出语句与计算语句分别进行
```java
//Bool.java
class Bool    //定义类
{
    public static void main(String[] args)    //主方法
    {
        char c='w';    //说明语句，说明 c 为 char 型变量并初始化
        int i=1,j=2,k=7;    //说明 i,j,k 为 int 型变量并初始化
        double   x=7e+33, y=0.001;    //说明 x,y 为 double 型变量并初始化
        boolean b1='c'+1<c;    //关系运算表达式语句，'c'的 ASCII 值小于'w'
```

```
        System.out.println(b1);    //输出语句
        boolean b2=-i-5*j>=k+1;    //关系运算表达式语句
        System.out.println(b2);    //输出语句
        boolean b3=j<5;    //关系运算表达式语句
        System.out.println(b3);    //输出语句
        boolean b4=x-3.333<=x+y;    //关系运算表达式语句
        System.out.println(b4);    //输出语句
        boolean b5=x<x+y;    //关系运算表达式语句
        System.out.println(b5);    //输出语句
    }
}
```
运行结果:

```
true
false
true
true
false
```

方案二：输出语句含有计算表达式

```
//BoolA.java
import corejava.*;    //引入 corejava 包中本程序用到的类
class BoolA    //定义类
{
    public static void main(String[] args)    //主方法
    {
        char c;    //变量说明语句,说明 c 为 char 型变量
        int i,j,k;    //说明 I,j,k 为 int 型变量
        double x,y;    //说明 x,y 为 double 型变量
        c='w'; i=1; j=2; k=-7;    //赋值语句
        x=7e+33; y=0.001;    //赋值语句
        System.out.println('c'+1<c);    //输出语句（含有关系运算表达式）
        System.out.println(-i-5*j>=k+1);    //输出语句（含有关系运算表达式）
        System.out.println(j<5);    //输出语句（含有关系运算表达式）
        System.out.println(x-3.333<=x+y);    //输出语句（含有关系运算表达式）
        System.out.println(x<x+y);    //输出语句（含有关系运算表达式）
    }
}
```
运行结果与方案一同。

1.3.7 逻辑运算符

[例 1.3.43] 关系与逻辑运算符的使用。

```java
//BoolB.java
class BoolB    //定义类
{
    public static void main(String[] args)    //主方法
    {
        char c;    //说明 c 为 char 型变量
        int i,j,k;    //说明 i,j, y 为 int 型变量
        double x,y;    //说明 x, y 为 double 型变量
        c='w'; i=j=k=3; x=0.0; y=2.3;    //赋值语句
        boolean b1=i==j&&j==k;    //布尔表达式语句
        System.out.println(b1);    //输出语句
        boolean b2=x!=i||x!=j-3;    //布尔表达式语句
        System.out.println(x==i||x==j-3);    //输出语句（含有布尔计算表达式）
        System.out.println(b2);    //输出语句
        System.out.println(i<j&&x<y);    //输出语句(含有布尔计算表达式)
        System.out.println(i<j||x<y);    //输出语句（含有布尔计算表达式）
        System.out.println(i==j&&x<=y);    //输出语句（含有布尔计算表达式）
        System.out.println(x!=(j+1)&&x!=k+4);    //输出语句（含有布尔计算表达式）
        System.out.println('A'<c&&c<'z');    //输出语句（含有布尔计算表达式）
        System.out.println(c-1=='v'||c+1=='v');    //输出语句（含有布尔计算表达式）
        System.out.println(i==2||j==4||k==6);    //输出语句（含有布尔计算表达式）
        System.out.println(i==2||j==4);    //输出语句（含有布尔计算表达式）
    }
}
```

运行结果：

```
true
true
true
false
true
true
true
true
true
false
false
```

1.3.8 按位运算符

[例 **1.3.44**] 按位运算符的使用。

方案一：使用 printf 输出

```
//Bit1.java
import corejava.*;   //引入 corejava 包中本程序用到的类
class Bit1    //定义类
{
    public static void main(String[] args)   //主方法
    {
        int x,y,z;   //说明 x,y,z 为 int 型变量
        x=03;   y=02;   z=01;   //赋值语句
        Format.printf("%d\t",(x|y&z));   //输出语句（含有按位计算表达式）
        Format.printf("%d\t",(x&y|z));   //输出语句（含有按位计算表达式）
        Format.printf("%d\t",x^y);   //输出语句（含有按位计算表达式）
        Format.printf("%d\n",(x&y|z));   //输出语句（含有按位计算表达式）
        x=1;   y=-1;   //赋值语句
        Format.printf("%d\t",(~x|x));   //输出语句（含有按位计算表达式）
        Format.printf("%d\t",(x|~x));   //输出语句（含有按位计算表达式）
        Format.printf("%d\t",(x^x));   //输出语句（含有按位计算表达式）
        Format.printf("%d\n",(x|y|z));   //输出语句（含有按位计算表达式）
        x<<=3;   //按位组合赋值语句
        Format.printf("%d\t",y);   //输出语句
        y>>=3;   //按位组合赋值语句
        Format.printf("%d\n",y);   //输出语句
    }
}
```

运行结果：

```
3    3    1    3
-1   -1   0    -1
-1   -1
```

方案二：使用 println 方法输出

```
//Bit2.java
class Bit2    //定义类
{
    public static void main(String[] args)   //主方法
    {
        int x=03,y=02,z=01;   //说明 x,y,z 为 int 型变量并初始化
        System.out.print(x|y&z);   //输出语句（含有按位计算表达式）
        System.out.print("\t"+(x&y|z));   //输出语句（含有按位计算表达式）
```

```
            System.out.print("\t"+(x^y));      //输出语句（含有按位计算表达式）
            System.out.println("\t"+(x&y|z));  //输出语句（含有按位计算表达式）
            x=1;  y=-1;    //赋值语句
            System.out.print((~x|x));          //输出语句（含有按位计算表达式）
            System.out.print("\t"+(x|~x));     //输出语句（含有按位计算表达式）
            System.out.print("\t"+(x^x));      //输出语句（含有按位计算表达式）
            System.out.println("\t"+(x|y|z));  //输出语句（含有按位计算表达式）
            x<<=3;   //按位组合赋值语句
            System.out.print(y);    //输出语句
            y>>=3;   //按位组合赋值语句
            System.out.println("\t"+y);   //输出语句
        }
}
```

运行结果与方案一同。

[例 1.3.45] 按位运算符的使用。

方案一：使用 printf 输出

```
//Bit3.java
import corejava.*;   //引入 corejava 包中本程序用到的类
class Bit3    //定义类
{
    public static void main(String[] args)    //主方法
    {
        long x,y;   //说明 x,y 为 long 型变量
        x=33333;  y=-7777;   //赋值语句
        Format.printf("%d\t",x);    //输出语句
        Format.printf("%d\t",y);    //输出语句
        Format.printf("%d\t",x^y);  //输出语句（含有按位计算表达式）
        Format.printf("%d\t",x&y);  //输出语句（含有按位计算表达式）
        Format.printf("%d\t",(x^y));  //输出语句（含有按位计算表达式）
        Format.printf("%d\t",(x|y));  //输出语句（含有按位计算表达式）
        Format.printf("%d\n",~(x/y));  //输出语句（含有按位计算表达式）
    }
}
```

运行结果：

```
33333   -7777   -40022   32789   -40022   -7233   3
```

方案二：使用 println 方法输出

```
//Bit4.java
class Bit4    //定义类
{
    public static void main(String[] args)    //主方法
```

```
    {
        long x=33333,y=-7777;    //说明 x,y 为 long 型变量并初始化
        System.out.println(x+"\t"+y+"\t"+(x&y)+"\t"+(x^y)+"\t"+(x|y)+"\t"+(~(x/y)));
        //输出语句（含有按位计算表达式）
    }
}
```
运行结果与方案一同。

　　[例 1.3.46]　按位运算符的使用。

方案一：使用 printf 输出
```
//Bit5.java
import corejava.*;    //引入 corejava 包中本程序用到的类
class Bit5    //定义类
{
    public static void main(String[] args)    //主方法
    {
        int x,y,u;    //说明 x,y,u 为 int 型变量
        x=5;    y=10<<1;    u=-1;    //赋值语句,对变量赋值
        Format.printf("%d\t",x);    //输出语句
        Format.printf("%d\t",x<<1);    //输出语句（含有按位计算表达式）
        Format.printf("%d\t",x<<4);    //输出语句（含有按位计算表达式）
        Format.printf("%d\n",x>>1);    //输出语句（含有按位计算表达式）
        Format.printf("%d\t",y);    //输出语句
        Format.printf("%d\n",y>>3);    //输出语句（含有按位计算表达式）
        Format.printf("%d\n",u);    //输出语句
        Format.printf("%d\n",u>>5);    //输出语句（含有按位计算表达式）
    }
}
```
运行结果：

```
5        10       80       2
20       2
-1
-1
```

方案二：使用 println 方法输出
```
//Bit6.java
class Bit6    //定义类
{
    public static void main(String[] args)    //主方法
    {
        int x,y,u;    //说明 x,y,u 为 int 型变量
        x=5;    y=10<<1;    u=-1;    //赋值语句,对变量赋值
```

```
            System.out.println(x+"\t"+(x<<1)+"\t"+(x<<4)+"\t"+(x>>1)+"\n"+y+"\t"+(y>>3)
                    +"\n"+u+"\n"+(u>>5));
            //输出语句（含有按位计算表达式）
    }
}
```
运行结果与方案一同。

[例 1.3.47] 按位运算符与逻辑运算符的使用。

方案一：使用 printf 输出
```
//Bit7.java
import corejava.*;   //引入 corejava 包中本程序用到的类
class Bit7   //定义类
{
    public static void main(String[] args)   //主方法
    {
        int i,j,k;   //说明 i,j,k 为 int 型变量
        char c;   //说明 c 为 char 型变量
        c='w';   //赋值语句
        i=j=k=(3<<1);   //多重赋值与按位计算赋值语句
        Format.printf("%d\t",c<<1<<2);
        //输出语句（含有按位计算表达式），用 printf 方法输出
        Format.printf("%d\t",c+1<<1<<2);
        //输出语句（含有按位计算表达式），用 printf 方法输出
        System.out.println(i<j>>k*3&&j==k);
        //输出语句（含有布尔计算表达式），用 println 方法输出
    }
}
```
运行结果：
```
952     960     false
```

方案二：使用 println 方法输出
```
//Bit8.java
import corejava.*;   //引入 corejava 包中本程序用到的类
class Bit8   //定义类
{
    public static void main(String[] args)   //主方法
    {
        int i,j,k;   //说明 i,j,k 为 int 型变量
        char c;   //说明 c 为 char 型变量
        c='w';   //赋值语句
        i=j=k=(3<<1);   //多重赋值与按位计算赋值语句
        System.out.println((c<<1<<2)+"\t"+(c+1<<1<<2)+"\t"+(i<j>>k*3&&j==k));
```

//输出语句（含有按位计算表达式）
        }
}
运行结果与方案一同。

1.3.9 运算符的优先级与结合性

  [例 1.3.48]   运算符优选级的使用。
方案一：使用 println 输出
//PrecedenceTest.java
import corejava.*;   //引入 corejava 包中本程序用到的类
public class PrecedenceTest   //定义类
{
    public static void main(String[] args)   //主方法
    {
        boolean bA,bB,bC,bValue;   //说明 bA,bB,bC,bValue 为 boolean 型变量
        bA=bB=bC=true;   // bA，bB，bC 赋值为真
        bValue=bA||bB&&bC;
        //赋值语句(右边表达式计算的结果为布尔值，其结果赋给左边的布尔变量)
        System.out.println("bA="+bA+" bB="+bB+" bC="+bC+" bValue="+bValue);
        //输出语句
        bValue=bA&&bB||bC;
        //赋值语句(右边表达式计算的结果为布尔值，其结果赋给左边的布尔变量)
        System.out.println("bA="+bA+" bB="+bB+" bC="+bC+" bValue="+bValue);
        //输出语句
        bValue=bA&&bB&&bC;
        //赋值语句(右边表达式计算的结果为布尔值，其结果赋给左边的布尔变量)
        System.out.println("bA="+bA+" bB="+bB+" bC="+bC+" bValue="+bValue);
        //输出语句
        bValue=(bA=false)&&(bB=true)||(bC=false);
        //赋值语句(右边表达式计算的结果为布尔值，其结果赋给左边的布尔变量)
        System.out.println("bA="+bA+" bB="+bB+" bC="+bC+" bValue="+bValue);
        //输出语句
        bValue=(bA=true)||(bB=false)&&(bC=true);
        //赋值语句(右边表达式计算的结果为布尔值，其结果赋给左边的布尔变量)
        System.out.println("bA="+bA+" bB="+bB+" bC="+bC+" bValue="+bValue);
        //输出语句
        bValue=(bA=false)&&(bB=true)&&(bC=true);
        //赋值语句(右边表达式计算的结果为布尔值，其结果赋给左边的布尔变量)
        System.out.println("bA="+bA+" bB="+bB+" bC="+bC+" bValue="+bValue);
        //输出语句

```
            Format.printf("%s\n","");   //换行
        }
}
```
运行结果：

```
bA=true bB=true bC=true bValue=true
bA=true bB=true bC=true bValue=true
bA=true bB=true bC=true bValue=true
bA=false bB=true bC=false bValue=false
bA=true bB=true bC=false bValue=true
bA=false bB=true bC=false bValue=false
```

方案二：使用 println 方法输出(输出语句含有布尔表达式)

```java
//PrecedenceTest1.java
public class PrecedenceTest1     //定义类
{
    public static void main(String[] args)    //主方法
    {
        boolean bA,bB,bC,bValue;   //说明 bA,bB,bC,bValue 为 boolean 型变量
        bA=bB=bC=true;    // bA，bB，bC 赋值为真
        System.out.println("bA="+bA+" bB="+bB+" bC="+bC+" bValue="+(bA||bB&&bC));
        //输出语句(含有布尔表达式)
        System.out.println("bA="+bA+" bB="+bB+" bC="+bC+" bValue="+(bA&&bB||bC));
        //输出语句(含有布尔表达式)
          System.out.println("bA="+bA+" bB="+bB+
                           " bC="+bC+" bValue="+(bA&&bB&&bC));
        //输出语句(含有布尔表达式)
        System.out.println("bA="+bA+" bB="+bB+
                         " bC="+bC+" bValue="+((bA=false)&&(bB=true)||(bC=false)));
        //输出语句(含有布尔表达式)
        System.out.println("bA="+bA+" bB="+bB+
                         "bC="+bC+" bValue="+((bA=true)||(bB=false)&&(bC=true)));
        //输出语句(含有布尔表达式)
        System.out.println("bA="+bA+" bB="+bB+
                         " bC="+bC+" bValue="+((bA=false)&&(bB=true)&&(bC=true)));
        //输出语句(含有布尔表达式)
        System.out.println();   //换行
    }
}
```
运行结果与方案一同。

1.4 条件与循环语句

1.4.1 if 语句

[例 **1.4.1**] if-else 语句的使用。

方案一：使用 printf 方法输出

```java
//IfTest.java
import corejava.*;    //引入 corejava 包中本程序用到的类
public class IfTest    //定义类
{
    public static void main(String[] args)    //主方法
    {
        double x=Console.readDouble("Enter a number: ");    //输入语句
        if(x!=0)
            Format.printf("1/x is %f\n",1/x);    //输出语句
        else
            Format.printf("1/x is %s\n","Undefined");    //输出语句
    }
}
```

运行结果：

```
Enter a number: 1.24
1/x is 0.806452
```

方案二：使用 println 方法输出

```java
//IfTest1.java
public class IfTest1    //定义类
{
    public static void main(String[] args)    //主方法
    {
        double x=Console.readDouble("Enter a number: ");    //输入语句
        System.out.print("1/x is ");    //输出语句
        if(x!=0)
            System.out.print(1/x);    //输出语句
        else
            System.out.print("Undefined");    //输出语句
        System.out.println();    //输出语句，表示换行
    }
}
```

运行结果：

```
Enter a number: 1.24
1/x is 0.8064516129032259
```

[例 1.4.2] if-else 语句的使用。

方案一：使用 printf 方法输出

```java
//If1.java
import corejava.*;   //引入 corejava 包中本程序用到的类
public class If1   //定义类
{
    public static void main(String[] args)    //主方法
    {
        int x,y=1,z;   //说明 x,y,z 为 int 类型变量并初始化 y
        if(y!=0)   //条件判断
        {
            x=5;   //赋值语句
            Format.printf("%d\t",x);   //输出语句
        }
        if(y==0)   //条件判断
            x=3;
        else
            x=5;
        Format.printf("%d\t",x);   //输出语句
        x=1;
        if(y<0)   //条件判断
        if(y>0)
            x=3;
        else
            x=5;
        Format.printf("%d\t",x);
        if((z=y)<0)   //条件判断
            x=3;
        else   if(y==0)
                x=5;
            else
                x=7;
        Format.printf("%d\t",x);   //输出语句
        Format.printf("%d\n",z);   //输出语句
        if((z=y)==0)   //条件判断
            x=5;
        Format.printf("%d\t",x);   //输出语句
        Format.printf("%d\t",z);   //输出语句
        if((x=z)==y)   //条件判断
            x=3;
```

```
        Format.printf("%d\t",x);    //输出语句
        Format.printf("%d\n",z);    //输出语句
    }
}
```
运行结果：

```
5       5       1       7       1
7       1       3       1
```

方案二：使用 print,println 方法输出
```
//If1A.java
public class If1A    //定义类
{
    public static void main(String[] args)    //主方法
    {
        int x,y=1,z;    //说明 x,y,z 为 int 类型变量并初始化 y
        if(y!=0)    //条件判断
        {
            x=5;    //赋值语句
            System.out.print(x);    //输出语句
        }
        if(y==0)    //条件判断
            x=3;
        else
            x=5;
        System.out.print("\t"+x);    //输出语句
            x=1;
        if(y<0)    //条件判断
        if(y>0)
            x=3;
        else
            x=5;
        System.out.print("\t"+x);
        if((z=y)<0)    //条件判断
            x=3;
        else   if(y==0)
                x=5;
            else
                x=7;
        System.out.print("\t"+x);    //输出语句
        System.out.println("\t"+z);    //输出语句
        if((z=y)==0)    //条件判断
```

```
            x=5;
        System.out.print(x);      //输出语句
        System.out.print("\t"+z); //输出语句
        if((x=z)==y)   //条件判断
            x=3;
            System.out.print("\t"+x);    //输出语句
            System.out.println("\t"+z);  //输出语句
    }
}
```
运行结果与方案一同。

　　[例 1.4.3]　if-else 语句的使用。

方案一：使用 printf 方法输出
```
//If2.java
import corejava.*;   //引入 corejava 包中本程序用到的类
public class If2    //定义类
{
    public static void main(String[] args)    //主方法
    {
        int i,j;   //说明 i,j 为 int 型变量
        i=j=2;     //多重赋值语句
        if(i==1)   //条件判断
        if(j==2)
            Format.printf("%d\t",i+=j);   //输出语句
        else
            Format.printf("%d\t",i-=j);   //输出语句
        Format.printf("%d\n",i);   //输出语句
    }
}
```
运行结果：
2

方案二：使用 println 方法输出
```
//If2A.java
import corejava.*;   //引入 corejava 包中本程序用到的类
public class If2A   //定义类
{
    public static void main(String[] args)    //主方法
    {
        int i,j;   //说明 i,j 为 int 型变量
        i=j=2;     //多重赋值语句
        if(i==1)   //条件判断
```

```
        if(j==2)
            System.out.println(i+=j);    //输出语句
        else
            System.out.println(i-=j);    //输出语句
        System.out.println(i);    //输出语句
    }
}
```
运行结果与方案一同。

[例 1.4.4] 计算

$$f=\begin{cases} x^2z & x^2+y^2=1 \\ (x^2z+y^2)/(x^2z-y^2) & x^2+y^2 \leq 1, x \geq 0 \\ (x^2z+2y)/(x^2z-2y) & x^2+y^2 \leq 1, x < 0 \end{cases}$$

方案一：使用 printf 方法输出

```
//XYZ.java
import corejava.*;    //引入 corejava 包中本程序用到的类
class XYZ    //定义类
{
    public static void main(String[] args)    //主方法
    {
        float x,y,z,f;    //说明 x,y,z,f 为 float 型变量
        x=(float)Console.readDouble("Enter value x: ");    //输入语句
        y=(float)Console.readDouble("Enter value y: ");    //输入语句
        z=(float)Console.readDouble("Enter value z: ");    //输入语句
        y=y*y;    //赋值语句
        f=x*x*z;    //赋值语句
        if(f/z+y<=1)    //条件判断
        {
            if(x<0)
                y=2*y;    //赋值语句
            f=(f+y)/(f-y);    //赋值语句
        }
        Format.printf("f=%f\n",f);    //输出语句
    }
}
```
运行结果：

```
Enter value x:  5
Enter value y:  1
Enter value z:  9
f=225.000000
```

方案二：使用 println 方法输出
//XYZ1.java
import corejava.*;   //引入 corejava 包中本程序用到的类
class XYZ1//定义类
{
    public static void main(String[] args)   //主方法
    {
        float x=(float)Console.readDouble("Enter value x: ");   //输入语句
        float y=(float)Console.readDouble("Enter value y: ");   //输入语句
        float z=(float)Console.readDouble("Enter value z: ");   //输入语句
        y=y*y;   //赋值语句
        float f=x*x*z;   //赋值语句
        if(f/z+y<=1)   //条件判断
        {
            if(x<0)
                y=2*y;   //赋值语句
            f=(f+y)/(f-y);   //赋值语句
        }
        System.out.println("f="+f);   //输出语句
    }
}

运行结果：

```
Enter value x:  5
Enter value y:  1
Enter value z:  9
f=225.0
```

[例 1.4.5]　计算

$$y=\begin{cases} 0 & x<-a \\ \sqrt{a^2-x^2} & x\geq -a, x\leq 0 \\ a & x>0 \end{cases}$$

方案一：使用条件赋值语句
//LY1.java
import corejava.*;   //引入 corejava 包中本程序用到的类
class LY1   //定义类
{

```java
    public static void main(String[] args)    //主方法
    {
        double x=Console.readDouble("Enter the value x: ");    //输入语句
        double a=Console.readDouble("Enter the value a: ");    //输入语句
        double y=x<-a?0:x>=-a&&x<=0&&a>0?Math.sqrt(a*a-x*x):x>0?a:0;
            //条件赋值语句
        Format.printf("y=%f\n",y);    //输出语句
    }
}
```

运行结果：

```
Enter the value x:  5
Enter the value a:  10
y=10.000000
```

方案二：使用 if-else 语句

```java
//LY2.java
import corejava.*;
class LY2    //定义类
{
    public static void main(String[] args)    //主方法
    {
        double y;
        String[] s=Console.readLine("Enter two numbers: ").split(" ");
        //输入语句，输入两个数，以字符串存入字符串数组中(字符串之间用空格分隔)
        double x=Double.parseDouble(s[0]);
        //从字符串数组中取出第一个字符串，转换为 double 型数赋给变量 x
        double a=Double.parseDouble(s[1]);
        //从字符串数组中取出第二个字符串，转换为 double 型数赋给变量 a
        if(x<-a)    //条件判断
            y=0;    //计算语句
        else
        {
            if(x>=-a&&x<=0)    //条件判断
                y=Math.sqrt(a*a-x*x);    //计算语句
            else
                y=a;    //计算语句
        }
        Format.printf("y=%f\n",y);    //输出语句
    }
}
```

运行结果：

```
Enter two numbers:  5 10
y=10.000000
```

方案三：使用 if 语句

```
//LY3.java
import corejava.*;
class LY3    //定义类
{
    public static void main(String[] args)    //主方法
    {
        double x=Console.readDouble("Enter the value x: ");   //输入语句
        double a=Console.readDouble("Enter the value a: ");   //输入语句
        if(x<-a)   //条件判断
            Format.printf("y=%f\n",0);   //输出语句
        if(x>=-a&&x<=0)
            Format.printf("y=%f\n",Math.sqrt(a*a-x*x));
            //输出语句（含有计算表达式）
        if(x>0)    //条件判断
            ormat.printf("y=%f\n",a);    //输出语句
    }
}
```

运行结果与方案一同。

[例 1.4.6] 输入 x，如果 x<1 计算 $y=\dfrac{\sqrt{x}\sin x}{(x+e^2)}$ 之值。

方案一：分别使用计算表达式与输出语句

```
//Sin.java
import corejava.*;   //引入 corejava 包中本程序用到的类
class Sin   //定义类
{
    public static void main(String[] args)    //主方法
    {
        double x,y=0;   //说明 x,y 为 double 型变量并初始化 y
        x=Console.readDouble("Enter value x: ");   //输入语句
        if(x<1)   //条件判断
            y=Math.sqrt(x)*Math.sin(x*Math.PI/180)/(x+Math.exp(x));   //计算语句
        Format.printf("y=%f\n",y);   //输出语句
    }
}
```

运行结果：

```
Enter value x:  0.9
y=0.004435
```

方案二：输出语句中含有计算表达式
```
//SinA.java
import corejava.*;
class SinA    //定义类
{
    public static void main(String[] args)    //主方法
    {
        double x=Console.readDouble("Enter value x: ");    //输入语句
        if(x<1)    //条件判断
            Format.printf("y=%f\n",Math.sqrt(x)*Math.sin(x*Math.PI/180)/(x+Math.exp(x)));
            //输出语句（含有计算表达式）
    }
}
```
运行结果与方案一同。

方案三：使用条件赋值语句
```
//SinB.java
import corejava.*;
class SinB    //定义类
{
    public static void main(String[] args)    //主方法
    {
        double x=Console.readDouble("Enter value x: ");    //输入语句
        double y=(x<1)?Math.sqrt(x)*Math.sin(x*Math.PI/180)/(x+Math.exp(x)):0;
        //条件赋值语句
        Format.printf("y=%f\n",y);    //输出语句
    }
}
```
运行结果与方案一同。

[例1.4.7] 计算 $y=\begin{cases} 0 & x \leq a \\ (x-a)^3 & x > a \end{cases}$

方案一：分别输入两个数，使用条件赋值语句。
```
//YL.java
import corejava.*;    //引入corejava包中本程序用到的类
class YL    //定义类
{
    public static void main(String[] args)    //主方法
    {
```

```
        double x=Console.readDouble("Enter the value x: ");   //输入语句
        double a=Console.readDouble("Enter the value a: ");   //输入语句
        double y=x<=a?0:Math.pow(x-a,3);    //条件赋值语句
        Format.printf("y=%f\n",y);   //输出语句
    }
}
```

运行结果：

```
Enter the value x:  11.19
Enter the value a:  10.25
y=0.830584
```

方案二：分别输入两个数，使用 if 语句
//YL1.java
import corejava.*;   //引入 corejava 包中本程序用到的类
class YL1   //定义类
{
    public static void main(String[] args)   //主方法
    {
        double y=0;   //说明 y 为 double 型变量，而 y 初始化为 0
        double x=Console.readDouble("Enter the value x: ");   //输入语句
        double a=Console.readDouble("Enter the value a: ");   //输入语句
        if(x<=a)   //条件判断
            y=0;   //计算语句
        if(x>a)   //条件判断
            y=Math.pow(x-a,3);   //计算语句
        Format.printf("y=%f\n",y);   //输出语句
    }
}
```

运行结果与方案一同。

方案三：分别输入两个数，使用 if-else 语句
//YL2.java
import corejava.*;   //引入 corejava 包中本程序用到的类
class YL2//定义类
{
    public static void main(String[] args)    //主方法
    {
        double y=0;   //说明 y 为 double 型变量并初始化
        double x=Console.readDouble("Enter the value x: ");   //输入语句
        double a=Console.readDouble("Enter the value a: ");   //输入语句
        if(x<=a)   //条件判断
            y=0;   //计算语句
```

```
        else
            y=Math.pow(x-a,3);    //计算语句
        Format.printf("y=%f\n",y);    //输出语句
    }
}
```
运行结果与方案一同。

方案四：一次输入两个数，使用 if-else 语句

```
//YL3.java
import corejava.*;    //引入 corejava 包中本程序用到的类
class YL3    //定义类
{
    public static void main(String[] args)    //主方法
    {
        double y=0;    //说明 y 为 double 型变量并初始化为 0
        String[] s=Console.readLine("Enter two numbers: ").split(" ");
        //输入语句，输入两个数，以字符串存入字符串数组中(字符串之间用空格分隔)
        double x=Double.parseDouble(s[0]);
        //从字符串数组中取出第一个字符串，转换为 double 型数赋给变量 x
        double a=Double.parseDouble(s[1]);
        //从字符串数组中取出第二个字符串，转换为 double 型数赋给变量 a
        if(x<=a)    //条件判断
            y=0;
        else
            y=Math.pow(x-a,3);    //计算语句
        Format.printf("y=%f\n",y);    //输出语句
    }
}
```
运行结果：

```
Enter two numbers: 11.19 10.25
y=0.830584
```

方案五：一次输入两个数并使用条件语句

```
//YL4.java
import corejava.*;    //引入 corejava 包中本程序用到的类
class YL4    //定义类
{
    public static void main(String[] args)    //主方法
    {
        String[] s=Console.readLine("Enter two numbers: ").split(" ");
        //输入语句，输入两个数，以字符串存入字符串数组中(字符串之间用空格分隔)
        double x=Double.parseDouble(s[0]);
```

```
            //从字符串数组中取出第一个字符串,转换为 double 型数赋给变量 x
            double a=Double.parseDouble(s[1]);
            //从字符串数组中取出第二个字符串,转换为 double 型数赋给变量 a
            double y=(x<=a)?0:Math.pow(x-a,3);    //条件赋值语句
            Format.printf("y=%f\n",y);    //输出语句
        }
    }
```

运行结果与方案四同。

[例 1.4.8] 从键盘输入三角形的三个边长,求其面积,若三个边长不能构成三角形,即提示(要求输出结果保留小数点后两位)。

方案一:一次输入三个数,并使用计算语句与输出语句

```
//TriangleAreaA.java
import corejava.*;    //引入 corejava 包中本程序用到的类
public class TriangleAreaA    //定义类
{
    public static void main(String[] args)    //主方法
    {
        String[] s=Console.readLine("Enter three numbers: ").split(" ");
        //输入语句,输入三个数,以字符串存入字符串数组中(字符串之间用空格分隔)
        double a=Double.parseDouble(s[0]);
        //从字符串数组中取出第一个字符串,转换为 double 型数赋给变量 a
        double b=Double.parseDouble(s[1]);
        //从字符串数组中取出第二个字符串,转换为 double 型数赋给变量 b
        double c=Double.parseDouble(s[2]);
        //从字符串数组中取出第三个字符串,转换为 double 型数赋给变量 c
        if(a+b>c&&b+c>a&&c+a>b)    //条件判断
        {
            double p=(a+b+c)/2;    //计算语句
            double area=Math.sqrt(p*(p-a)*(p-b)*(p-c));    //计算语句
            Format.printf("Area=%.2f\n",area);    //输出语句
        }
        else
            Format.printf("%s\n","Can't building treangle!");
            //输出语句,输出结果保留小数后两位
    }
}
```

运行结果:

```
Enter three numbers: 4 6 8
Area=11.62
```

方案二:一次输入三个数,输出语句含有计算表达式

```java
//TriangleAreaB.java
import corejava.*;    //引入 corejava 包中本程序用到的类
public class TriangleAreaB    //定义类
{
    public static void main(String[] args)    //主方法
    {
        String[] s=Console.readLine("Enter three numbers: ").split(" ");
        //输入语句，输入三个数，以字符串存入字符串数组中(字符串之间用空格分隔)
        double a=Double.parseDouble(s[0]);
        //从字符串数组中取出第一个字符串，转换为 double 型数赋给变量 a
        double b=Double.parseDouble(s[1]);
        //从字符串数组中取出第二个字符串，转换为 double 型数赋给变量 b
        double c=Double.parseDouble(s[2]);
        //从字符串数组中取出第三个字符串，转换为 double 型数赋给变量 c
        if(a+b>c&&b+c>a&&c+a>b)    //条件判断
        {
            double p=(a+b+c)/2;    //计算语句
            Format.printf("Area=%.2f\n",Math.sqrt(p*(p-a)*(p-b)*(p-c)));
            //输出语句（含有计算表达式）
        }
        else
            Format.printf("%s\n","Can't building treangle!");    //输出语句
    }
}
```

运行结果与方案一同。

方案三：分别输入三个数，输出语句含有计算表达式，输出结果保留小数后两位

```java
//TriangleAreaC.java
import corejava.*;    //引入 corejava 包中本程序用到的类
public class TriangleAreaC    //定义类
{
    public static void main(String[] args)    //主方法
    {
        double a=Console.readDouble("Enter the value of a: ");    //输入语句
        double b=Console.readDouble("Enter the value of b: ");    //输入语句
        double c=Console.readDouble("Enter the value of c: ");    //输入语句
        if(a+b>c&&b+c>a&&c+a>b)    //条件判断
        {
            double p=(a+b+c)/2;    //计算语句
            Format.printf("Area=%.2f\n",Math.sqrt(p*(p-a)*(p-b)*(p-c)));
            //输出语句（含有计算表达式），输出结果保留小数后两位
```

        }
        else
            System.out.println("Can't building treangle!");   //输出语句
    }
}
运行结果与方案一同。
方案四：分别输入三个数，并使用计算语句与输出语句
//TriangleAreaD.java
import corejava.*;   //引入 corejava 包中本程序用到的类
public class TriangleAreaD   //定义类
{
    public static void main(String[] args)   //主方法
    {
        double a,b,c,p,Area;   //说明语句,说明 a,b,c,p,Area 为 double 型变量
        a=Console.readDouble("Enter the value of a: ");   //输入语句
        b=Console.readDouble("Enter the value of b: ");   //输入语句
        c=Console.readDouble("Enter the value of c: ");   //输入语句
        if(a+b>c&&b+c>a&&c+a>b)   //条件判断
        {
            p=(a+b+c)/2;   //计算语句
            Area=Math.sqrt(p*(p-a)*(p-b)*(p-c));   //计算语句
            Format.printf("Area=%.2f\n",Area);   //输出语句
        }
        else
            System.out.println("Can't building treangle!");   //输出语句
    }
}
运行结果与方案一同。

[例 1.4.9] 输入两个实数，由小到大的次序输出这两个数（要求使用条件语句）。
方案一：计算表达式语句用到的变量先说明
//NumberOrder.java
import corejava.*;   //引入 corejava 包中本程序用到的类
public class NumberOrder   //定义类
{
    public static void main(String[] args)   //主方法
    {
        double a,b,t;   //说明语句,说明 a,b,t 为 double 型变量
        String[]s=Console.readLine("Enter two numbers: ").split(" ");
        //输入语句，输入两个数，以字符串存入字符串数组中(字符串之间用空格分隔)
        a=Double.parseDouble(s[0]);

```
        //从字符串数组中取出第一个字符串，转换为 double 型数赋给变量 a
        b=Double.parseDouble(s[1]);
        //从字符串数组中取出第二个字符串，转换为 double 型数赋给变量 b
        if(a>b)   //条件判断
        {
            t=a;   //赋值语句，实现 a,b 互换
            a=b;
            b=t;
        }
        System.out.println("a="+a+"\tb="+b);   //输出语句
        Format.printf("a=%f\t",a);   //输出语句
        Format.printf("b=%f\n",b);   //输出语句
    }
}
```
运行结果：

```
Enter two numbers:  20 10
a=10.0 b=20.0
```

方案二：只说明计算表达式语句用到的临时变量

```
//NumberOrder1.java
import corejava.*;   //引入 corejava 包中本程序用到的类
public class NumberOrder1   //定义类
{
    public static void main(String[] args)   //主方法
    {
        double t;   //说明 t 为 double 型变量
        String[] s=Console.readLine("Enter two numbers: ").split(" ");
        //输入语句，输入两个数，以字符串存入字符串数组中(字符串之间用空格分隔)
        double a=Double.parseDouble(s[0]);
        //从字符串数组中取出第一个字符串，转换为 double 型数赋给变量 a
        double b=Double.parseDouble(s[1]);
        //从字符串数组中取出第二个字符串，转换为 double 型数赋给变量 b
        if(a>b)   //条件判断
        {
          t=a;   //赋值语句，实现 a,b 互换
          a=b;
          b=t;
        }
        System.out.println("a="+a+"   b="+b);   //输出语句
        Format.printf("a=%.1f   ",a);   //输出语句，其结果保留小数后 1 位
        Format.printf("b=%0.1f\n",b);   //输出语句，其结果保留小数后 1 位
```

    }
}
运行结果与方案一同。

　　[例 1.4.10] 输入 3 个数 a,b,c 要求按由小到大的顺序输出（要求使用条件语句）。
方案一：一次输入三个数
//NumberOrder2.java
import corejava.*;   //引入 corejava 包中本程序用到的类
public class NumberOrder2   //定义类
{
    public static void main(String[] args)   //主方法
    {
        double t;   //说明 t 为 double 型变量
        String[]s=Console.readLine("Enter three numbers: ").split(" ");
        //输入语句，输入两个数，以字符串存入字符串数组中(字符串之间用空格分隔)
        double a=Double.parseDouble(s[0]);
        //从字符串数组中取出第一个字符串，转换为 double 型数赋给变量 a
        double b=Double.parseDouble(s[1]);
        //从字符串数组中取出第二个字符串，转换为 double 型数赋给变量 b
        double c=Double.parseDouble(s[2]);
        //从字符串数组中取出第三个字符串，转换为 double 型数赋给变量 b
        if(a>b)   //条件判断
        {
            t=a;   //赋值语句，实现 a,b 互换
            a=b;
            b=t;
        }
        if(a>c)   //条件判断
        {
            t=a;   //赋值语句，实现 a,c 互换
            a=c;
            c=t;
        }
        if(b>c)   //条件判断
        {
            t=b;   //赋值语句，实现 b,c 互换
            b=c;
            c=t;
        }
        System.out.println(a+"\t"+b+"\t"+c);   //输出语句
    }
}

运行结果：

```
Enter three numbers:  510 918 124
124.0    510.0    918.0
```

方案二：分别输入三个数
```java
//NumberOrder3.java
import corejava.*;    //引入 corejava 包中本程序用到的类
public class NumberOrder3    //定义类
{
    public static void main(String[] args)    //主方法
    {
        double t;    //说明 t 为 double 型变量
        double a=Console.readDouble("Ener value a: ");    //输入语句
        double b=Console.readDouble("Ener value a: ");    //输入语句
        double c=Console.readDouble("Ener value a: ");    //输入语句
        if(a>c)    //条件判断
        {
            t=a;
            a=c;
            c=t;
        }
        if(b>c)    //条件判断
        {
            t=b;
            b=c;
            c=t;
        }
        System.out.println(a+"   "+b+"   "+c);    //输出语句
    }
}
```

运行结果：

```
Ener value a:  510
Ener value a:  918
Ener value a:  124
124.0   510.0   918.0
```

[例 1.4.11] 输入一个用整数表示的年份，输出显示该年份是否闰年（要求分别使用 if-else 语句和条件赋值语句）。

方案一：使用 if-else 语句
```java
//LeapYear.java
import corejava.*;    //引入 corejava 包中本程序用到的类
```

```java
public class LeapYear    //定义类
{
    public static void main(String[] args)    //主方法
    {
        boolean bFlag;    //说明 bFlag 为布尔型变量
        int year=Console.readInt("Ener a year: ");    //输入语句
        if(year%400==0)    //条件判断，能被 400 整除为真
            bFlag=true;    //赋值语句
        else if(year%4!=0)    //条件判断，不能被 4 整除为假
            bFlag=false;    //赋值语句
        else if(year%100!=0)    //条件判断，不能被 100 整除为真
            bFlag=true;    //赋值语句
        else
            bFlag=false;    //赋值语句
        if(bFlag)
            Format.printf("%d is a leap year\n",year);    //输出语句
        else
            Format.printf("%d not's a leap year\n",year);    //输出语句
    }
}
```

运行结果：

```
Ener a year: 2007
2007 not's a leap year
```

方案二：使用条件赋值语句

```java
//LeapYear1.java
import corejava.*;    //引入 corejava 包中本程序用到的类
public class LeapYear1    //定义类
{
    public static void main(String[] args)    //主方法
    {
        boolean bFlag;    //说明 bFlag 为布尔型变量
        int year=Console.readInt("Ener a year: ");    //输入语句
        bFlag=(year%400==0)?true:(year%4!=0)?false:(year%100!=0)?true:false;
        //条件赋值语句
        if(bFlag)
            Format.printf("%d is a leap year\n",year);    //输出语句
        else
            Format.printf("%d not's a leap year\n",year);    //输出语句
    }
}
```

运行结果与方案一同。

1.4.2 switch 语句

[例 1.4.12] 计算

$$y = \begin{cases} \ln a + \ln b & a>0, b>0 \\ 1 & a=b=0 \\ \sin a + \sin b & \text{其他} \end{cases}$$

方案一：分别输入两个数。

```java
//SwitchTest1.java
import corejava.*;   //引入 corejava 包中本程序用到的类
public class SwitchTest1    //定义类
{
    public static void main(String[] args)    //主方法
    {
        double y=0;   //说明 y 为 double 型变量并初始化为 0
        double a=Console.readDouble("Enter the value of a: ");   //输入语句
        double b=Console.readDouble("Enter the value of b: ");   //输入语句
        char ch=a>0&&b>0?'a':a==0&&b==0?'b':'c';   //条件赋值语句
        switch(ch)   //开关语句
        {
            case 'a':   y=Math.log(a)+Math.log(b);   //计算语句
                        break;
            case 'b':   y=1;
                        break;
            case 'c':   y=Math.sin(a*Math.PI/180)+Math.sin(b*Math.PI/180);   //计算语句
        }
        Format.printf("y=%f\n",y);   //输出语句
    }
}
```

运行结果：

```
Enter the value of a: 0.5
Enter the value of b: 0.6
y=-1.203973
```

方案二：一次输入两个数。

```
//SwitchTest2.java
```

```java
import corejava.*;    //引入corejava包中本程序用到的类
public class SwitchTest2    //定义类
{
    public static void main(String[] args)    //主方法
    {
        double y=0;    //说明y为double型变量并初始化为0
        String[] s=Console.readLine("Enter two numbers: ").split(" ");
        //输入语句，输入四个数，以字符串存入字符串数组中(字符串之间用空格分隔)
        double a=Double.parseDouble(s[0]);
        //从字符串数组中取出第一个字符串，转换为double型数赋给变量a
        double b=Double.parseDouble(s[1]);
        //从字符串数组中取出第二个字符串，转换为double型数赋给变量b
        int i=a>0&&b>0?1:a==0&&b==0?2:3;    //条件赋值语句
        switch(i)    //开关语句
        {
            case 1:    y=Math.log(a)+Math.log(b);    //计算语句
                break;
            case 2:    y=1;
                break;
            case 3:    y=Math.sin(a*Math.PI/180)+Math.sin(b*Math.PI/180);    //计算语句
        }
        Format.printf("y=%f\n",y);    //输出语句
    }
}
```

运行结果：

```
Enter two numbers: 0.5 0.6
y=-1.203973
```

[例1.4.13] 选择课程

方案一：switch语句采用int型变量i

```java
//Switch1.java
import corejava.*;    //引入corejava包中本程序用到的类
public class Switch1    //定义类
{
    public static void main(String[] args)    //主方法
    {
        System.out.println("Courses: 1=C# 2=CoreJava 3=Ajax ");    //输出语句
```

```
        int i=Console.readInt("Please input your selection: ");   //输入语句
        switch(i)   //开关语句
        {
            case 1:   Format.printf("You selected course is %s\n","C#");   //输出语句
                      break;
            case 2:   Format.printf("You selected course is %s\n","CoreJava");   //输出语句
                       break;
            case 3:   Format.printf("You selected course is %s\n","Ajax");   //输出语句
                       break;
            default:  Format.printf("%s\n","You not select");   //输出语句
                       break;
        }
        Format.printf("%s\n","Thank you!");   //输出语句
    }
}
```

运行结果：

```
Courses: 1=C# 2=CoreJava 3=Ajax
Please input your selection: 3
You selected course is Ajax
Thank you!
```

方案二：switch 语句表达式采用 char 型变量 ch

```
//Switch2.java
import corejava.*;
import java.io.*;
public class Switch2    //定义类
{
    public static void main(String[] args)throws IOException   //主方法，并实现 IO 异常
    {
        System.out.println("Courses: A=C# B=CoreJava C=Ajax ");   //输出语句
        System.out.print("Please input your selection: ");   //输出语句
        char ch=(char)System.in.read();   //输入语句
        switch(ch)   //开关语句
        {
            case 'A':  Format.printf("You selected course is %s\n","C#");   //输出语句
                       break;
            case 'B':  Format.printf("You selected course is %s\n","CoreJava");   //输出语句
                       break;
```

```
        case 'C':   Format.printf("You selected course is %s\n","Ajax");    //输出语句
                    break;
        default:    Format.printf("%s\n","You not select");    //输出语句
                    break;
        }
        Format.printf("%s\n","Thank you!");    //输出语句
    }
}
```

运行结果：

```
Courses: A=C# B=CoreJava C=Ajax
Please input your selection: C
You selected course is Ajax
Thank you!
```

方案三：switch 语句表达式采用 char 型变量 ch(输入语句采用输入整型,强制转换成字符型)

```
//Switch2_A.java
import corejava.*;
public class Switch2_A    //定义类
{
    public static void main(String[] args)    //主方法
    {
        System.out.println("Courses: A=C# B=CoreJava C=Ajax ");    //输出语句
        char ch=(char)Console.readInt("Please input your selection [65(A)/66(B)/67(C) or other]: ");    //输入语句(整型强制转换成字符型)
        switch(ch)    //开关语句
        {
        case 'A':   System.out.println("You selected course is "+"C#");    //输出语句
                    break;
        case 'B':   System.out.println("You selected course is "+"CoreJava");    //输出语句
                    break;
        case 'C':   System.out.println("You selected course is "+"Ajax");    //输出语句
                    break;
        default:    System.out.println("You not select");    //输出语句
                    break;
        }
        System.out.println("Thank you!");    //输出语句
    }
}
```

运行结果：

```
Courses: A=C# B=CoreJava C=Ajax
Please input your selection [65(A)/66(B)/67(C) or other]:  65
You selected course is C#
Thank you!
```

[例 1.4.14]　某公司员工的保底薪水为 1 500，某月所接业务的利润 profit 与利润提成的关系如下（单位：元）：

    profit＜1 000　　　　没有提成；
   1 000≤profit＜2 000　　提成 10%；
   2 000≤profit＜5 000　　提成 15%；
   5 000≤profit＜10 000　提成 20%；
   10 000≤profit　　　　　提成 25%；

计算员工的月工资。

```java
// SalaryApp1.java
import corejava.*;    //引入 corejava 包中本程序用到的类
class SalaryApp1    //定义类
{
    public static void main(String[] args)    //主方法
    {
        double salary=1500;    //说明 salary 为 double 类型变量并初始化
        int    grade;    //说明 grade 为 int 类型变量
        double profit=Console.readDouble("please input the profit:");
        //输入语句
        grade=profit/1000;    //计算语句
        switch(grade)    //开关语句
        {
            case  0: break;    //profit<1000
            case  1: salary+=profit*0.1;    //1000≤profit<2000
                break;
            case  2:
            case  3:
            case  4: salary+=profit*0.15;    //2000≤profit<5000
                break;
            case  5:
            case  6:
            case  7:
            case  8:
```

```
            case 9: salary+=profit*0.2;    //5000≤profit<10000
                    break;
            default: salary+=profit*0.25;  //10000≤profit
        }
        Format.printf("Salary=%.2f\n", salary);  //输出语句，结果保留小数后两位
    }
}
```
运行结果：

```
please input the profit: 3000
Salary=1950.00
```

[例 1.4.15] 计算个人月工资税所得。我国个人所得税税率如下：

等级	扣除标准每月 2 000 元	税率（%）
1	不超过 500 元的	5
2	超过 500 元至 2 000 元的部分	10
3	超过 2 000 元至 5 000 元的部分	15
4	超过 5 000 元至 20 000 元的部分	20
5	超过 20 000 元至 40 000 元的部分	25
6	超过 40 000 元至 60 000 元的部分	30
7	超过 60 000 元至 80 000 元的部分	35
8	超过 80 000 元至 100 000 元的部分	40
9	超过 100 000 元的部分	45

```
//SalaryApp2.java
import corejava.*;   //引入 corejava 包中本程序用到的类
class SalaryApp2     //定义类
{
    public static void main(String[] args)    //主方法
    {
        double s;
        double salary=Console.readDouble("please input the salary:");
        //输入语句
        s=salary-2000;   //计算语句
        int grade=s<500?1:s>=500&&s<2000?2:s>=2000&&s<5000?3:
        s>=5000&&s<20000?4: s>=20000&&s<40000?5:
        s>=40000&&s<60000?6:s>60000&&s<80000?7:
        s>=80000&&s<100000?8:9;   //条件赋值语句
        switch(grade)    //开关语句
        {
```

```
            case  1: salary=salary-s*0.05;    //计算语句,除税后的工资
                    break;
            case  2: salary=salary-s*0.1;     //计算语句
                    break;
            case  3: salary=salary-s*0.15;    //计算语句
                    break;
            case  4: salary=salary-s*0.2;     //计算语句
                    break;
            case  5: salary=salary-s*0.25;    //计算语句
                    break;
            case  6: salary=salary-s*0.3;     //计算语句
                    break;
            case  7: salary=salary-s*0.35;    //计算语句
                    break;
            case  8: salary=salary-s*0.40;    //计算语句
                    break;
            case  9: salary=salary-s*0.45;    //计算语句
                    break;
        }
        Format.printf("Salary=%.2f\n", salary);   //输出语句
    }
}
```

运行结果：

```
please input the salary: 3500
Salary=3350.00
```

[例 1.4.16]　计算：

$$f = \begin{cases} a \times e^{(x+1.1)} & 0 \leq a \leq 9 \\ a \times e^{(x+1.5)} & 10 \leq a \leq 19 \\ a \times e^{(x+2.8)} & 20 \leq a \leq 29 \\ a \times e^{(x+3.1)} & 30 \leq a \leq 39 \end{cases}$$

方案一：分别输入两个数，switch 语句采用 int 型变量 i

```
//SwitchTest1A.java
import corejava.*;    //引入 corejava 包中本程序用到的类
public class SwitchTest1A    //定义类
{
    public static void main(String[] args)    //主方法
    {
        double f=0;    //说明 f 为 double 类型变量并初始化为 0
        double a=Console.readDouble("Enter the value of a: ");    //输入语句
```

```
        double x=Console.readDouble("Enter the value of x: ");    //输入语句
        int i=x>=0&&x<=9?1:x>=10&&x<=19?2:x>=20&&x<=29?3:x>=30&&x<=39?4:5;
        //条件赋值语句
        switch(i)    //开关语句
        {
            case 1:    f=a*Math.exp(x+1.1);    //计算语句
                       break;
            case 2:    f=a*Math.exp(x+1.5);    //计算语句
                       break;
            case 3:    f=a*Math.exp(x+2.8);    //计算语句
                       break;
            case 4:    f=a*Math.exp(x+3.1);    //计算语句
                       break;
            default:   break;
        }
        Format.printf("f=%f\n",f);    //输出语句
    }
}
```

运行结果：

```
Enter the value of a:   25
Enter the value of x:   5
f=11146.444252
```

方案二：一次输入两个数,switch 语句表达式采用 char 型变量 ch

```
//SwitchTest1A1.java
import corejava.*;    //引入 corejava 包中本程序用到的类
public class SwitchTest1A1    //定义类
{
    public static void main(String[] args)    //主方法
    {
        double f=0;    //说明 f 为 double 类型变量并初始化为 0
        String[] s=Console.readLine("Enter two numbers: ").split(" ");
        //输入语句，输入两个数，以字符串存入字符串数组中(字符串之间用空格分隔)
        double a=Double.parseDouble(s[0]);
        //从字符串数组中取出第一个字符串，转换为 double 型数赋给变量 a
        double x=Double.parseDouble(s[1]);
        //从字符串数组中取出第二个字符串，转换为 double 型数赋给变量 x
        char ch= x>=0&&x<=9?'a':x>=10&&x<=19?'b':x>=20&&x<=29?'c':
                 x>=30&&x<=39?'d':'e';
        //条件赋值语句
        switch(ch)    //开关语句
```

```
        {
            case 'a': f=a*Math.exp(x+1.1);    //计算语句
                    break;
            case 'b': f=a*Math.exp(x+1.5);    //计算语句
                    break;
            case 'c': f=a*Math.exp(x+2.8);    //计算语句
                    break;
            case 'd': f=a*Math.exp(x+3.1);    //计算语句
                    break;
            default:   break;
        }
        Format.printf("f=%f\n",f);    //输出语句
    }
}
```
运行结果：

```
Enter two numbers:  25 5
f=11146.444252
```

1.4.3 while 语句

[例 1.4.17] 显示数字 0~9(要求使用 while 循环)。

方案一：在循环体中设置计数器改变布尔表达式之值

```
//DigitTestA.java
import corejava.*;    //引入 corejava 包中本程序用到的类
public class DigitTestA    //定义类
{
    public static void main(String[] args)    //主方法
    {
        int i=0;   //说明 i 为 int 型变量并初始化为 0
        while(i<=9)
        {
            Format.printf("%d  ",i);  //或 System.out.print("  "+i);
            i++;
        }
        System.out.println();    //换行
    }
}
```

运行结果：

```
0 1 2 3 4 5 6 7 8 9
```

方案二：在布尔表达式中设置改变布尔表达式之值

//DigitTestB.java

import corejava.*;   //引入 corejava 包中本程序用到的类

public class DigitTestB   //定义类
{
    public static void main(String[] args)   //主方法
    {
        int i=-1;   //说明 i 为 int 型变量并初始化为-1
        while(i++<9)
            Format.printf("%d   ",i);   // 或 System.out.print("   "+i);
        System.out.println();   //换行
    }
}

运行结果与方案一同。

方案三：在输出语句中设置改变布尔运算值

//DigitTestC.java

import corejava.*;   //引入 corejava 包中本程序用到的类

public class DigitTestC   //定义类
{
    public static void main(String[] args)   //主方法
    {
        int i=0;   //说明 i 为 int 型变量并初始化为 0
        while(i<=9)
            Format.printf("%d   ",i++);   //或 System.out.print("   "+i++);
        System.out.println();   //换行
    }
}

运行结果与方案一同。

[例 1.4.18] 求数列 s=1+3/4+5/9+7/16+9/25+……+(2*n-1)/n^2 所有数据项大于 0.1 的数据项之和(要求使用 while 循环)。

方案一：使用 printf 输出

// SumApp.java

import corejava.*;   //引入 corejava 包中本程序用到的类

class SumApp   //定义类
{
    public static void main(String[] args)   //主方法
    {
        int i=1;   //说明 i 为 int 型变量，并初始化为 1
        double s=0,p=0;   //说明 s,p 为 double 型变量，并初始化为 0
        while ((p=(2.0*i-1)/(i*i))>0.1)   //while 语句

```
            {
                    s+=p;
                    i++;
            }
            Format.printf("i=%d\n",i);      //输出语句
            Format.printf("sum=%f\n",s);    //输出语句
    }
}
```

运行结果：

```
i=20
sum=5.501816
```

方案二：使用 println 输出
```
// SumApp1.java
import corejava.*;   //引入 corejava 包中本程序用到的类
class SumApp1    //定义类
{
    public static void main(String[] args)    //主方法
    {
        int i=1;   //说明 i 为 int 型变量，并初始化为 1
        double s=0;   //说明 s 为 double 型变量，并初始化为 0
        while ((2.0*i-1)/(i*i)>0.1)   //while 语句
        {
                s+=(2.0*i-1)/(i*i);
                i++;
        }
        System.out.println("i="+i+"\nsum="+s);    //输出语句
    }
}
```

运行结果：

```
i=20
sum=5.50181607037434
```

[例 1.4.19]　计算整数 1~50 中的奇数之和及偶数之和(要求使用 while 循环)。
方案一：在循环体中设置计算器，改变布尔表达式之值
```
//WhileOddEven.java
import corejava.*;   //引入 corejava 包中本程序用到的类
public class WhileOddEven    //定义类
{
    public static void main(String[] args)    //主方法
    {
        int i=1,OddSum=0,EvenSum=0;
```

```
        //说明 i, OddSum, EvenSum 为 int 型变量, 并初始化
        while(i<=50)    //while 语句
        {
            if(i%2==0)
                EvenSum+=i;    //计算语句
            else
                OddSum+=i;    //计算语句
            i++;    //改变布尔表达式值
        }
        Format.printf("OddSum=%d\t",OddSum);    //输出语句
        Format.printf("EvenSum=%d\n",EvenSum);    //输出语句
    }
}
```

运行结果：

```
OddSum=625
EvenSum=650
```

方案二：在布尔表达式中改变布尔表达式之值
```
//WhileOddEven1.java
import corejava.*;    //引入 corejava 包中本程序用到的类
public class WhileOddEven1    //定义类
{
    public static void main(String[] args)    //主方法
    {
        int i=0,OddSum=0,EvenSum=0;
        //说明 i, OddSum, EvenSum 为 int 型变量, 并初始化
        while(i++<=50)    //在布尔表达式中设置改变布尔表达式的值
        {
            if(i%2==0)
                EvenSum+=i;    //计算语句
            else
                OddSum+=i;    //计算语句
        }
        Format.printf("OddSum=%d\t",OddSum);    //输出语句
        Format.printf("EvenSum=%d\n",EvenSum);    //输出语句
    }
}
```
运行结果与方案一同。

[例 1.4.20] 计算分段函数 $y=\begin{cases} 0 & x \leq a \\ (x-a)^3 & x>a \end{cases}$

（要求使用 while 循环）。

方案一：在布尔表达式中设置改变布尔表达式之值
```
//While1.java
import corejava.*;    //引入 corejava 包中本程序用到的类
public class While1    //定义类
{
    public static void main(String[] args)    //主方法
    {
        int i=0;   //说明 i 为 int 型变量并初始化为 0
        while(i++<5)   //在布尔表达式中设置改变布尔表达式之值
        {
            double x=Console.readDouble("Enter the value x: ");   //输入语句
            double a=Console.readDouble("Enter the value a: ");   //输入语句
            double y=x<=a?0:Math.pow(x-a,3);    //条件赋值语句
            Format.printf("y==%10.2f\n",y);    //输出语句
        }
    }
}
```
运行结果：

```
Enter the value x:   11.19
Enter the value a:   10.25
y==      0.83
Enter the value x:   9.18
Enter the value a:   1.24
y==    500.57
Enter the value x:   11.19
Enter the value a:   5.10
y==    225.87
Enter the value x:   10.2
Enter the value a:   5.1
y==    132.65
Enter the value x:   5.1
Enter the value a:   10.2
y==      0.00
```

方案二：在循环体中改变布尔表达式之值
```
//While2.java
import corejava.*;    //引入 corejava 包中本程序用到的类
public class While2    //定义类
{
    public static void main(String[] args)    //主方法
```

```java
        {
            int i=1;    //说明 i 为 int 型变量并初始化为 1
            while(i<=5)
            {
                String[] s=Console.readLine("Enter two numbers: ").split(" ");
                //输入语句，输入两个数，以字符串存入字符串数组中(字符串之间用空格分隔)
                double x=Double.parseDouble(s[0]);
                //从字符串数组中取出第一个字符串，转换为 double 型数赋给变量 x
                double a=Double.parseDouble(s[1]);
                //从字符串数组中取出第二个字符串，转换为 double 型数赋给变量 a
                Format.printf("y==%10.2f\n",x<=a?0:Math.pow(x-a,3));
                //输出语句（条件赋值表达式放在其中）
                i++;
            }
        }
    }
```

运行结果：

```
Enter two numbers: 11.19 10.25
y==      0.83
Enter two numbers: 9.18 1.24
y==    500.57
Enter two numbers: 11.19 5.10
y==    225.87
Enter two numbers: 10.2 5.1
y==    132.65
Enter two numbers: 5.1 10.2
y==      0.00
```

[例 1.4.21] 试为古代著名的孙子定理编一个 Core Java 程序。孙子定理也称为中国余数定理，又叫韩信点兵，该问题用现代汉语叙述就是有一数，3 除余 2，5 除余 3，7 除余 2，求此数（要求用 while 语句）。

方案一：使用 printf 输出

```java
//While1A.java
import corejava.*;    //引入 corejava 包中本程序用到的类
public class While1A    //定义类
{
    public static void main(String[] args)    //主方法
    {
        int x=2;
        while(!(x%3==2&&x%5==3&&x%7==2))
            x++;
        Format.printf("x=%d\n",x);    //输出语句
    }
}
```

运行结果：
```
x=23
```

方案二：使用 println 输出
```java
//While1A1.java
import corejava.*;    //引入corejava包中本程序用到的类
public class While1A1    //定义类
{
    public static void main(String[] args)    //主方法
    {
        int x=2;
        while(!(x%3==2&&x%5==3&&x%7==2))
            x++;
        System.out.println("x="+x);    //输出语句
    }
}
```
运行结果与方案一同。

[例 **1.4.22**] 重复输入任意次数据,计算 a=x^{y^z} 之值（要求使用 while 循环）。

方案一：使用 printf 输出
```java
//WhileXYZ.java
import corejava.*;    //引入corejava包中本程序用到的类
class WhileXYZ    //定义类
{
    public static void main(String[] args)    //主方法
    {
        while(true)
        {
            String[] s=Console.readLine("Enter three numbers: ").split(" ");
            //输入语句,输入三个数,以字符串存入字符串数组中(字符串之间用空格分隔)
            double x=Double.parseDouble(s[0]);
            //从字符串数组中取出第一个字符串，转换为 double 型数赋给变量 x
            double y=Double.parseDouble(s[1]);
            //从字符串数组中取出第二个字符串，转换为 double 型数赋给变量 y
            double z=Double.parseDouble(s[2]);
            //从字符串数组中取出第三个字符串，转换为 double 型数赋给变量 z
            Format.printf("a=%f\n",Math.pow(x,Math.pow(y,z)));
            //输出语句(含计算表达式）
            if(Console.readLine("Do you want to continue?(y/n) ").equals("n"))
                break;
        }
```

        }
}
运行结果：

```
Enter three numbers: 9 1 8
a=9.000000
Do you want to continue?(y/n)  y
Enter three numbers: 8 3 1
a=512.000000
Do you want to continue?(y/n)  n
```

方案二：使用 println 输出

```
//WhileXYZ1.java
import corejava.*;    //引入 corejava 包中本程序用到的类
class WhileXYZ1    //定义类
{
    public static void main(String[] args)    //主方法
    {
        boolean b=true;
        while(b)
        {
            String[] s=Console.readLine("Enter three numbers: ").split(" ");
            //输入语句，输入三个数，以字符串存入字符串数组中(字符串之间用空格分隔)
            double x=Double.parseDouble(s[0]);
            //从字符串数组中取出第一个字符串，转换为 double 型数赋给变量 x
            double y=Double.parseDouble(s[1]);
            //从字符串数组中取出第二个字符串，转换为 double 型数赋给变量 y
            double z=Double.parseDouble(s[2]);
            //从字符串数组中取出第三个字符串，转换为 double 型数赋给变量 z
            System.out.println("a="+Math.pow(x,Math.pow(y,z)));
            //输出语句(含计算表达式)
            b=(Console.readLine("Do you want to continue?(y/n) ").equals("y"))?true:false;
        }
    }
}
```

运行结果：

```
Enter three numbers: 9 1 8
a=9.0
Do you want to continue?(y/n)  y
Enter three numbers: 8 3 1
a=512.0
Do you want to continue?(y/n)  n
```

1.4.4 for 语句

[例 1.4.23] 输入任意个数，求其和（要求使用 for 循环, for 循环与逗号运算符）。

方案一：使用 for 循环

```
//ForUse1.java
import corejava.*;    //引入 corejava 包中本程序用到的类
public class ForUse1    //定义类
{
    public static void main(String[] args)    //主方法
    {
        double sum=0;    //说明 sum 为 double 型变量
        int N=Console.readInt("Enter the value of N: ");
        for(int i=0;i<+N;i++)
        {
            double data=Console.readDouble("Enter data: ");
            sum+=data;
        }
        Format.printf("Sum=%f\n",sum);    //输出语句
        System.out.println();    //换行
    }
}
```

运行结果：

```
Enter the value of N:   5
Enter data:   5.10
Enter data:   1.24
Enter data:   9.18
Enter data:   11.19
Enter data:   10.25
Sum=36.960000
```

方案二：使用 for 循环与逗号运算符

```
//ForUse2.java
import corejava.*;    //引入 corejava 包中本程序用到的类
public class ForUse2    //定义类
{
    public static void main(String[] args)    //主方法
    {
        int i;
        double data,sum;    //说明 sum 为 double 型变量
        int N=Console.readInt("Enter the value of N: ");
        for(i=0,sum=0;i<N;data=Console.readDouble(
```

```
            "Enter data: "),sum+=data,i++);
        Format.printf("Sum=%f\n",sum);    //输出语句
        System.out.println();              //换行
    }
}
```

运行结果与方案一同。

[例 1.4.24] 计算

$$p=\begin{cases}\dfrac{\pi}{2}e^{-m} & m>0\\ 0 & m=0\\ \dfrac{\pi}{2}e^{+m} & m<0\end{cases}$$

（要求用 for 循环与 switch 语句相结合）。

方案一：switch 语句开关表达式采用 char 型变量 ch

```
//ComputeP.java
import corejava.*;    //引入 corejava 包中本程序用到的类
public class ComputeP    //定义类
{
    public static void main(String[] args)    //主方法
    {
        boolean b=true;   //说明 b 为 boolean 型变量，并初始化为 true
        for(;b;)
        {
            double p=0;   //说明 p 为 double 型变量，并初始化为 0
            double m=Console.readDouble("Enter the value m: ");   //输入语句
            char ch=m>0?'a':m==0?'b':'c';    //条件赋值语句
            switch(ch)    //开关语句
            {
                case 'a': p=Math.PI/2*Math.exp(-m);   //计算语句
                    break;
                case 'b': p=0;
                    break;
                case 'c': p=Math.PI/2*Math.exp(m);    //计算语句
            }
            Format.printf("p=%10.8f\n",p);   //输出语句
            b=Console.readLine("Do you want to continue?(y/n) ").equals("y")
                ?true:false;
        }
        Format.printf("%s\n"," ");   //换行
```

        }
    }
}
运行结果：

```
Enter the value m: 1
p=0.57786367
Do you want to continue?(y/n)   y
Enter the value m: 0
p=0.00000000
Do you want to continue?(y/n)   y
Enter the value m: -1
p=0.57786367
Do you want to continue?(y/n)   n
```

方案二：switch 语句开关表达式采用 int 型变量 i

```java
//ComputeP1.java
import corejava.*;    //引入 corejava 包中本程序用到的类
public class ComputeP1    //定义类
{
    public static void main(String[] args)    //主方法
    {
        for(;;)
        {
            double p=0;    //说明 p 为 double 型变量，并初始化为 0
            double m=Console.readDouble("Enter the value m: ");    //输入语句
            int i=m>0?1:m==0?2:3;    //条件赋值语句
            switch(i)    //开关语句
            {
                case 1: p=Math.PI/2*Math.exp(-m);    //计算语句
                    break;
                case 2: p=0;
                    break;
                case 3: p=Math.PI/2*Math.exp(m);    //计算语句
            }
            Format.printf("p=%10.8f\n",p);    //输出语句
            String s=Console.readLine("Do you want to continue?(y/n) ");
            if(s.equals("y"))
                continue;
            else
                break;
        }
        Format.printf("%s\n"," ");    //换行
    }
}
```

运行结果与方案一同。
方案三：使用 for(;;)无限循环
//ComputeP2.java

```java
import corejava.*;
public class ComputeP2    //定义类
{
    public static void main(String[] args)    //主方法
    {
        for(;;)
        {
            double p=0;    //说明 p 为 double 型变量，并初始化为 0
            double m=Console.readDouble("Enter the value m: ");    //输入语句
            int i=m>0?1:m==0?2:3;    //条件赋值语句
            switch(i)
            {
                case 1: p=Math.PI/2*Math.exp(-m);    //计算语句
                    break;
                case 2: p=0;
                    break;
                case 3: p=Math.PI/2*Math.exp(m);    //计算语句
            }
            Format.printf("p=%10.8f\n",p);    //输出语句
            If(Console.readLine("Do you want to continue?(y/n) ").equals("n"))
                break;
        }
    }
}
```

运行结果与方案一同。

[例 1.4.25] 从键盘任意输入'+'、'-'、'*'、'/'、'%'键，对两个数进行相应的加、减、乘、除、模除（要求用 for 循环与 switch 语句相结合）。
方案一：使用 for 循环
//ValueOpValue.java

```java
import corejava.*;    //引入 corejava 包中本程序用到的类
import java.io.*;    //引入 java.io 包中本程序要用到的类
class ValueOpValue    //定义类
{
    public static void main(String[] args)throws IOException
        //主方法，并实现 IO 异常
    {
```

```
            for(int i=1;i<=5;i++)
            {
                int a=Console.readInt("Enter an int number: ");    //输入语句
                System.out.print("Enter a arithmetic operator: ");    //输入语句
                char op=(char)System.in.read();    //输入语句
                System.in.skip(2);    //跳过两个字符
                int b=Console.readInt("Enter an int number: ");    //输入语句
                switch(op)    //开关语句
                {
                    case '+': Format.printf("%d\n",a+b);    //输出语句
                            break;
                    case '-': Format.printf("%d\n",a-b);
                            break;
                    case '*': Format.printf("%d\n",a*b);
                            break;
                    case '/': Format.printf("%d\n",a/b);
                            break;
                    case '%': Format.printf("%d\n",a%b);
                            break;
                }
            }
        }
    }
```

运行结果：

```
Enter an int number: 5
Enter a arithmetic operator: +
Enter an int number: 10
15
Enter an int number: 5
Enter a arithmetic operator: -
Enter an int number: 10
-5
Enter an int number: 5
Enter a arithmetic operator: *
Enter an int number: 10
50
Enter an int number: 5
Enter a arithmetic operator: /
Enter an int number: 10
0
Enter an int number: 5
Enter a arithmetic operator: %
Enter an int number: 10
5
```

方案二：使用 for(;;)无限循环

```
//ValueOpValue1A.java
import corejava.*;
import java.io.*;
```

```java
class ValueOpValue1A    //定义类
{
    public static void main(String[] args)throws IOException    //主方法，并实现IO异常
    {
        for(;;)
        {
            int a=Console.readInt("Enter an int number: ");    //输入语句
            System.out.print("Enter a arithmetic operator: ");    //输入语句
            char op=(char)System.in.read();    //输入语句
            System.in.skip(2);    //跳过两个字符
            int b=Console.readInt("Enter an int number: ");    //输入语句
            switch(op)
            {
                case '+': Format.printf("%d\n",a+b);    //输出语句
                    break;
                case '-': Format.printf("%d\n",a-b);
                    break;
                case '*': Format.printf("%d\n",a*b);
                    break;
                case '/': Format.printf("%d\n",a/b);
                    break;
                case '%': Format.printf("%d\n",a%b);
                    break;
            }
            if(!(Console.readLine("Do you want to continue?(y/n) ")).equals("y"))
                break;
        }
    }
}
```

运行结果：

```
Enter an int number: 5
Enter a arithmetic operator: *
Enter an int number: 10
50
Do you want to continue?(y/n) y
Enter an int number: 5
Enter a arithmetic operator: +
Enter an int number: 10
15
Do you want to continue?(y/n) n
```

[例1.4.26] 计算从1到100中所有能被3或5整除的数总和以及这样的数有多少个（要求使用 for 循环）。

方案一：使用 printf 方法

//Sum3_5.java

```
import corejava.*;    //引入 corejava 包中本程序用到的类
class Sum3_5    //定义类
{
    public static void main(String[] args)    //主方法
    {
        int n=0,sum=0;
        for(int i=1;i<=100;i++)
        {
            if(i%3==0||i%5==0)
            {
                sum+=i;
                n++;
            }
        }
        Format.printf("Sum=%d\t",sum);    //输出语句
        Format.printf("n=%d\n",n);
    }
}
```
运行结果：

`Sum=2418    n=47`

方案二：使用 println 方法
```
//Sum3_6.java
class Sum3_6    //定义类
{
    public static void main(String[] args)    //主方法
    {
        int n=0,sum=0;
        for(int i=1;i<=100;i++)
        {
            if(i%3==0||i%5==0)
            {
                sum+=i;
                n++;
            }
        }
        System.out.println("Sum="+sum+"\tn="+n);    //输出语句
    }
}
```
运行结果与方案一同。

　　[**例 1.4.27**]　已知 $y=3x^5-6x^4+14x^2-7x+100$，试求从 $x=0$ 到 $x=2$ 的范围内，把 x 值从 0.1 步长增加时的 y 值，以及 y 的最大与最小值(要求使用 for 与 if-else 语句相结合)。

方案一：使用 printf 方法
//MaxMin.java

```java
import corejava.*;    //引入 corejava 包中本程序用到的类
class MaxMin    //定义类
{
    public static void main(String[] args)    //主方法
    {
        double yMax=-9999.0,yMin=9999.0,fi,x,y;
        for(int i=0;i<=20;i++)
        {
            fi=i;
            x=fi/10.0;
            y=(((3.0*x-6.0)*x*x+14.0)*x-7.0)*x+100.0;
            Format.printf("%11.1f ",x);
            //输出语句，输出结果的数据位数为 11 位，小数后保留 1 位
            Format.printf("%13.2f\n ",y);
            //输出语句，输出结果的数据位数为 13 位，小数后保留 2 位
            if(yMax-y<0)
            {
                yMax=y;
                continue;
            }
            else
            {
                if(yMin-y>0)
                    yMin=y;
            }
        }
        Format.printf("%f\t",yMax);    //输出语句，输出结果保留小数后 6 位
        Format.printf("%f\n",yMin);
    }
}
```

运行结果:

```
0.0         100.00
0.1          99.44
0.2          99.15
0.3          99.12
0.4          99.32
0.5          99.72
0.6         100.30
0.7         101.02
0.8         101.89
0.9         102.87
1.0         104.00
1.1         105.29
1.2         106.78
1.3         108.56
1.4         110.73
1.5         113.41
1.6         116.78
1.7         121.04
1.8         126.46
1.9         133.33
2.0         142.00
142.000000       99.118690
```

方案二：使用 println 方法

```java
//MaxMin1.java
class MaxMin1    //定义类
{
    public static void main(String[] args)    //主方法
    {
        double yMax=-9999.0,yMin=9999.0,fi,x,y;
        for(int i=0;i<=20;i++)
        {
            fi=i;
            x=fi/10.0;
            y=(((3.0*x-6.0)*x*x+14.0)*x-7.0)*x+100.0;
            System.out.println(x+"\t"+y);
            //输出语句
            if(yMax-y<0)
            {
                yMax=y;
                continue;
            }
            else
            {
                if(yMin-y>0)
                    yMin=y;
            }
        }
        System.out.println("\n"+yMax+"\t"+yMin);    //输出语句
    }
}
```

运行结果：

```
0.0     100.0
0.1     99.43943
0.2     99.15136
0.3     99.11869
0.4     99.31712
0.5     99.71875
0.6     100.29568
0.7     101.02361
0.8     101.88544
0.9     102.87487
1.0     104.0
1.1     105.28693
1.2     106.78336
1.3     108.56219
1.4     110.72512
1.5     113.40625
1.6     116.77568000000001
1.7     121.04311
1.8     126.46144000000001
1.9     133.33037
2.0     142.0

142.0   99.11869
```

[例 1.4.28] 求 $s=\sum_{i=1}^{n}i$

（要求使用 for 与逗号运算符相结合）。

方案一：部分使用 for 与逗号运算符

```
//Si1A.java
import corejava.*;
class Si1A    //定义类
{
    public static void main(String[] args)    //主方法
    {
        int n=Console.readInt("Enter an integer: ");    //输入语句
        int sum=0;    //说明 sum 为 int 型变量并初始化为 0
        for(int i=1;i<=n;sum+=i,i++);    //带逗号的 for 语句，循环体为空
        Format.printf("Sum=%d\n",sum);    //输出语句
    }
}
```

运行结果：

```
Enter an integer: 5
Sum=15
```

方案二：全部使用 for 逗号运算符

```
//Si1B.java
import corejava.*;    //引入 corejava 包中本程序用到的类
class Si1B    //定义类
{
    public static void main(String[] args)    //主方法
    {
        for(int i=1,sum=0,
            n=Console.readInt("Enter an integer: ")
            ;i<=n;sum+=i,i++,Format.printf("Sum=%d\n",sum));
        //带逗号的 for 语句，循环体为空
    }
}
```

运行结果与方案一同。

[例 1.4.29] 计算并输出摄氏温度到华氏温度转换表，要求从摄氏 0~100℃，转换间隔为 10℃，转换公式为：

$$f=1.8*c+32.0$$

方案一：输出语句中含计算表达式

```
//CF1.java
import corejava.*;    //引入 corejava 包中本程序用到的类
```

```
class CF1     //定义类
{
    public static void main(String[] args)    //主方法
    {
        Format.printf("%s\n","Celsius        Fahr");    //输出语句
        for(int celsius=0;celsius<=100;celsius+=10)
        {
          Format.printf("%4d      ",celsius);    //输出语句
          Format.printf("%9.1f\n",1.8*celsius+32.0);    //输出语句(含计算表达式)
        }
    }
}
```

运行结果：

```
Celsius    Fahr
    0       32.0
   10       50.0
   20       68.0
   30       86.0
   40      104.0
   50      122.0
   60      140.0
   70      158.0
   80      176.0
   90      194.0
  100      212.0
```

方案二：输出语句中不含计算表达式

```
//CF2.java
import corejava.*;    //引入 corejava 包中本程序用到的类
class CF2    //定义类
{
    public static void main(String[] args)    //主方法
    {
        System.out.println("Celsius        Fahr");    //输出语句
        for(int celsius=0;celsius<=100;celsius+=10)
        {
            double fahr=1.8*celsius+32.0;
            Format.printf("%4d      ",celsius);    //输出语句
            Format.printf("%9.1f\n",fahr);    //输出语句
        }
    }
}
```

运行结果与方案一同。

[例 1.4.30] 在屏幕显示所有 1~100 中的偶数。
```
// Even.java
import corejava.*;   //引入 corejava 包中本程序用到的类
class Even   //定义类
{
    public static void main(String[] args)   //主方法
    {
        for(int i=1;i<=100;i++)
        {
            if(i%2==1)
                continue;
            if(i%10==0)
                Format.printf("%s\n"," ");   //换行
            Format.printf("%d ",i);   //输出语句
        }
        Format.printf("%s\n"," ");   //换行
    }
}
```
运行结果:

```
2 4 6 8
10 12 14 16 18
20 22 24 26 28
30 32 34 36 38
40 42 44 46 48
50 52 54 56 58
60 62 64 66 68
70 72 74 76 78
80 82 84 86 88
90 92 94 96 98
100
```

[例 1.4.31] 计算 $y=\dfrac{x^2}{1!}+\dfrac{x^3}{2!}+\dfrac{x^4}{3!}+\cdots+\dfrac{x^{n+1}}{n!}$,设 x=2,要求打印当 n=1,2,3,…直到 n=100 时的相应值。

```
//Y1.java
import corejava.*;   //引入 corejava 包中本程序用到的类
class Y1
{
    public static void main(String[] args)   //主方法
    {
        double x=2.0,y=0.0,t,s;   //说明 x,y,t,s 为 double 型变量并初始化 x、y
        for(int n=1;n<=10;n++)
        {
```

```
            t=1.0;    //赋值语句
            s=x;
            for(int m=1;m<=n;m++)
            {
                t*=m;    //组合赋值语句
                s*=x;    //组合赋值语句
            }
            y+=s/t;    //计算语句
            Format.printf("n=%-2d\t",n);    //输出语句
            Format.printf("y=%-8.4f\n",y);    //输出语句
        }
    }
}
```
运行结果:

```
n=1      y=4.0000
n=2      y=8.0000
n=3      y=10.6667
n=4      y=12.0000
n=5      y=12.5333
n=6      y=12.7111
n=7      y=12.7619
n=8      y=12.7746
n=9      y=12.7774
n=10     y=12.7780
```

[例 1.4.32] 重复输入数据，计算

$$Y=\begin{cases} a+bx+cx^2 & 0.5 \leqslant x < 1.5 \\ (a\sin bx)^2 & 1.5 \leqslant x < 2.5 \\ \sqrt{a+bx^2}-c & 2.5 \leqslant x < 3.5 \\ a\ln\left|b+\dfrac{c}{x}\right| & 3.5 \leqslant x < 4.5 \end{cases}$$

```
//SwitchFor.java
import corejava.*;    //引入 corejava 包中本程序用到的类
public class SwitchFor    //定义类
{
    public static void main(String[] args)    //主方法
    {
        double y=0;    //说明 y 为 double 型变量并初始化 0
        for(;;)
        {
            String[] s=Console.readLine("Enter four numbers: ").split(" ");
            //输入语句，输入三个数，以字符串存入字符串数组中(字符串之间用空格
```

分隔)

```
        double x=Double.parseDouble(s[0]);
        //从字符串数组中取出第一个字符串，转换为 double 型数赋给变量 x
        double a=Double.parseDouble(s[1]);
        //从字符串数组中取出第二个字符串，转换为 double 型数赋给变量 a
        double b=Double.parseDouble(s[2]);
        //从字符串数组中取出第三个字符串，转换为 double 型数赋给变量 b
        double c=Double.parseDouble(s[3]);
        //从字符串数组中取出第四个字符串，转换为 double 型数赋给变量 c
        int i=x>=0.5&&x<1.5?1:(x>=1.5&&x<2.5?2:x>=2.5&&x<3.5?3:
            x>=3.5&&x<4.5?4:0);     //条件赋值语句
        switch(i)
        {
            case 1: y=a+b*x+c*x*x;    //计算语句
                break;
            case 2: y=Math.pow(a*Math.sin(b*x*Math.PI/180),c);   //计算语句
                break;
            case 3: y=Math.sqrt(a+b*x*x-c);    //计算语句
                break;
            case 4:y=a*Math.log(Math.abs(b+c/x));    //计算语句
        }
        Format.printf("y=%10.2f\n",y);   //输出语句
        String str=Console.readLine("Do you want to continue?(y/n) ");
        if(!str.equals("y"))
            break;
    }
}
}
```

运行结果：

```
Enter four numbers:  1 2 3 4
y=         9.00
Do you want to continue?(y/n)   y
Enter four numbers:  4 3 2 1
y=         2.43
Do you want to continue?(y/n)   n
```

[例 1.4.33]　计算所有从 1 到 20 中当前数与前一个数的乘积的平方$(i-1)i^2$的总和。

```
//SApp.java
import corejava.*;
class Sapp    //定义类
{
    public static void main(String[] args)    //主方法
```

```
        {
            int s=0;    //说明 s 为 int 型变量并初始化 0
            for(int i=1;i<=20;i++)
                s+=i==1?1:Math.pow((i-1)*i,2);   //条件赋值语句
            Format.printf("s=%d\n",s);   //输出语句
        }
}
```
运行结果:

```
s=637337
```

1.4.5 do 语句

[例 1.4.34] 在 y=|x-3| + |x+1|时,试求 x 值从-0.3 到 1.0 以步长 0.5 增加时的 y 值,并列表输出(要求使用 do-while 循环)。

```
//TableY.java
import corejava.*;   //引入 corejava 包中本程序用到的类
class TableY    //定义类
{
    public static void main(String[] args)   //主方法
    {
        float x=-3.0f,y;    //说明 x,y 为 float 型变量并初始化 x 为-3.0f
        Format.printf("%s\n","    x     |     y");    //输出语句
        Format.printf("%s\n","------------------");   //输出语句
        do
        {
            y=Math.abs(x-3)+Math.abs(x+1);   //计算语句
            Format.printf(" %-8.1f | ",x);
            //输出语句,输出结果左对齐,域宽为 8 位,小数后保留 1 位
            Format.printf(" %-7.1f\n",y);
            //输出语句,输出结果左对齐,域宽为 7 位,小数后保留 1 位
            x+=0.5;   //组合赋值语句
        }while(x<=1.0);
        Format.printf("%s\n","------------------");   //输出语句
    }
}
```
运行结果:

```
    x     |     y
------------------
 -3.0     |  8.0
 -2.5     |  7.0
 -2.0     |  6.0
 -1.5     |  5.0
 -1.0     |  4.0
 -0.5     |  4.0
  0.0     |  4.0
  0.5     |  4.0
  1.0     |  4.0
```

[例 1.4.35] 输出正整数 1 到 50 中的奇数之和以及偶数之和。
（要求：(1) 使用 while 型循环；(2) 使用 for 型循环；(3) 使用 do 型循环）。

方案一：使用 while 型循环

```java
//WhileOddAndEven.java
import corejava.*;    //引入 corejava 包中本程序用到的类
public class WhileOddAndEven    //定义类
{
    static final int N=50;    //定义 N 为整型符号常量
    public static void main(String[] args)    //主方法
    {
        int i=1,OddSum=0,EvenSum=0;
        //说明 i, OddSum , ,EvenSum 为 int 型变量并初始化
        while(i<=N)
        {
            if(i%2==0)
                EvenSum+=i;    //组合赋值语句
            else
                OddSum+=i;    //组合赋值语句
            i++;
        }
        Format.printf("OddSum=%d\n",OddSum);    //输出语句
        Format.printf("EvenSum=%d\n\n",EvenSum);    //输出语句
    }
}
```

运行结果：

```
OddSum=625
EvenSum=650
```

方案二：使用 for 型循环

```java
//ForOddAndEven.java
import corejava.*;    //引入 corejava 包中本程序用到的类
public class ForOddAndEven    //定义类
{
    static final int N=50;    //定义 N 为整型符号常量
    public static void main(String[] args)    //主方法
    {
        int OddSum=0, EvenSum=0;    //说明 OddSum ,EvenSum 为 int 型变量并初始化为 0
        for(int i=1;i<=N;i++)
        {
            if(i%2==0)
```

```
                EvenSum+=i;    //组合赋值语句
            else
                OddSum+=i;    //组合赋值语句
            }
            Format.printf("OddSum=%d\n",OddSum);    //输出语句
            Format.printf("EvenSum=%d\n\n",EvenSum);    //输出语句
        }
}
```
运行结果与方案一相同。

方案三：使用 do 型循环
```
//DoOddAndEven.java
import corejava.*;    //引入 corejava 包中本程序用到的类
public class DoOddAndEven    //定义类
{
    static final int N=50;    //定义 N 为整型符号常量
    public static void main(String[] args)    //主方法
    {
        int i=1, OddSum=0, EvenSum=0;
        //说明 i,OddSum,EvenSum 为 int 型变量并初始化
        do
        {
            if(i%2==0)
                EvenSum+=i;    //组合赋值语句
            else
                OddSum+=i;    //组合赋值语句
        }while(++i<=N);
        Format.printf("OddSum=%d\n",OddSum);    //输出语句
        Format.printf("EvenSum=%d\n\n",EvenSum);    //输出语句
    }
}
```
运行结果与方案一相同。

[例 1.4.36]　输出 1~5 的阶乘（使用 while，do-while，for 三种循环语句求解）。

方案一：使用 while 循环语句
```
//FactorialW.java
import corejava.*;    //引入 corejava 包中本程序用到的类
class FactorialW    //定义类
{
    public static void main(String[] args)    //主方法
    {
        int n=0,Fact=1;    //说明 n ,Fact 为 int 型变量并初始化
```

```java
            Format.printf("%s\n","Use while loop: ");   //输出语句
            while(n++<5)
            {
                Fact *=n;    //计算语句
                Format.printf("%d!=",n);    //输出语句
                Format.printf("%d\n",Fact);    //输出语句
            }
        }
    }
```

运行结果：

```
Use while loop:
1!=1
2!=2
3!=6
4!=24
5!=120
```

方案二：使用 do-while 循环语句

```java
//FactorialDo.java
import corejava.*;    //引入 corejava 包中本程序用到的类
class FactorialDo    //定义类
{
    public static void main(String[] args)    //主方法
    {
        int n=1,Fact=1;    //说明 n, Fact 为 int 型变量并初始化
        Format.printf("%s\n","Use do-while loop: ");    //输出语句
        do
        {
            Fact *=n;    //计算语句
            Format.printf("%d!=",n);    //输出语句
            Format.printf("%d\n",Fact);    //输出语句
        }while(n++<5);
    }
}
```

运行结果：

```
Use do-while loop:
1!=1
2!=2
3!=6
4!=24
5!=120
```

方案三：使用 for 循环语句

//FactorialFor.java

```
import corejava.*;    //引入 corejava 包中本程序用到的类
class FactorialFor    //定义类
{
    public static void main(String[] args)    //主方法
    {
        int Fact=1;    //说明 Fact 为 int 型变量并初始化
        Format.printf("%s\n","Use for loop: ");    //输出语句
        for(int n=1;n<=5;n++)
        {
            Fact *=n;    //计算语句
            Format.printf("%d!=",n);    //输出语句
            Format.printf("%d\n",Fact);    //输出语句
        }
    }
}
```

运行结果：

```
Use for loop:
1!=1
2!=2
3!=6
4!=24
5!=120
```

[例 1.4.37]　用牛顿法求 1~10 的平方根，其精度为 10^{-6}。

方案一：使用 for 循环

```
//Sqrt1.java
import corejava.*;    //引入 corejava 包中本程序用到的类
class Sqrt1 //定义类
{
    public static void main(String[] args)    //主方法
    {
        Format.printf("Digit    Square root\n%s"," ");    //输出语句
        for(int i=1;i<=10;i++)
        {
            double a=i,x0=1.0;    //说明 a,x0 为 double 型变量并初始化
            double x=0.5*(x0+a/x0);    //0.5*(x0+a/x0)为牛顿法表达式
            for(;Math.abs(x-x0)-1.0e-6>0;x=0.5*(x0+a/x0))    //for 语句
                x0=x;    //赋值语句
            if(i==1) //输出格式的设置
                Format.printf("%2d",i);    //输出语句
            else
                Format.printf("%3d",i);    //输出语句
```

```
            Format.printf("    %12.6f\n",x);    //输出语句
        }
    }
}
```

运行结果：

```
Digit   Square root
  1     1.000000
  2     1.414214
  3     1.732051
  4     2.000000
  5     2.236068
  6     2.449490
  7     2.645751
  8     2.828427
  9     3.000000
 10     3.162278
```

方案二：使用 while 循环

```
//Sqrt2.java
import corejava.*;    //引入 corejava 包中本程序用到的类
class Sqrt2    //定义类
{
    public static void main(String[] args)    //主方法
    {
        Format.printf("Digit    Square root\n%s"," ");    //输出语句
        for(int i=1;i<=10;i++)
        {
            double a=i,x0=1.0,x;    //说明 a,x0,x 为 double 型变量并初始化 a,x0
            x=0.5*(x0+a/x0);    //计算语句
            while(Math.abs(x-x0)-1.0e-6>0)    //while 语句
            {
                x0=x;    //赋值语句
                x=0.5*(x0+a/x0);    //计算语句
                if(!(Math.abs(x-x0)-1.0e-6>0))
                    continue;
            }
            if(i==1)
                Format.printf("%2d",i);    //输出语句
            else
                Format.printf("%3d",i);    //输出语句
            Format.printf("    %12.6f\n",x);    //输出语句
        }
    }
}
```

运行结果与方案一同。
方案三：使用 do-whiel 循环
```java
// Sqrt3.java
import corejava.*;    //引入 corejava 包中本程序用到的类
class Sqrt3      //定义类
{
    public static void main(String[] args)   //主方法
    {
        Format.printf("Digit    Square root\n%s"," ");    //输出语句
        for(int i=1;i<=10;i++)
        {
            double a=i,x0=1.0;    //说明 a,x0 为 double 型变量并初始化
            double x=0.5*(x0+a/x0);    //计算语句
            do    //do-while 语句
            {
                x0=x;    //赋值语句
                x=0.5*(x0+a/x0);    //计算语句
            }while(Math.abs(x-x0)-1.0e-6>0);
            if(i==1)
                Format.printf("%2d",i);    //输出语句
            else
                Format.printf("%3d",i);    //输出语句
            Format.printf("   %12.6f\n",x);    //输出语句
        }
    }
}
```
运行结果与方案一同。

[例 1.4.38] 计算所有从 1 到 100 中能被 3 或 5 整除的数之和（要求使用 do-while 循环语句）。
方案一：使用 printf 输出
```java
//TestSum1D.java
import corejava.*;    //引入 corejava 包中本程序用到的类
class TestSum1D    //定义类
{
    public static void main(String[] args)    //主方法
    {
        int sum=0,i=0,n=1;    //说明 sum,i,n 为 int 型变量并初始化
        do
        {
```

```
            if(n%3==0||n%5==0)   //判断能被 3 或 5 整除的数
                sum+=n;     //组合赋值语句
            i++;
            n++;
        }while(n<=100);
        Format.printf("Sum=%d\t",sum);    //输出语句
        Format.printf("i=%d\n",i);    //输出语句
    }
}
```
运行结果：

```
Sum=2418          i=100
```

方案二：使用 println 输出
```
//TestSum1D1.java
import corejava.*;   //引入 corejava 包中本程序用到的类
class TestSum1D1   //定义类
{
    public static void main(String[] args)   //主方法
    {
        int sum=0,i=0,n=1;   //说明 sum,i,n 为 int 型变量并初始化
        do
        {
            if(n%3==0||n%5==0)   //判断能被 3 或 5 整除的数
                sum+=n;     //组合赋值语句
            i++;
            n++;
        }while(n<=100);
         System.out.println("Sum="+sum+"\ti="+i);    //输出语句
    }
}
```
运行结果与方案一同。

[例 1.4.39] 求数列 s=1+3/4+5/9+7/16+9/25+……+(2*n-1)/n^2 所有数据项大于 0.1((2*n-1)/n^2) 的数据项之和（要求使用 do-while 循环语句）。

方案一：使用 printf 输出
```
//SumAppA.java
import corejava.*;   //引入 corejava 包中本程序用到的类
class SumAppA   //定义类
{
    public static void main(String[] args)   //主方法
    {
        int i=1;   //说明 i 为 int 型变量并初始化
```

```
            double s=0,p=0;    //说明 s,p 为 double 型变量并初始化
            do
            {
                    s+=p;      //组合赋值语句
                    i++;
            }while((p=(2.0*i-1)/(i*i))>0.1);   //计算语句
            Format.printf("i=%d,",i);     //输出语句
            Format.printf("sum=%f\n",s);  //输出语句
        }
}
```

运行结果：

`i=20,sum=4.501816`

方案二：使用 println 输出

```
//SumAppA.java
import corejava.*;   //引入 corejava 包中本程序用到的类
class SumAppA   //定义类
{
    public static void main(String[] args)   //主方法
    {
        int i=1;   //说明 i 为 int 型变量并初始化
     double s=0,p=0;   //说明 s,p 为 double 型变量并初始化
     do
        {
     s+=p;   //组合赋值语句
     i++;
        }while((p=(2.0*i-1)/(i*i))>0.1);   //计算语句
        System.out.println("i="+i+",sum="+s);   //输出语句
    }
}
```

运行结果：

`i=20,sum=4.50181607037434`

[例 1.4.40] 计算

$$c=\frac{x}{a}-\frac{1}{ap}\ln(a+be^{px})$$

方案一：使用 for(;;)循环

```
//APX.java
import corejava.*;   //引入 corejava 包中本程序用到的类
class APX   //定义类
{
```

```java
    public static void main(String[] args)    //主方法
    {
        for(;;)
        {
            double x=Console.readDouble("Enter value x: ");    //输入语句
            double a=Console.readDouble("Enter value a: ");    //输入语句
            double b=Console.readDouble("Enter value b: ");    //输入语句
            double p=Console.readDouble("Enter value p: ");    //输入语句
            Format.printf("c=%f\n",x/a-1/(a*p)*Math.log(a+b*Math.exp(p*x)));
            //输出语句（含有计算表达式）
            if(Console.readLine("Do you want to continue?(y/n) ").equals("n"))
                break;
        }
    }
}
```

运行结果：

```
Enter value x:  8
Enter value a:  1
Enter value b:  9
Enter value p:  8
c=-0.274653
Do you want to continue?(y/n)  n
```

方案二：使用 while(true)循环

```java
//APX1.java
import corejava.*;    //引入 corejava 包中本程序用到的类
class APX1    //定义类
{
    public static void main(String[] args)    //主方法
    {
        while(true)
        {
            double x=Console.readDouble("Enter value x: ");    //输入语句
            double a=Console.readDouble("Enter value a: ");    //输入语句
            double b=Console.readDouble("Enter value b: ");    //输入语句
            double p=Console.readDouble("Enter value p: ");    //输入语句
            double c=x/a-1/(a*p)*Math.log(a+b*Math.exp(p*x));
            Format.printf("c=%f\n",c);
             //输出语句（含有计算表达式）
            if(Console.readLine("Do you want to continue?(y/n) ").equals("n"))
                break;
        }
```

            }
    }
运行结果与方案一同。
方案三：使用 do-whiel(true)循环
//APX2.java
import corejava.*;   //引入 corejava 包中本程序用到的类
class APX2   //定义类
{
    public static void main(String[] args)   //主方法
    {
        do
        {
            double x=Console.readDouble("Enter value x: ");   //输入语句
            double a=Console.readDouble("Enter value a: ");   //输入语句
            double b=Console.readDouble("Enter value b: ");   //输入语句
            double p=Console.readDouble("Enter value p: ");   //输入语句
            double c=x/a-1/(a*p)*Math.log(a+b*Math.exp(p*x));
            Format.printf("c=%f\n",c);
            //输出语句（含有计算表达式）
            if(Console.readLine("Do you want to continue?(y/n) ").equals("n"))
                break;
        }while(true);
    }
}
运行结果与方案一同。

[例 1.4.41] 重复输入任意次数据,计算
            $a=x^{(y^z)}$
方案一：使用 while(true)循环
//ATestA.java
import corejava.*;   //引入 corejava 包中本程序用到的类
class ATestA   //定义类
{
    public static void main(String[] args)   //主方法
    {
        while(true)
        {
            double x=Console.readDouble("Enter value x: ");   //输入语句
            double y=Console.readDouble("Enter value y: ");   //输入语句
            double z=Console.readDouble("Enter value z: ");   //输入语句
            Format.printf("a=%f\n",Math.pow(x,Math.pow(y,z)));

```
            //输出语句（含有计算表达式）
            if(Console.readLine("Do you want to continue?(y/n) ").equals("n"))
            //判断是否继续进行循环
                break;                    }
    }
}
```
运行结果：

```
Enter value x:   9.18
Enter value y:   1.24
Enter value z:   8.3
a=550267.685863
Do you want to continue?(y/n)  y
Enter value x:   8.3
Enter value y:   1.24
Enter value z:   9.18
a=4184159.775440
Do you want to continue?(y/n)  n
```

方案二：使用 for(;true;)循环
//ATestA1.java
```
import corejava.*;    //引入 corejava 包中本程序用到的类
class ATestA1    //定义类
{
    public static void main(String[] args)    //主方法
    {
        for(;true;)
        {
            double x=Console.readDouble("Enter value x: ");    //输入语句
            double y=Console.readDouble("Enter value y: ");    //输入语句
            double z=Console.readDouble("Enter value z: ");    //输入语句
            Format.printf("a=%f\n",Math.pow(x,Math.pow(y,z)));
            //输出语句（含有计算表达式）
            if(Console.readLine("Do you want to continue?(y/n) ").equals("n"))
            //判断是否继续进行循环
                break;
        }
    }
}
```
运行结果与方案一同。
方案三：使用 do-whiel(true)循环
//ATestA2.java
import corejava.*;   //引入 corejava 包中本程序用到的类

```
class ATestA2    //定义类
{
    public static void main(String[] args)    //主方法
    {
        do
        {
            double x=Console.readDouble("Enter value x: ");   //输入语句
            double y=Console.readDouble("Enter value y: ");   //输入语句
            double z=Console.readDouble("Enter value z: ");   //输入语句
            Format.printf("a=%f\n",Math.pow(x,Math.pow(y,z)));
              //输出语句（含有计算表达式）
            if(Console.readLine("Do you want to continue?(y/n) ").equals("n"))
              //判断是否继续进行循环
                break;
        }while(true);
    }
}
```

运行结果与方案一同。

[例1.4.42] 重复输入任意次数据,计算

$$y=\sin^2 x+\cos(2-\pi)+1$$

方案一：使用 do-while(true)循环

```
//TestYS.java
import corejava.*;    //引入 corejava 包中本程序用到的类
class TestYS    //定义类
{
    public static void main(String[] args)    //主方法
    {
        do
        {
            double x=Console.readDouble("Enter value x: ");   //输入语句
            double y=Math.pow(Math.sin(x*Math.PI/180),2)+Math.cos(2-Math.PI)+1;
            //计算语句
            Format.printf("y=%f\n",y);   //输出语句
            if(Console.readLine("Do you want to continue?(y/n) ").equals("n"))
            //判断是否继续进行循环
                break;
        }while(true);
    }
}
```

运行结果：

```
Enter value x:  9.18
y=1.441599
Do you want to continue?(y/n)  y
Enter value x:  8.3
y=1.436986
Do you want to continue?(y/n)  n
```

方案二：使用 while (true)循环
//TestYS1.java
import corejava.*;   //引入 corejava 包中本程序用到的类
class TestYS1   //定义类
{
    public static void main(String[] args)   //主方法
    {
        while(true)
        {
            double x=Console.readDouble("Enter value x: ");   //输入语句
            double y=Math.pow(Math.sin(x*Math.PI/180),2)+Math.cos(2-Math.PI)+1;
            //计算语句
            Format.printf("y=%f\n",y);   //输出语句
            if(Console.readLine("Do you want to continue?(y/n) ").equals("n"))
            //判断是否继续进行循环
                break;
        }
    }
}
```

运行结果与方案一同。

方案三：使用 for(;;)循环
//TestYS2.java
import corejava.*;   //引入 corejava 包中本程序用到的类
class TestYS2   //定义类
{
    public static void main(String[] args)    //主方法
    {
        for(;;)
        {
            double x=Console.readDouble("Enter value x: ");    //输入语句
            double y=Math.pow(Math.sin(x*Math.PI/180),2)+Math.cos(2-Math.PI)+1;
             //计算语句
            Format.printf("y=%f\n",y);    //输出语句
            if(Console.readLine("Do you want to continue?(y/n) ").equals("n"))
```

```
            //判断是否继续进行循环
                break;
        }
    }
}
```
运行结果与方案一同。

[例1.4.43] 重复输入任意次数据,计算

$$y = \begin{cases} 0 & |x| \geq r \\ \sqrt{r^2 - x^2} & |x| < r \end{cases}$$

(要求分别使用 while,for,do-while 循环以及与条件赋值语句组合使用)

方案一：采用 while(true)循环

```
//CondAssignmentA.java
import corejava.*;    //引入 corejava 包中本程序用到的类
class CondAssignmentA    //定义类
{
    public static void main(String[] args)    //主方法
    {
        while(true)    //while 语句的永真循环
        {
            String[] s=Console.readLine("Enter two numbers: ").split(" ");
            //输入语句,输入两个数,以字符串存入字符串数组中(字符串之间用空格分隔)
            double x=Double.parseDouble(s[0]);
            //从字符串数组中取出第一个字符串,转换为 double 型数赋给变量 x
            double r=Double.parseDouble(s[1]);
            //从字符串数组中取出第二个字符串,转换为 double 型数赋给变量 r
            double y=Math.abs(x)>=r?0:Math.sqrt(r*r-x*x);
            //条件赋值语句
            Format.printf("y=%f\n",y);    //输出语句
            String str=Console.readLine("Do you want to continue?(y/n) ");
            //输入语句
            if(str.equals("n"))    //判断是否继续进行循环
                break;    //此处方可退出循环
        }
    }
}
```
运行结果：

```
Enter two numbers:  18 9
y=0.000000
Do you want to continue?(y/n)   y
Enter two numbers:   9 18
y=15.588457
Do you want to continue?(y/n)   n
```

方案二：采用 for(;;)循环
```java
//CondAssignmentB.java
import corejava.*;    //引入 corejava 包中本程序用到的类
class CondAssignmentB    //定义类
{
    public static void main(String[] args)    //主方法
    {
        for(;;)    //for 语句的无限循环
        {
            String[] s=Console.readLine("Enter two numbers: ").split(" ");
            //输入语句，输入两个数，以字符串存入字符串数组中(字符串之间用空格分隔)
            double x=Double.parseDouble(s[0]);
            //从字符串数组中取出第一个字符串，转换为 double 型数赋给变量 x
            double r=Double.parseDouble(s[1]);
            //从字符串数组中取出第二个字符串，转换为 double 型数赋给变量 r
            Format.printf("y=%f\n",Math.abs(x)>=r?0:Math.sqrt(r*r-x*x));
            //输出语句(含有条件赋值表达式)
            String str=Console.readLine("Do you want to continue?(y/n) ");
            //输入语句
            if(!str.equals("y"))    //判断是否继续进行循环
                break;
        }
    }
}
```

运行结果与方案一同。

方案三：采用 do-while(true)循环
```java
//CondAssignmentC.java
import corejava.*;    //引入 corejava 包中本程序用到的类
class CondAssignmentC    //定义类
{
    public static void main(String[] args)    //主方法
    {
        do
        {
            String[] s=Console.readLine("Enter two numbers: ").split(" ");
```

```java
            //输入语句,输入两个数,以字符串存入字符串数组中(字符串之间用空格分隔)
            double x=Double.parseDouble(s[0]);
            //从字符串数组中取出第一个字符串,转换为 double 型数赋给变量 x
            double r=Double.parseDouble(s[1]);
            //从字符串数组中取出第二个字符串,转换为 double 型数赋给变量 r
            Format.printf("y=%f\n",Math.abs(x)>=r?0:Math.sqrt(r*r-x*x));
            //输出语句(含有条件赋值表达式)
            String str=Console.readLine("Do you want to continue?(y/n) ");
            //输入语句
            if(!str.equals("y"))    //判断是否继续进行循环
                break;
        }while(true);   //do-while 语句的永真循环
    }
}
```

运行结果与方案一同。

[例 1.4.44] 重复输入数据,计算

$$y = \begin{cases} \ln a + \ln b & a>0,\ b>0 \\ 1 & a=b=0 \\ \sin a + \sin b & 其他 \end{cases}$$

(要求分别使用 for 无限循环与条件赋值语句 if-else 及 switch 语句组合使用)。

方案一:使用 for(;;)与条件赋值语句及 if-else 语句组合

```java
//ForA.java
import corejava.*;   //引入 corejava 包中本程序用到的类
class ForA  //定义类
{
    public static void main(String[] args)  //主方法
    {
        for(;;)   //for 语句的无限循环
        {
            String[] s=Console.readLine("Enter two numbers: ").split(" ");
            //输入语句,输入两个数,以字符串存入字符串数组中(字符串之间用空格分隔)
            double a=Double.parseDouble(s[0]);
            //从字符串数组中取出第一个字符串,转换为 double 型数赋给变量 a
            double b=Double.parseDouble(s[1]);
            //从字符串数组中取出第二个字符串,转换为 double 型数赋给变量 b
            double y=a>0&&b>0?Math.log(a)+Math.log(b):(a==0&&b==0)?1
                    :Math.sin(a*Math.PI/180)+Math.sin(b*Math.PI/180);
            //条件赋值语句
            Format.printf("y=%f\n",y);   //输出语句
            String str=Console.readLine("Do you want to continue?(y/n) ");
```

```
            //输入语句
            if(Console.readLine("Do you want to continue?(y/n) ").equals("n"))
                break;
        }
    }
}
```

运行结果：

```
Enter two numbers:  8 3
y=3.178054
Do you want to continue?(y/n)   y
Enter two numbers:  3 8
y=3.178054
Do you want to continue?(y/n)   n
```

方案二：使用 for(;;)与 if-else 语句嵌套

```
//For1.java
import corejava.*;    //引入 corejava 包中本程序用到的类
class For1    //定义类
{
    public static void main(String[] args)    //主方法
    {
        for(;;)    //for 语句的无限循环
        {
            double y;    //说明 y 为 double 型变量
            String[] s=Console.readLine("Enter two numbers: ").split(" ");
            //输入语句，输入两个数，以字符串存入字符串数组中(字符串之间用空格分隔)
            double a=Double.parseDouble(s[0]);
            //从字符串数组中取出第一个字符串，转换为 double 型数赋给变量 a
            double b=Double.parseDouble(s[1]);
             //从字符串数组中取出第二个字符串，转换为 double 型数赋给变量 b
            if(a>0&&b>0)    //if-else 语句嵌套
                y=Math.log(a)+Math.log(b);    //计算语句
            else
            {
                if(a==0&&b==0)
                    y=1;
                else
                    y=Math.sin(a*Math.PI/180)+Math.sin(b*Math.PI/180);
                    //计算语句
            }
            Format.printf("y=%f\n",y);    //输出语句
            String str=Console.readLine("Do you want to continue?(y/n) ");
```

```
            //输入语句
            if(str.equals("y"))    //判断是否继续进行循环
                continue;
            else
                break;
        }
    }
}
```
运行结果与方案一同。

方案三：使用 for(;;)与条件赋值语句及 switch 语句组合
```
//For2.java
import corejava.*;    //引入 corejava 包中本程序用到的类
class For2    //定义类
{
    public static void main(String[] args)    //主方法
    {
        for(;;)
        {
            double y=0;    //说明 y 为 double 型变量并初始化
            double a=Console.readDouble("Enter the value of a: ");    //输入语句
            double b=Console.readDouble("Enter the value of b: ");    //输入语句
            char ch=a>0&&b>0?'a':a==0&&b==0?'b':'c';    //条件赋值语句
            switch(ch)    //switch 语句
            {
                case 'a': y=Math.log(a)+Math.log(b);    //计算语句
                    break;
                case 'b': y=1;
                    break;
                case 'c': y=Math.sin(a*Math.PI/180)+Math.sin(b*Math.PI/180);
                    //计算语句
            }
            Format.printf("y=%f\n",y);    //输出语句
            String str=Console.readLine("Do you want to continue?(y/n) ");
            //输入语句
            if(!str.equals("y"))    //判断是否继续进行循环
                break;
        }
    }
}
```
运行结果与方案一同。

1.4.6 break 和 continue 以及带标号的 break 和 continue 语句

[例 1.4.45] 嵌套循环与 break 组合使用。

方案一：使用 for 与 for 嵌套循环与 break 组合

```java
//BreakTestA.java
import corejava.*;   //引入 corejava 包中本程序用到的类
class BreakTestA    //定义类
{
    public static void main(String[] args)    //主方法
    {
        for(int i=0;i<=9;i++)
            for(int j=1;j<=2;j++)
            {
                Format.printf("i is %d    ",i);   //输出语句
                Format.printf("j is %d\n",j);   //输出语句
                if((i+j)>4)
                    break;
            }
        Format.printf("%s\n","End of loop!");    //输出语句
    }
}
```

运行结果：

```
i is 0    j is 1
i is 0    j is 2
i is 1    j is 1
i is 1    j is 2
i is 2    j is 1
i is 2    j is 2
i is 3    j is 1
i is 3    j is 2
i is 4    j is 1
i is 5    j is 1
i is 6    j is 1
i is 7    j is 1
i is 8    j is 1
i is 9    j is 1
End of loop!
```

方案二：使用 for 与 while 嵌套循环与 break 组合

```java
//BreakTestA1.java
import corejava.*;   //引入 corejava 包中本程序用到的类
class BreakTestA1    //定义类
{
    public static void main(String[] args)    //主方法
```

```
    {
        for(int i=0;i<=9;i++)
        {
            int j=1;
            while(j<=2)
            {
                Format.printf("i is %d   ",i);      //输出语句
                Format.printf("j is %d\n",j);       //输出语句
                if((i+j)>4)
                    break;
                j++;
            }
        }
        Format.printf("%s\n","End of loop!");       //输出语句
    }
}
```
运行结果与方案一同。

方案三：使用 for 与 do-while 嵌套循环与 break 组合
//BreakTestA2.java
import corejava.*;   //引入 corejava 包中本程序用到的类
class BreakTestA2   //定义类
{
    public static void main(String[] args)   //主方法
    {
        for(int i=0;i<=9;i++)
        {
            int j=1;
            do
            {
                Format.printf("i is %d   ",i);   //输出语句
                Format.printf("j is %d\n",j);   //输出语句
                if((i+j)>4)
                    break;
                j++;
            }while(j<=2);
        }
        Format.printf("%s\n","End of loop!");   //输出语句
    }
}
运行结果与方案一同。

[例 1.4.46] 输出 1~9 中除 5 以外的所有数。

方案一：使用 for 循环

```java
//ContinueForA.java
import corejava.*;    //引入 corejava 包中本程序用到的类
class ContinueForA    //定义类
{
    public static void main(String[] args)    //主方法
    {
        for(int i=1;i<=9;i++)
        {
            if(i==5)
                continue;
            Format.printf("%d    ",i);    //输出语句
        }
        Format.printf("%s\n"," ");    //输出语句
    }
}
```

运行结果：

```
1  2  3  4  6  7  8  9
```

方案二：使用 while 循环

```java
//ContinueWhileA.java
import corejava.*;    //引入 corejava 包中本程序用到的类
class ContinueWhileA    //定义类
{
    public static void main(String[] args)    //主方法
    {
        int i=0;
        while(i++<9)
        {
            if(i==5)
                continue;
            Format.printf("%d    ",i);    //输出语句
        }
        Format.printf("%s\n"," ");    //输出语句
    }
}
```

运行结果与方案一同。

方案三：使用 do-while 循环

```java
//ContinueDo_whileA.java
import corejava.*;    //引入 corejava 包中本程序用到的类
```

```
class ContinueDo_WhileA    //定义类
{
    public static void main(String[] args)    //主方法
    {
        int i=1;
        do
        {
            if(i==5)
                continue;
            Format.printf("%d    ",i);    //输出语句
        }while(i++<9);
        Format.printf("%s\n"," ");    //输出语句
    }
}
```
运行结果与方案一同。

[例 1.4.47] 重复输入数据，计算

$$x = t - \left(\frac{g}{c}\right)^{5.1} + bt$$

方案一：使用 for(;;)循环

```
//TestX.java
import corejava.*;    //引入 corejava 包中本程序用到的类
class TestX    //定义类
{
    public static void main(String[] args)    //主方法
    {
        for(;;)    //使用 for 语句的无限循环重复输入数据
        {
            double t=Console.readDouble("Enter value of t: ");    //输入语句
            double g=Console.readDouble("Enter value of g: ");    //输入语句
            double b=Console.readDouble("Enter value of b: ");    //输入语句
            double c=Console.readDouble("Enter value of c: ");    //输入语句
            Format.printf("x=%f\n",t-Math.pow(g/c,5.1)+b*t);
            //输出语句(含有计算表达式)
            if(Console.readLine("Do you want to continue?(y/n) ").equals("n"))
            //判断是否继续进行循环
                break;
        }
    }
}
```

运行结果:

```
Enter value of t:    11.19
Enter value of g:    1.24
Enter value of b:    9.18
Enter value of c:    8.3
x=113.914138
Do you want to continue?(y/n)   y
Enter value of t:    8.3
Enter value of g:    9.18
Enter value of b:    1.24
Enter value of c:    11.19
x=18.227696
Do you want to continue?(y/n)   n
```

方案二：使用 while(true)循环

```java
//TestX1.java
import corejava.*;   //引入 corejava 包中本程序用到的类
class TestX1    //定义类
{
    public static void main(String[] args)   //主方法
    {
        while(true)   //使用 while(true)无限循环重复输入数据
        {
            double t=Console.readDouble("Enter value of t: ");   //输入语句
            double g=Console.readDouble("Enter value of g: ");   //输入语句
            double b=Console.readDouble("Enter value of b: ");   //输入语句
            double c=Console.readDouble("Enter value of c: ");   //输入语句
            Format.printf("x=%f\n",t-Math.pow(g/c,5.1)+b*t);
            //输出语句(含有计算表达式)
            if(Console.readLine("Do you want to continue?(y/n) ").equals("n"))
            //判断是否继续进行循环
                break;
        }
    }
}
```

运行结果与方案一同。

方案三：使用 do-while(true)循环

```java
//TestX2.java
import corejava.*;   //引入 corejava 包中本程序用到的类
class TestX2   //定义类
{
    public static void main(String[] args)    //主方法
    {
```

```java
        do    //使用do-while(true)无限循环重复输入数据
        {
            double t=Console.readDouble("Enter value of t: ");    //输入语句
            double g=Console.readDouble("Enter value of g: ");    //输入语句
            double b=Console.readDouble("Enter value of b: ");    //输入语句
            double c=Console.readDouble("Enter value of c: ");    //输入语句
            Format.printf("x=%f\n",t-Math.pow(g/c,5.1)+b*t);
            //输出语句(含有计算表达式)
            if(Console.readLine("Do you want to continue?(y/n) ").equals("n"))
            //判断是否继续进行循环
                break;
        }while(true);
    }
}
```

运行结果与方案一同。

[例 1.4.48] 输入任意次数，求其和与平均值。
（要求分别使用 for，while，do -while 无限循环与 break 或 continue 和 break 组合）。
方案一：不确定循环次数，使用 break 语句

```java
//ForBreakSum.java
import corejava.*;    //引入 corejava 包中本程序要用到的类
import java.io.*;    //引入 java.io 包中本程序要用到的类
public class ForBreakSum    //定义类
{
    public static void main(String[] args)throws IOException    //主方法
    {
        int n=0;    //说明 n 为 int 型变量并初始化
        double sum=0;    //说明 sum 为 double 型变量并初始化
        for(;;)
        {
            System.out.print("Do you want to continue?(y/n) ");    //输出语句
            char ch=(char)System.in.read();    //输入一个字符
            if(ch!='y')    //如果输入的字符不等于 y，则退出循环
                break;
            System.in.skip(2);
            double x=Console.readDouble("Enter a number: ");    //输入语句
            sum +=x;    //计算语句
            n++;
            double average=sum/n;    //计算语句
            System.out.println("n="+n);    //输出语句
            System.out.println("Sum="+sum);    //输出语句
```

```
            System.out.println("Average="+average);    //输出语句
        }
    }
}
```
运行结果：

```
Do you want to continue?(y/n) y
Enter a number:  3
n=1
Sum=3.0
Average=3.0
Do you want to continue?(y/n) y
Enter a number:  5.10
n=2
Sum=8.1
Average=4.05
Do you want to continue?(y/n) y
Enter a number:  1.14
n=3
Sum=9.24
Average=3.08
Do you want to continue?(y/n) y
Enter a number:  9.18
n=4
Sum=18.42
Average=4.605
Do you want to continue?(y/n) n
```

方案二：确定循环次数，在 for 语句中使用 break 语句

```java
//ForBreakSum1.java
import corejava.*;    //引入 corejava 包中本程序用到的类
import java.io.*;    //引入 java.io 包中本程序要用到的类
public class ForBreakSum1    //定义类
{
    public static void main(String[] args)throws IOException    //主方法
    {
        int n=0;    //说明 n 为 int 型变量并初始化为 0
        double sum=0;    //说明 sum 为 double 型变量并初始化为 0
        int N=Console.readInt("Enter required numbers of loop: ");    //输入语句,输入循环次数
        for(;;)
        {
          if(n>=N)    //确定循环次数
             break;
          double x=Console.readDouble("Enter a number: ");    //输入语句,输入一个数
          sum +=x;    //计算语句
           n++;
           double average=sum/n;    //计算语句
```

```java
                Format.printf("n=%d\n",n);    //输出语句
                Format.printf("Sum=%f\n",sum);    //输出语句
                Format.printf("Average=%f\n",average);    //输出语句
            }
        }
}
```

运行结果：

```
Enter required numbers of loop: 3
Enter a number:  5.10
n=1
Sum=5.100000
Average=5.100000
Enter a number:  1.24
n=2
Sum=6.340000
Average=3.170000
Enter a number:  9.18
n=3
Sum=15.520000
Average=5.173333
```

方案三：确定循环次数，在 while 语句中使用 continue 与 break 语句

```java
//WhileContinueSum.java
import corejava.*;    //引入 corejava 包中本程序用到的类
import java.io.*;    //引入 java.io 包中本程序要用到的类
public class WhileContinueSum    //定义类
{
    public static void main(String[] args)throws IOException    //主方法
    {
        int n=0;    //说明 n 为 int 型变量并初始化为 0
        double sum=0;    //说明 sum 为 double 型变量并初始化为 0
        int N=Console.readInt("Enter required numbers of loop: ");    //输入语句,输入循环次数
        while(true)
        {
            double x=Console.readDouble("Enter a number: ");    //输入语句,输入一个数
            sum +=x;    //计算语句
            n++;
            double average=sum/n;    //计算语句
            Format.printf("n=%d\n",n);    //输出语句
            Format.printf("Sum=%f\n",sum);    //输出语句
            Format.printf("Average=%f\n",average);    //输出语句
            if(n<N)
                continue;
```

                else
                    break;
            }
        }
}

运行结果与方案二同。

方案四：确定循环次数，在 do-while 语句中使用 break
//DoBreakSum.java
import corejava.*;   //引入 corejava 包中本程序用到的类
import java.io.*;   //引入 java.io 包中本程序要用到的类
public class DoBreakSum   //定义类
{
    public static void main(String[] args)throws IOException   //主方法
    {
        int n=0;   //说明 n 为 int 型变量并初始化为 0
        double sum=0;   //说明 sum 为 double 型变量并初始化为 0
        int N=Console.readInt("Enter required numbers of loop: ");   //输入语句,输入循环次数
        do
        {
            double x=Console.readDouble("Enter a number: ");   //输入语句,输入一个数
            sum +=x;   //计算语句
            n++;
            double average=sum/n;   //计算语句
            Format.printf("n=%d\n",n);   //输出语句
            Format.printf("Sum=%f\n",sum);   //输出语句
            Format.printf("Average=%f\n",average);   //输出语句
            if(n>=N)
                break;
        }while(true);
    }
}

运行结果与方案二同。

[例 1.4.49] 从键盘读入边数 (side)，然后按输入的边数画出一组由排列紧凑的星号组成的正方形，例如，side 为 4 则画出：
```
****
****
****
****
```
方案一：使用 while(ch=='y') 与 for 嵌套循环
//squareOfSterisks.java
import corejava.*;   //引入 corejava 包中本程序用到的类
import java.io.*;   //引入 java.io 包中本程序要用到的类

```java
import java.util.*;    //引入 java.util 包中本程序要用到的类
public class squareOfSterisks    //定义类
{
    public static void main(String[] args)throws IOException    //主方法
    {
        char ch='y';    //说明 ch 为 char 型变量并初始化为'y'
        while(ch=='y')
        {
            int side=Console.readInt("Please input side: ");    //输入语句,输入边数
            Format.printf("%s\n","");    //或  System.out.println();
            for(int i=0;i<side;i++)
            {
                for(int j=0;j<side;j++)
                Format.printf("%s ","*");    //或  System.out.print("*"+" ");    //输出*号
                Format.printf("%s\n","");    //或  System.out.print("\n");
            }
            Format.printf("%s\n","");    //换行
            Format.printf("%s","Do you want to continue?(y/n) ");    //输出语句
            ch=(char)System.in.read();    //输入一个字符
            System.in.skip(2);
        }
    }
}
```

运行结果：

```
Please input side: 4

* * * *
* * * *
* * * *
* * * *

Do you want to continue?(y/n) y
Please input side: 5

* * * * *
* * * * *
* * * * *
* * * * *
* * * * *

Do you want to continue?(y/n) n
```

方案二：使用 for(;;)与 for 嵌套循环
//squareOfSterisks1.java

```java
import corejava.*;
class squareOfSterisks1    //定义类
{
    public static void main(String[] args)   //主方法
    {
        for(;;)
        {
            int side=Console.readInt("Entervnumbers of side: ");
            //输入语句，输入边数
            Format.printf("%s\n"," ");   //换行
            for(int i=0;i<side;i++)
            {
                for(int j=0;j<side;j++)
                Format.printf("%s ","*");   //输出语句
                Format.printf("%s\n"," ");   //换行
            }
            Format.printf("%s\n"," ");   //换行
            String s=Console.readLine("Do you want to continue?(y/n) ");
            //输出语句
            if(!s.equals("y"))   //判断是否继续进行循环
                break;
        }
    }
}
```

运行结果与方案一同。

方案三：使用 while(true)与 for 嵌套循环
//squareOfSterisks2.java
```java
import corejava.*;
class squareOfSterisks2    //定义类
{
    public static void main(String[] args)   //主方法
    {
        while(true)
        {
            int side=Console.readInt("Entervnumbers of side: ");
            //输入语句，输入边数
            Format.printf("%s\n"," ");   //换行
            for(int i=0;i<side;i++)
            {
                for(int j=0;j<side;j++)
```

```
                Format.printf("%s ","*");    //输出语句
                Format.printf("%s\n"," ");   //换行
            }
            Format.printf("%s\n"," ");   //换行
            String s=Console.readLine("Do you want to continue?(y/n) ");
            //输出语句
            if(!s.equals("y"))    //判断是否继续进行循环
                break;
        }
    }
}
```
运行结果与方案一同。

方案四：使用 do-while 与 for 嵌套循环
```
//squareOfSterisks3.java
import corejava.*;
class squareOfSterisks3    //定义类
{
    public static void main(String[] args)    //主方法
    {
        do
        {
            int side=Console.readInt("Entervnumbers of side: ");
            //输入语句，输入边数
            Format.printf("%s\n"," ");   //换行
            for(int i=0;i<side;i++)
            {
                for(int j=0;j<side;j++)
                    Format.printf("%s ","*");    //输出语句
                Format.printf("%s\n"," ");   //换行
            }
            Format.printf("%s\n"," ");   //换行
            String s=Console.readLine("Do you want to continue?(y/n) ");
            //输出语句
            if(!s.equals("y"))    //判断是否继续进行循环
                break;
        }while(true);
    }
}
```
运行结果与方案一同。

1.5 方法

1.5.1 方法的定义与调用

[例 1.5.1] 输入一个圆的半径，计算圆的面积。
(要求定义一个类,在类内定义方法和主方法)。

方案一：使用有参、有返回值的方法，在主方法中创建类的对象，然后使用对象调用方法

```java
//CircleTestB.java
import corejava.*;     //引入 corejava 包中本程序用到的类
public class CircleTestB    //定义类
{
    public static void main(String[] args)    //主方法
    {
        double Radius=Console.readDouble("Enter the radius of a circle: ");
        //输入语句
        CircleTestB obj=new CircleTestB();    //创建欲调用方法所在类的对象
        double Area=obj.area(Radius);    //使用对象调用方法
        Format.printf("Area of circle is: %10.8f\n",Area);
        //输出语句，输出结果为域宽 12 位，保留小数点后 8 位
    }
    public double area(double radius)    //有参、有返回值的方法
    {
        return (Math.PI*radius*radius);    //返回结果给调用方法
    }
}
```

运行结果：

```
Enter the radius of a circle: 11.19
Area of circle is: 393.37797987
```

方案二：使用有参、有返回值的方法，在主方法的输出语句中创建类的对象并调用方法，然后输出结果

```java
//CircleTestB1.java
import corejava.*;     //引入 corejava 包中本程序用到的类
public class CircleTestB1    //定义类
{
    public double area(double radius)    //有参、有返回值的方法
    {
        return (Math.PI*radius*radius);    //返回结果给调用方法
    }
    public static void main(String[] args)    //主方法
    {
```

```
        double Radius=Console.readDouble("Enter the radius of a circle: ");
        //输入语句
        Format.printf("Area of circle is: %10.8f\n\n",
                    new CircleTestB1().area(Radius));
        //输出语句,创建类的对象并调用方法,然后输出结果
    }
}
```
运行结果:

```
Enter the radius of a circle: 11.19
Area of circle is: 393.377960
```

方案三: 使用有参、无返回值的方法,输出语句含有计算表达式

```
//CircleTestB2.java
import corejava.*;    //引入 corejava 包中本程序用到的类
public class CircleTestB2    //定义类
{
    public void area(double radius)    //有参、无返回值的方法
    {
        Format.printf("Area of circle is: %10.8f\n\n",Math.PI*radius*radius);
            //输出语句(含有计算表达式)
    }
    public static void main(String[] args)    //主方法
    {
        double Radius=Console.readDouble("Enter the radius of a circle: ");
        //输入语句
        new CircleTestB2().area(Radius);
        //创建欲调用方法所在类的对象并调用有参、无返回值的方法
    }
}
```
运行结果与方案一同。

方案四: 使用无参、无返回值的方法,输出语句含有计算表达式

```
//CircleTestB3.java
import corejava.*;    //引入 corejava 包中本程序用到的类
class CircleTestB3    //定义类
{
    private double radius;
    public void area()    //无参、无返回值的方法
    {
        Format.printf("Area of circle is: %10.8f\n\n",Math.PI*radius*radius);
            //输出语句(含有计算表达式)
    }
```

```java
    public static void main(String[] args)    //主方法
    {
        CircleTestB3 obj=new CircleTestB3();
        obj.radius=Console.readDouble("Enter the radius of a circle: ");
        //输入语句
        obj.area();
        //用方法所在类的对象调用无参、无返回值的方法
    }
}
```

运行结果与方案二同。

[例 1.5.2] 重复读入数据，计算

$$y=\begin{cases} 0 & |x| \geqslant r \\ \sqrt{r^2-x^2} & |x|<r \end{cases}$$

(要求定义一个类,在类内定义方法和主方法)。

方案一：使用有参、无返回值的方法

```java
//YTest1A.java
import corejava.*;    //引入 corejava 包中本程序用到的类
class YTest1A    //定义类
{
    public void yTest(double x,double r)    //有参、无返回值的方法
    {
        Format.printf("y=%f\n",Math.abs(x)>=r?0:Math.sqrt(r*r-x*x));
        //输出语句（含有计算表达式）
    }
    public static void main(String[] args)    //主方法
    {
        for(;;)
        {
            double x=Console.readDouble("Enter x: ");    //输入语句
            double r=Console.readDouble("Enter r: ");    //输入语句
            new YTest1A().yTest(x,r);    //创建对象并调用方法
            String s=Console.readLine("Do you want to continue?(y/n)" );
            //输入语句
            if(!s.equals("y"))    //判断是否继续进行循环
                break;
        }
    }
}
```

运行结果:

```
Enter x: 9.18
Enter r: 1.24
y=0.000000
Do you want to continue?(y/n) y
Enter x: 1.24
Enter r: 9.18
y=9.095867
Do you want to continue?(y/n) n
```

方案二：使用无参、无返回值的方法
//YTest2A.java
import corejava.*;   //引入 corejava 包中本程序用到的类
class YTest2A   //定义类
{
    public void yTest()   //无参、无返回值的方法
    {
        double x=Console.readDouble("Enter x: ");   //输入语句
        double r=Console.readDouble("Enter r: ");   //输入语句
        Format.printf("y=%f\n",Math.abs(x)>=r?0:Math.sqrt(r*r-x*x));
        //输出语句（含有计算表达式）
    }
    public static void main(String[] args)   //主方法
    {
        for(;;)
        {
            new YTest2A().yTest();   //创建对象并调用无参、无返回值的方法
            String s=Console.readLine("Do you want to continue?(y/n)");
            //输入语句
            if(!s.equals("y"))   //判断是否继续进行循环
                break;
        }
    }
}
运行结果与方案一同。
方案三：使用有参、有返回值的方法
//YTest3A.java
import corejava.*;   //引入 corejava 包中本程序用到的类
class YTest3A   //定义类
{
    public double yTest(double x,double r)   //有参、有返回值的方法

```java
            return Math.abs(x)>=r?0:Math.sqrt(r*r-x*x);    //返回结果给调用方法
        }
        public static void main(String[] args)    //主方法
        {
            for(;;)
            {
                double x=Console.readDouble("Enter x: ");    //输入语句
                double r=Console.readDouble("Enter r: ");    //输入语句
                Format.printf("y=%f\n",new YTest3A().yTest(x,r));
                //输出语句，创建对象并调用方法输出结果
                String s=Console.readLine("Do you want to continue?(y/n)" );
                //输入语句
                if(!s.equals("y"))    //判断是否继续进行循环
                    break;
            }
        }
}
```

运行结果与方案一同。

[例 1.5.3] 计算 $a=x^{y+z}$（要求定义一个类，在类的内定义方法与主方法或者定义两个类，在一个类定义方法，在另一个类放置主方法）。

方案一：定义一个类，使用有参、有返回值的方法，在主方法内分别输入三个数

```java
//Axyz2.java
import corejava.*;    //引入 corejava 包中本程序用到的类
class Axyz2    //定义类
{
    double A(double x,double y,double z)    //有参、有返回值的方法
    {
        return Math.pow(x,y+z);    //返回结果给调用方法
    }
    public static void main(String[] args)    //主方法
    {
        double x=Console.readDouble("Enter value of x: ");    //输入语句
        double y=Console.readDouble("Enter value of y: ");    //输入语句
        double z=Console.readDouble("Enter value of z: ");    //输入语句
        Format.printf("a=%f\n",new Axyz2().A(x,y,z));
        //输出语句，创建对象并调用有参、有返回值的方法，然后输出结果
    }
}
```

运行结果:

```
Enter value of x:  2
Enter value of y:  3
Enter value of z:  4
a=128.000000
```

方案二：定义一个类，使用有参、有返回值的方法，在主方法内一次输入三个数
//Axyz2A.java
import corejava.*;   //引入 corejava 包中本程序用到的类
class Axyz2A   //定义类
{
    double A(double x,double y,double z)   //有参、有返回值的方法
    {
        return Math.pow(x,y+z);   //返回结果给调用方法
    }
    public static void main(String[] args)   //主方法
    {
        String[] s=Console.readLine("Enter three numbers: ").split(" ");
        //输入语句，输入三个数，以字符串存入字符串数组中(字符串之间用空格分隔)
        double x=Double.parseDouble(s[0]);
        //从字符串数组中取出第一个字符串，转换为 double 型数赋给变量 x
        double y=Double.parseDouble(s[1]);
        //从字符串数组中取出第二个字符串，转换为 double 型数赋给变量 y
        double z=Double.parseDouble(s[2]);
        //从字符串数组中取出第三个字符串，转换为 double 型数赋给变量 z
        Format.printf("a=%f\n",new Axyz2A().A(x,y,z));
        //输出语句，创建对象并调用有参、有返回值的方法，然后输出结果
    }
}
运行结果：

```
Enter three numbers:  2 3 4
a=128.000000
```

方案三：使用有参、无返回值的方法
//Axyz3.java
import corejava.*;   //引入 corejava 包中本程序用到的类
class Axyz3   //定义类
{
    void A(double x,double y,double z)   //有参、无返回值的方法
    {
        Format.printf("a=%f\n",Math.pow(x,y+z));   //输出语句（含有计算表达式）
    }
    public static void main(String[] args)   //主方法

```
        {
            double x=Console.readDouble("Enter value of x: ");   //输入语句
            double y=Console.readDouble("Enter value of y: ");   //输入语句
            double z=Console.readDouble("Enter value of z: ");   //输入语句
            new Axyz3().A(x,y,z);   //创建对象并调用有参、无返回值方法
        }
}
```

运行结果与方案一同。

方案四：定义两个类，使用有参、有返回值的方法

```
//Axyz6.java
import corejava.*;   //引入 corejava 包中本程序用到的类
class Axyz     //定义类，用于放置所定义的方法
{
    double A(double x,double y,double z)   //有参、有返回值的方法
    {
        return Math.pow(x,y+z);   //返回结果给调用方法
    }
}
class Axyz6    //定义类，用于放置主方法
{
    public static void main(String[] args)   //主方法
    {
        double x=Console.readDouble("Enter value of x:");   //输入语句
        double y=Console.readDouble("Enter value of y:");   //输入语句
        double z=Console.readDouble("Enter value of z:");   //输入语句
        Axyz obj=new Axyz();     //创建欲调用方法所在类的对象
        Format.printf("a=%f\n",obj.A(x,y,z));
          //输出语句,使用对象调用方法，输出结果
    }
}
```

运行结果与方案一同。

方案五：定义两个类，在一个类定义有参、无返回值的方法，在另一个类放置主方法

```
//Axyz7.java
import corejava.*;   //引入 corejava 包中本程序用到的类
class Axyz     //定义类，用于放置自定义的方法
{
    void A(double x,double y,double z)   //有参、无返回值方法
    {
        Format.printf("a=%f\n",Math.pow(x,y+z));   //输出语句（含有计算表达式）
    }
```

```
}
class Axyz7    //定义类,用于放置所定义的主方法
{
    public static void main(String[] args)    //主方法
    {
        double x=Console.readDouble("Enter value of x: ");    //输入语句
        double y=Console.readDouble("Enter value of y: ");    //输入语句
        double z=Console.readDouble("Enter value of z: ");    //输入语句
        Axyz obj=new Axyz();    //创建欲调用方法所在类的对象
        obj.A(x,y,z);    //使用对象调用有参、无返回值的方法
    }
}
```
运行结果与方案一同。

[例 1.5.4] 计算 $y = \dfrac{\sqrt{x}\sin^2 x}{x + e^x}$ (要求定义两个类)。

方案一：使用有参、有返回值方法

```
//TestSinA.java
import corejava.*;    //引入 corejava 包中本程序用到的类
class Math1    //定义类
{
    double MathA(double x)    //有参、有返回值方法
    {
        return Math.sqrt(x)*Math.pow(Math.sin(x*Math.PI/180),2)
                    /(x+Math.exp(x));
        //返回结果给调用方法
    }
}
class TestSinA    //定义类,用于放置主方法
{
    public static void main(String[] args)    //主方法
    {
        double x=Console.readDouble("Enter a double numbers: ");    //输入语句
        Math1 obj=new Math1();
        //创建欲调用方法所在类的对象
        Format.printf("y=%f\n",obj.MathA(x));
        //输出语句,使用对象调用方法,并输出结果以定点格式表示浮点数
        Format.printf("y=%e\n",obj.MathA(x));
        //输出语句,使用对象调用方法,并输出结果以指数形式表示浮点数
        Format.printf("y=%g\n",obj.MathA(x));
        /* 输出语句,使用对象调用方法,并输出结果以一般格式表示浮点数(对于小的数,
           用定点格式,对于大的数,用指数格式),尾数零被删除  */
```

```
        Format.printf("y=%.8f\n",obj.MathA(x));
        /* 输出语句,使用对象调用方法，并输出结果，输出结果小数后保留 8 位 */
        Format.printf("y=%14.6f\n",obj.MathA(x));
        /* 输出语句,使用对象调用方法，并输出结果，输出结果为域宽为 14 位，小数后
           保留 6 位 */
        Format.printf("y=%-14.6f\n",obj.MathA(x));
        /* 输出语句,使用对象调用方法，并输出结果，输出结果为在域内左对齐,域宽为
           14 位，小数后保留 6 位 */
        Format.printf("y=%+14.6f\n",obj.MathA(x));
        /* 输出语句,使用对象调用方法，并输出结果，输出结果在正数前面强迫显示一个
           +,域宽为 14 位，小数后保留 6 位 */
        Format.printf("y=%014.6f\n",obj.MathA(x));
        /* 输出语句,使用对象调用方法，并输出结果，输出结果显示前导零,域宽为 14 位，
           小数后保留 6 位 */
        Format.printf("y=%d\n",(int)(obj.MathA(x)));
        // 输出语句,使用对象调用方法，并输出结果，输出结果为以十进制整数表示
        Format.printf("y=%#x\n",(int)(obj.MathA(x)));
        // 输出语句,使用对象调用方法，并输出结果，输出结果为以整数十六进制表示
        Format.printf("y=%#o\n",(int)(obj.MathA(x)));
        // 输出语句,使用对象调用方法，并输出结果，输出结果为以整数八进制表示
    }
}
```

运行结果:

```
Enter a double number:  10.25
y=0.000004
y=3.583031e-006
y=3.583031e-006
y=0.00000358
y=      0.000004
y=0.000004
y=     +0.000004
y=0000000.000004
y=0
y=0x0
y=0
```

方案二：使用有参、无返回值方法

```
//TestSinB.java
import corejava.*;    //引入 corejava 包中本程序用到的类
class Math1    //定义类
{
    void MathA(double x)    //有参、无返回值方法
    {
```

```
                Format.printf("y=%f\n",
                    Math.sqrt(x)*Math.pow(Math.sin(x*Math.PI/180),2)/(x+Math.exp(x)));
                    //输出语句（含计算表达式）
        }
}
class TestSinB    //定义类，用于放置主方法
{
        public static void main(String[] args)    //主方法
        {
                double x=Console.readDouble("Enter a double numbers: ");   //输入语句
                new Math1().MathA(x);   //创建欲调用方法所在类的对象,调用有参、无返回值方法
        }
}
```

运行结果：

```
Enter a double number: 10.25
y=0.000004
```

方案三：使用无参、无返回值方法

```
//TestSinC.java
import corejava.*;    //引入 corejava 包中本程序用到的类
class Math1    //定义类
{
    public void MathA()    //无参、无返回值方法
    {
        double x=Console.readDouble("Enter a double numbers: ");    //输入语句
        Format.printf("y=%f\n",
            Math.sqrt(x)*Math.pow(Math.sin(x*Math.PI/180),2)/(x+Math.exp(x)));
            //输出语句（含计算表达式）
    }
}
class TestSinC    //定义类，用于放置主方法
{
        public static void main(String[] args)    //主方法
        {
                new Math1().MathA();
                //创建欲调用方法所在类的对象,调用无参、无返回值方法
        }
}
```

运行结果与方案二同。

方案四：使用无参、有返回值的方法
//TestSinD.java

```java
import corejava.*;    //引入 corejava 包中本程序用到的类
class Math1    //定义类
{
    public double MathA()    //无参、有返回值方法
    {
        double x=Console.readDouble("Enter a double numbers: ");    //输入语句
        return Math.sqrt(x)*Math.pow(Math.sin(x*Math.PI/180),2)/(x+Math.exp(x));
    }
}
class TestSinD    //定义类,用于放置主方法
{
    public static void main(String[] args)    //主方法
    {
        Format.printf("y=%f\n",new Math1().MathA());
        //输出语句(含创建欲调用方法所在类的对象,调用无参、有返回值方法)
    }
}
```

运行结果与方案二同。

[例 1.5.5] 重复输入任意次数据,计算

$$y = \begin{cases} a + bx + cx^2 & 0.5<=x<1.5 \\ (a\sin bx)^c & 1.5<=x<2.5 \\ \sqrt{a+bx^2} - c & 2.5<=x<3.5 \\ a\ln|b+\dfrac{c}{x}| & 3.5<=x<4.5 \end{cases}$$

(要求定义一个类,在类内使用主方法和定义方法,在方法中使用 switch 语句;以及定义两个类,在类内定义方法,另一个类使用主方法。)

方案一:定义一个类,在类内使用主方法(在方法体中使用 switch 语句)和定义有参、有返回值的方法

```java
//MathComputeTest1.java
import corejava.*;    //引入 corejava 包中本程序用到的类
public class MathComputeTest1    //定义类,用于放置主方法和自定义的方法
{
    public double mathCompute(double a,double b,double c,double x)
    //有参、有返回值的方法
    {
        double y=0;    //说明 y 为 double 型变量并初始化为 0
        int i=x>=0.5&&x<1.5?1:(x>=1.5&&x<2.5?2:x>=2.5&&x<3.5?3:x>=3.5&&x<4.5?4:0);
        //条件赋值语句
```

```
            switch(i)    //switch 语句
            {
                case 1: y=a+b*x+c*x*x;    //计算语句
                    break;
                case 2: y=Math.pow(a*Math.sin(b*x*Math.PI /180),c);    //计算语句
                    break;
                case 3: y=Math.sqrt(a+b*x*x)-c;    //计算语句
                    break;
                case 4: y=a*Math.log(Math.abs(b+c/x));    //计算语句
                    break;
                default:System.exit(1);
            }
        return y;    //输出语句
    }
    public static void main(String[] args)    //主方法
    {
        for(;;)
        {
            double a=Console.readDouble("Enter the value of a: ");    //输入语句
            double b=Console.readDouble("Enter the value of b: ");    //输入语句
            double c=Console.readDouble("Enter the value of c: ");    //输入语句
            double x=Console.readDouble("Enter the value of x: ");    //输入语句
            Format.printf("y=%f\n",new MathComputeTest1().mathCompute(a,b,c,x));
            //输出语句,创建类的对象调用有参、有返回值的方法
            if(Console.readLine("Do you want to continue?(y/n) ").equals("n"))
                //判断是否继续进行循环
                break;
        }
    }
}
```

运行结果:

```
Enter the value of a:  1
Enter the value of b:  2
Enter the value of c:  3
Enter the value of x:  0.5
y=2.750000
Do you want to continue?(y/n)  y
Enter the value of a:  1
Enter the value of b:  2
Enter the value of c:  3
Enter the value of x:  1.5
y=0.000143
Do you want to continue?(y/n)  y
Enter the value of a:  1
Enter the value of b:  2
Enter the value of c:  3
Enter the value of x:  2.5
y=0.674235
Do you want to continue?(y/n)  n
```

方案二：定义一个类，在类内使用主方法（在方法体中使用 switch 语句）和定义有参、无返回值的方法。

```java
//MathComputeTest3.java
import corejava.*;    //引入 corejava 包中本程序用到的类
public class MathComputeTest3  //定义类，用于放置主方法和自定义的方法
{
    public static void main(String[] args)   //主方法
    {
        for(;;)
        {
            double a=Console.readDouble("Enter the value of a: ");   //输入语句
            double b=Console.readDouble("Enter the value of b: ");   //输入语句
            double c=Console.readDouble("Enter the value of c: ");   //输入语句
            double x=Console.readDouble("Enter the value of x: ");   //输入语句
            new MathComputeTest3().mathCompute(a,b,c,x);
            //创建类的对象并调用有参、无返回值的方法
            if(Console.readLine("Do you want to continue?(y/n) ").equals("n"))
            //判断是否继续进行循环
                break;
        }
    }
    public void mathCompute(double a,double b,double c,double x)
    //有参、无返回值的方法
    {
        double y=0;   //说明 y 为 double 型变量并初始化为 0
        int i=x>=0.5&&x<1.5?1:(x>=1.5&&x<2.5?2
            :x>=2.5&&x<3.5?3:x>=3.5&&x<4.5?4:0);
        //条件赋值语句
        switch(i)   //switch 语句
        {
            case 1: y=a+b*x+c*x*x;   //计算语句
                break;
            case 2: y=Math.pow(a*Math.sin(b*x*Math.PI /180),c);   //计算语句
                break;
            case 3: y=Math.sqrt(a+b*x*x)-c;   //计算语句
                break;
            case 4: y=a*Math.log(Math.abs(b+c/x));   //计算语句
                break;
            default:System.exit(1);
        }
```

```
            Format.printf("y=%f\n",y);
            //输出语句
        }
}
```
运行结果与方案一同。

方案三：定义两个类，使用有参、无返回值方法
```
//MathComputeTestA.java
import corejava.*;    //引入 corejava 包中本程序用到的类
class Compute    //定义类
{
    public void mathCompute(double a,double b,double c,double x)
        //有参、无返回值方法
    {
        double y=0;    //说明 y 为 double 型变量并初始化为 0
        int i=x>=0.5&&x<1.5?1:(x>=1.5&&x<2.5
            ?2:x>=2.5&&x<3.5?3:x>=3.5&&x<4.5?4:0);    //条件赋值语句
        switch(i)    //switch 语句
        {
            case 1: y=a+b*x+c*x*x;    //计算语句
                break;
            case 2: y=Math.pow(a*Math.sin(b*x*Math.PI/180),c);    //计算语句
                break;
            case 3: y=Math.sqrt(a+b*x*x)-c;    //计算语句
                break;
            case 4: y=a*Math.log(Math.abs(b+c/x));    //计算语句
                break;
            default: System.exit(1);
        }
        Format.printf("y=%f\n",y);    //输出语句
    }
}
class MathComputeTestA    //定义类
{
    public static void main(String[] args)    //主方法
    {
        for(;;)
        {
            double a=Console.readDouble("Enter the value of a: ");    //输入语句
            double b=Console.readDouble("Enter the value of b: ");    //输入语句
            double c=Console.readDouble("Enter the value of c: ");    //输入语句
```

```
                double x=Console.readDouble("Enter the value of x: ");    //输入语句
                new Compute().mathCompute(a,b,c,x);
                //创建欲调用方法所在类的对象并调用有参、无返回值方法
                if(Console.readLine("Do you want to continue?(y/n) ").equals("n"))
                //判断是否继续进行循环
                    break;
            }
        }
    }
```

运行结果与方案一同。

方案四：定义两个类,使用有参、有返回值的方法

//MathComputeTestA1.java

```
import corejava.*;    //引入 corejava 包中本程序用到的类
class Compute    //定义类
{
    public double mathCompute(double a,double b,double c,double x)
    //有参、有返回值方法
    {
        double y=0;    //说明 y 为 double 型变量并初始化为 0
        int i=x>=0.5&&x<1.5?1:(x>=1.5&&x<2.5
            ?2:x>=2.5&&x<3.5?3:x>=3.5&&x<4.5?4:0);    //条件赋值语句
        switch(i)    //switch 语句
        {
            case 1: y=a+b*x+c*x*x;    //计算语句
                break;
            case 2: y=Math.pow(a*Math.sin(b*x*Math.PI/180),c);    //计算语句
                break;
            case 3: y=Math.sqrt(a+b*x*x)-c;    //计算语句
                break;
            case 4: y=a*Math.log(Math.abs(b+c/x));    //计算语句
                break;
            default: System.exit(1);
        }
        return y;    //输出语句
    }
}
class MathComputeTestA1    //定义类
{
    public static void main(String[] args)    //主方法
    {
```

```
        for(;;)
        {
            double a=Console.readDouble("Enter the value of a: ");    //输入语句
            double b=Console.readDouble("Enter the value of b: ");    //输入语句
            double c=Console.readDouble("Enter the value of c: ");    //输入语句
            double x=Console.readDouble("Enter the value of x: ");    //输入语句
            Format.printf("y=%f\n",new Compute().mathCompute(a,b,c,x));
            //输出语句,创建欲调用方法所在类的对象并调用有参、有返回值方法。
            if(Console.readLine("Do you want to continue?(y/n) ").equals("n"))
            //判断是否继续进行循环
                break;
        }
    }
}
```

运行结果与方案一同。

[例 1.5.6] 计算

$$y=\begin{cases} -\ln|x| & x<-3 \\ \sqrt{x+3}+\ln(5-x^3) & -3\leq x<\sqrt[3]{5} \\ e^x & x\geq\sqrt[3]{5} \end{cases}$$

(要求定义两个类,定义有参、无返回值方法/有参、有返回值方法,在主方法中使用 for 语句,并在 for 语句中使用逗号运算符)。

方案一：使用有参、无返回值方法

```
//ForCom.java
import corejava.*;    //引入 corejava 包中本程序用到的类
class Math1       //定义类,用于放置自定义方法
{
    public void math1(double x)    //有参、无返回值方法
    {
        double y=x<-3?Math.log(Math.abs(x)):x>=-3&&x<Math.pow(5,1./3)?
        Math.sqrt(x+3)+Math.log(5-Math.pow(x,3)):
        Math.exp(x);    //条件赋值语句
        Format.printf("y=%f\n",y);    //输出语句
    }
}
class ForCom    //定义类,用于放置主方法
{
    public static void main(String[] args)    //主方法
    {
```

```
        String s="y";    //说明 s 为 String 型变量并初始化为'y'
        double x=0;      //说明 x 为 double 型变量并初始化为 0
        Math1 obj=new Math1();    //创建欲调用方法所在类对象
        for(;s.equals("y");x=Console.readDouble("Enter value x: "),obj.math1(x),
            s=Console.readLine("Do you want to continue?(y/n): "));
            //带逗号运算符的 for 语句,循环体为空
    }
}
```

运行结果:

```
Enter value x:  2
y=7.389056
Do you want to continue?(y/n):  y
Enter value x:  5
y=148.413159
Do you want to continue?(y/n):  n
```

方案二：定义有参、有返回值方法

```
//ForCom1.java
import corejava.*;    //引入 corejava 包中本程序用到的类
class Math1       //定义类,用于放置自定义方法
{
    public double math1(double x)   //有参、有返回值方法
    {
        double y=x<-3?Math.log(Math.abs(x)):x>=-3&&x<Math.pow(5,1./3)?
        Math.sqrt(x+3)+Math.log(5-Math.pow(x,3)):
        Math.exp(x);    //条件赋值语句
        return y;
    }
}
class ForCom1    //定义类,用于放置主方法
{
    public static void main(String[] args)    //主方法
    {
        String s="y";    //说明 s 为 String 型变量并初始化为'y'
        double x=0;      //说明 x 为 double 型变量并初始化为 0
        Math1 obj=new Math1();    //创建欲调用方法所在类对象
        for(;s.equals("y");x=Console.readDouble(
            "Enter value x: "),Format.printf("y=%f\n",obj.math1(x)),
              s=Console.readLine("Do you want to continue?(y/n): "));
          //带逗号运算符的 for 语句,循环体为空
    }
}
```

运行结果与方案一相同。

　　[例 1.5.7]　输入 5 个数，求其和（要求定义一个类，在类内定义主方法与方法，并在方法体中使用 for、逗号运算符）。

方案一：使用无参、无返回值的方法

```
//ForCommaOp1.java
import corejava.*;
class ForCommaOp    //定义类，用于放置自定义方法
{
    int N=Console.readInt("Enter numbers of loop: ");   //输入语句
    public void ForComma()   //无参、无返回值的方法
    {
        double data,sum;   //说明 data,sum 为 double 型变量
        int i;   //说明 i 为 int 型变量
        for(i=1,sum=0;i<=N;data=Console.readDouble("Enter data: "),
            sum+=data,i++) ;
         //带逗号运算符的 for 语句，其循环体为空
            Format.printf("Sum=%f\n",sum);   //输出语句
    }
}
class ForCommaOp1   //定义类，用于放置主方法
{
    public static void main(String[] args)   //主方法
    {
        new ForCommaOp().ForComma();
        //创建欲类的对象并调用无参、无返回值方法。
    }
}
```

运行结果：

```
Enter numbers of loop: 5
Enter data: 10.2
Enter data: 5.1
Enter data: 5.10
Enter data: 1.24
Enter data: 9.18
Sum=30.820000
```

方案二：使用无参、有返回值的方法

```
//ForCommaOp3.java
import corejava.*;
class ForCommaOp    //定义类，用于放置自定义方法
{
```

```
        int N=Console.readInt("Enter numbers of loop: ");    //输入语句
        public double ForComma()    //无参、有返回值的方法
        {
            double data,sum;    //说明 data,sum 为 double 型变量
            int i;    //说明 i 为 int 型变量
            for(i=1,sum=0;i<=N;data=Console.readDouble("Enter data: "),
                sum+=data,i++) ;
            //带逗号运算符的 for 语句，其循环体为空
            return sum;
        }
}
class ForCommaOp3    //定义类，用于放置主方法
{
    public static void main(String[] args)    //主方法
    {
        Format.printf("Sum=%f\n",new ForCommaOp().ForComma());
        //创建欲类的对象并调用无参、有返回值方法。
    }
}
```

运行结果与方案一相同。

[例 1.5.8] 计算所有从 1 到 100 中能被 3 或 5 整除的数之和（要求定义一个类和定义两个类）。

方案一：定义两个类，类内定义无参、无返回值方法（使用 for 语句），另一个类定义主方法。

```
//TestSum2.java
import corejava.*;    //引入 corejava 包中本程序用到的类
class Sum    //定义类，用于放置自定义的方法
{
    public void sum()    //无参、无返回值方法
    {
        int sum=0,i=0;    //说明 sum,i 为 int 型变量并初始化为 0
        for(int n=1;n<=100;n++)
        {
            if(n%3==0||n%5==0)    //判断 n 被 3 或 5 整除
                sum+=n;    //赋值语句
                i++;
        }
        Format.printf("Sum=%d\t",sum);    //输出语句
        Format.printf("i=%d\n",i);    //输出语句
    }
}
```

```java
class TestSum2    //定义类,用于放置主方法
{
    public static void main(String[] args)    //主方法
    {
        Sum obj=new Sum();    //创建欲调用方法所在类的对象
        obj.sum();    //使用对象调用无参、无返回值方法
    }
}
```

运行结果:

```
Sum=2418            i=100
```

方案二:定义两个类,在一个类内定义无参、无返回值方法(使用 while 语句),另一个类定义主方法。

```java
//TestSum2W.java
import corejava.*;    //引入 corejava 包中本程序用到的类
class Sum    //定义类,用于放置自定义方法
{
    public void sum()//无参、无返回值方法
    {
        int sum=0,i=0,n=1;    //说明 sum,i ,n 为 int 型变量并初始化
        while(n<=100)
        {
            if(n%3==0||n%5==0)    //判断 n 被 3 或 5 整除
                sum+=n;    //赋值语句
            i++;
            n++;
        }
        Format.printf("Sum=%d\t",sum);    //输出语句
        Format.printf("i=%d\n",i);    //输出语句
    }
}
class TestSum2W    //定义类,用于放置主方法
{
    public static void main(String[] args)    //主方法
    {
        Sum obj=new Sum();    //创建欲调用方法所在类的对象
        obj.sum();    //使用对象调用无参、无返回值方法
    }
}
```

运行结果与方案一相同。

方案三:定义两个类,在一个类内定义无参、无返回值方法(使用 do-while 语句),另一个

类定义主方法。
```java
//TestSum2D.java
import corejava.*;    //引入 corejava 包中本程序用到的类
class Sum    //定义类,用于放置自定义方法
{
    public void sum()    //无参、无返回值方法
    {
      int sum=0,i=0,n=1;    //说明 sum,i,n 为 int 型变量并初始化
      do
      {
         if(n%3==0||n%5==0)    //判断 n 被 3 或 5 整除
             sum+=n;    //赋值语句
         i++;
         n++;
      }while(n<=100);
      Format.printf("Sum=%d\t",sum);    //输出语句
      Format.printf("i=%d\n",i);    //输出语句
    }
}
class TestSum2D    //定义类,用于放置主方法
{
    public static void main(String[] args)    //主方法
    {
       Sum obj=new Sum();    //创建欲调用方法所在类的对象
       obj.sum();    //使用对象调用无参、无返回值方法
    }
}
```
运行结果与方案一相同。
方案四:定义一个类,类内定义无参、无返回值方法(使用 for 语句)和主方法
```java
//TestSum3.java
import corejava.*;    //引入 corejava 包中本程序用到的类
class TestSum3    //定义类
{
    public void sum()    //无参、无返回值方法
    {
       int sum=0,i=0;    //说明 sum,i 为 int 型变量并初始化
       for(int n=1;n<=100;n++)
       {
            if(n%3==0||n%5==0)    //判断 n 被 3 或 5 整除
               sum+=n;    //赋值语句
```

```
            i++;
        }
        Format.printf("Sum=%d\t",sum);     //输出语句
        Format.printf("i=%d\n",i);         //输出语句
    }
    public static void main(String[] args)     //主方法
    {
        TestSum3 obj=new TestSum3();    //创建类对象 obj
        obj.sum();    //使用对象调用无参、无返回值方法
    }
}
```
运行结果与方案一相同。

方案五：定义一个类，类内定义无参、无返回值方法（使用 while 语句）和主方法

```
//TestSum3W.java
import corejava.*;    //引入 corejava 包中本程序用到的类
class TestSum3W    //定义类
{
    public void sum()    //无参、无返回值方法
    {
        int sum=0,i=0,n=1;    //说明 sum,i,n 为 int 型变量并初始化
        while(n<=100)
        {
            if(n%3==0||n%5==0)    //判断 n 被 3 或 5 整除
                sum+=n;    //赋值语句
            i++;
            n++;
        }
        Format.printf("Sum=%d\t",sum);    //输出语句
        Format.printf("i=%d\n",i);        //输出语句
    }
    public static void main(String[] args)    //主方法
    {
        TestSum3W obj=new TestSum3W();    //创建欲调用方法所在类对象
        obj.sum();    //使用对象调用无参、无返回值方法
    }
}
```
运行结果与方案一相同。

[例 1.5.9] 重复输入圆锥体的半径与高度，计算圆锥体的体积（要求定义两个类）。

方案一：先创建类对象，再使用类对象调用方法

//ConeVolume1.java

```java
import corejava.*;
class ConeVolume    //定义类
{
    public double ConeVolume(double r,double h)   //有参、有返回值方法
    {
        return Math.PI*r*r*h/3;
    }
}
class ConeVolume1    //定义类
{
    public static void main(String[] args)    //主方法
    {
        int N=Console.readInt("Enter numbers of loop: ");    //输入语句
        ConeVolume con=new ConeVolume();    //创建欲调用方法所在类的对象
        for(int i=1;i<=N;i++)
        {
            String[] s=Console.readLine("Enter radius and height
                                of cone: ").split(" ");
            /* 输入语句，输入两个数，以字符串存入字符串数组中
               (字符串之间用空格分隔) */
            double radius=Double.parseDouble(s[0]);
            //从字符串数组中取出第一个字符串，转换为 double 型数赋给变量 radius
            double height=Double.parseDouble(s[1]);
            //从字符串数组中取出第二个字符串，转换为 double 型数赋给变量 height
            Format.printf("Area=%f\n",con.ConeVolume(radius,height));
            //输出语句，使用对象调用方法并输出结果
        }
    }
}
```

运行结果：

```
Enter numbers of loop: 3
Enter radius and height of cone: 9 18
Area=1526.814030
Enter radius and height of cone: 8 3
Area=201.061930
Enter radius and height of cone: 5 10
Area=261.799388
```

方案二：直接创建类对象调用方法
//ConeVolume2.java
import corejava.*;
class ConeVolume   //定义类

```java
{
    public double ConeVolume(double r,double h)    //有参、有返回值方法
    {
        return Math.PI*r*r*h/3;
    }
}
class ConeVolume2    //定义类
{
    public static void main(String[] args)    //主方法
    {
        for(;;)
        {
            double radius=Console.readDouble("Enter radius of cone: ");
            //输入语句
            double height=Console.readDouble("Enter height of cone: ");
            //输入语句
            Format.printf("Area=%f\n",new ConeVolume().
                            ConeVolume(radius,height));
            //输出语句,创建欲调用方法所在类对象并调用方法,输出结果
            String s=Console.readLine("Do you want to continue?(y/n) ");
            if(!s.equals("y"))    //判断是否继续进行循环
                break;
        }
    }
}
```

运行结果：

```
Enter radius of cone:   9
Enter height of cone:   18
Area=1526.814030
Do you want to continue?(y/n)   y
Enter radius of cone:   8
Enter height of cone:   3
Area=201.061930
Do you want to continue?(y/n)   n
```

方案三：先说明 b 为 boolean 型变量并初始化为 true, 再使用 while(b) 语句
//ConeVolume3.java
import corejava.*;
class ConeVolume   //定义类
{
    public double ConeVolume(double r,double h)   //有参、有返回值方法
    {

```
            return Math.PI*r*r*h/3;
        }
}
class ConeVolume3    //定义类
{
    public static void main(String[] args)    //主方法
    {
        boolean b=true;    //说明 b 为 boolean 型变量并初始化为 true
        while(b)
        {
            double radius=Console.readDouble("Enter radius of cone: ");
            //输入语句
            double height=Console.readDouble("Enter height of cone: ");
            //输入语句
            Format.printf("Area=%f\n",new
                    ConeVolume().ConeVolume(radius,height));
            //输出语句，创建欲调用方法所在类对象并调用方法,输出结果
            String s=Console.readLine("Do you want to continue?(y/n) ");
            //输出语句
            b=s.equals("y")?true:false;    //条件赋值语句
        }
    }
}
```

运行结果与方案二相同。

[例 1.5.10] 重复输入数据,计算

$$a = x^{y+z}$$

(要求定义一个类,在类中定义主方法和方法)。

方案一：使用 for 无限循环

```
//XYZ.java
import corejava.*;    //引入 corejava 包中本程序用到的类
class XYZ    //定义类
{
    public double Method(double x,double y,double z)    //有参、有返回值方法
    {
        return Math.pow(x,y+z);
    }
    public static void main(String[] args)    //主方法
    {
        for(;;)
        {
```

```
                double x=Console.readDouble("Enter value of x: ");    //输入语句
                double y=Console.readDouble("Enter value of x: ");    //输入语句
                double z=Console.readDouble("Enter value of x: ");    //输入语句
                Format.printf("a=%.2f\n",new XYZ().Method(x,y,z));
                //输出语句，创建类对象并调用方法，输出结果
                if(Console.readLine("Do you want to continue?(y/n) ").equals("n"))
                //判断是否继续进行循环
                    break;
            }
        }
    }
```

运行结果：

```
Enter value of x:   9
Enter value of x:   18
Enter value of x:   8
a=6.46E+024
Do you want to continue?(y/n)   y
Enter value of x:   8
Enter value of x:   3
Enter value of x:   1
a=4096.00
Do you want to continue?(y/n)   n
```

方案二：使用 while 无限循环

```
//XYZA.java
import corejava.*;    //引入 corejava 包中本程序用到的类
class XYZA    //定义类
{
    public void Method(double x,double y,double z)    //有参、无返回值方法
    {
        Format.printf("a=%.2f\n",Math.pow(x,y+z));
        //输出语句（含计算表达式）
    }
    public static void main(String[] args)    //主方法
    {
        while(true)
        {
            String[] s=Console.readLine("Enter three numbers: ").split(" ");
            /* 输入语句，输入两个数，以字符串存入字符串数组中
               (字符串之间用空格分隔)    */
            double x=Double.parseDouble(s[0]);
            //从字符串数组中取出第一个字符串，转换为 double 型数赋给变量 x
            double y=Double.parseDouble(s[1]);
```

```
            //从字符串数组中取出第二个字符串，转换为 double 型数赋给变量 y
            double z=Double.parseDouble(s[2]);
            //从字符串数组中取出第三个字符串，转换为 double 型数赋给变量 z
            new XYZA().Method(x,y,z);   //创建欲调用方法所在类的对象并调用方法
            if(!Console.readLine("Do you want to continue?(y/n) ").equals("y"))
            //判断是否继续进行循环
                break;
        }
    }
}
```

运行结果：

```
Enter three numbers:  9 18 8
a=6.46E+024
Do you want to continue?(y/n)   y
Enter three numbers:  8 3 1
a=4096.00
Do you want to continue?(y/n)   n
```

方案三：使用 do-while 无限循环
//XYZB.java
import corejava.*;   //引入 corejava 包中本程序用到的类
class XYZB   //定义类
{
    public void Method(double x,double y,double z)   //有参、无返回值的方法
    {
        Format.printf("a=%.2f\n",Math.pow(x,y+z));   //输出语句（含计算表达式）
    }
    public static void main(String[] args)   //主方法
    {
        do
        {
            String[] s=Console.readLine("Enter three numbers: ").split(" ");
            /* 输入语句，输入两个数，以字符串存入字符串数组中
               (字符串之间用空格分隔）   */
            double x=Double.parseDouble(s[0]);
            //从字符串数组中取出第一个字符串，转换为 double 型数赋给变量 x
            double y=Double.parseDouble(s[1]);
            //从字符串数组中取出第二个字符串，转换为 double 型数赋给变量 y
            double z=Double.parseDouble(s[2]);
            //从字符串数组中取出第三个字符串，转换为 double 型数赋给变量 z
            new XYZB().Method(x,y,z);   //创建类对象并调用有参、无返回值的方法
            if(!Console.readLine("Do you want to continue?(y/n) ").equals("y"))
```
```

```
                //判断是否继续进行循环
                        break;
            }while(true);
        }
    }
```
运行结果与方案一同。

[例 1.5.11] 重复输入任意次数据,计算:
$$x = (a^b)^c$$
(要求定义一个类,在类中定义主方法与方法)。

方案一: 使用 for (;b;) 循环

```
//ABC.java
import corejava.*;    //引入 corejava 包中本程序用到的类
class ABC      //定义类
{
    public double Method(double a,double b,double c)
    //有参、有返回值的方法
    {
        return Math.pow(Math.pow(b,b),c);
    }
    public static void main(String[] args)   //主方法
    {
        boolean b=true;   //说明 b 为 boolean 型变量并初始化为 true
        for(;b;)
        {
            double x=Console.readDouble("Enter value of x: ");   //输入语句
            double y=Console.readDouble("Enter value of x: ");   //输入语句
            double z=Console.readDouble("Enter value of z: ");   //输入语句
            Format.printf("a=%.2f\n",new ABC().Method(x,y,z));
            //输出语句,创建类对象并调用有参、有返回值的方法
            String s=Console.readLine("Do you want to continue?(y/n) ");
            //输出语句
            b=!s.equals("n")?true:false;   //条件赋值语句,判断是否继续进行循环
        }
    }
}
```
运行结果:

```
Enter value of x:   9
Enter value of x:   18
Enter value of z:   8
a=5.74E+180
Do you want to continue?(y/n)   y
Enter value of x:   8
Enter value of x:   3
Enter value of z:   1
a=27.00
Do you want to continue?(y/n)   n
```

方案二：使用 while(b)

```java
//ABC1.java
import corejava.*;    //引入 corejava 包中本程序用到的类
class ABC1    //定义类
{
    public double Method(double a,double b,double c)
    //有参、有返回值的方法
    {
        return Math.pow(Math.pow(b,b),c);
    }
    public static void main(String[] args)    //主方法
    {
        boolean b=true;    //说明 b 为 boolean 型变量并初始化为 true
        while(b)
        {
            double x=Console.readDouble("Enter value of x: ");    //输入语句
            double y=Console.readDouble("Enter value of x: ");    //输入语句
            double z=Console.readDouble("Enter value of z: ");    //输入语句
            Format.printf("a=%.2f\n",new ABC1().Method(x,y,z));
            //输出语句,创建类对象并调用有参、有返回值的方法
            String s=Console.readLine("Do you want to continue?(y/n) ");
            //输出语句
            b=!s.equals("n")?true:false;    //条件赋值语句,判断是否继续进行循环
        }
    }
}
```

运行结果与方案一同。

方案三：使用 do-while(b)循环

```java
//ABC2.java
import corejava.*;    //引入 corejava 包中本程序用到的类
class ABC2    //定义类
```

```java
{
    public double Method(double a,double b,double c)
    //有参、有返回值的方法
    {
        return Math.pow(Math.pow(b,b),c);
    }
    public static void main(String[] args)   //主方法
    {
        boolean b=true;   //说明 b 为 boolean 型变量并初始化为 true
        do
        {
            double x=Console.readDouble("Enter value of x: ");   //输入语句
            double y=Console.readDouble("Enter value of x: ");   //输入语句
            double z=Console.readDouble("Enter value of z: ");   //输入语句
            Format.printf("a=%.2f\n",new ABC2().Method(x,y,z));
            //输出语句,创建类对象并调用有参、有返回值的方法
            String s=Console.readLine("Do you want to continue?(y/n) ");
            //输出语句
            b=!s.equals("n")?true:false;   //条件赋值语句,判断是否继续进行循环
        }while(b);
    }
}
```

运行结果与方案一同。

[例 1.5.12] 输入任意次数据,计算:

$$y = a + \frac{b}{c+d}$$

方案一：使用 do-while(true)循环

```java
//Y.java
import corejava.*;   //引入 corejava 包中本程序用到的类
class Y   //定义类
{
    public double Method(double a,double b,double c,double d)
    //有参、有返回值方法
    {
        return a+b/(c+d);
    }
    public static void main(String[] args)   //主方法
    {
        do{
            double x=Console.readDouble("Enter value of x: ");   //输入语句
```

```
                    double y=Console.readDouble("Enter value of x: ");    //输入语句
                    double z=Console.readDouble("Enter value of z: ");    //输入语句
                    duble k=Console.readDouble("Enter value of k: ");     //输入语句
                    Format.printf("a=%.2f\n",new Y().Method(x,y,z,k));
                    //输出语句,创建类对象并调用有参、有返回值的方法
                    if(Console.readLine("Do you want to continue?(y/n) ").equals("n"))
                    //判断是否继续进行循环
                        break;
            }while(true);
    }
}
```

运行结果：

```
Enter value of x: 1
Enter value of x: 2
Enter value of z: 3
Enter value of k: 4
a=1.29
Do you want to continue?(y/n)  y
Enter value of x: 5
Enter value of x: 6
Enter value of z: 7
Enter value of k: 8
a=5.40
Do you want to continue?(y/n)  n
```

方案二：使用 while(true) 循环

```
//Y1.java
import corejava.*;    //引入 corejava 包中本程序用到的类
class Y1    //定义类
{
    public double Method(double a,double b,double c,double d)
    //有参、有返回值方法
    {
        return a+b/(c+d);
    }
    public static void main(String[] args)    //主方法
    {
        while(true)
        {
            double x=Console.readDouble("Enter value of x: ");    //输入语句
            double y=Console.readDouble("Enter value of x: ");    //输入语句
```

```
            double z=Console.readDouble("Enter value of z: ");    //输入语句
            double k=Console.readDouble("Enter value of k: ");    //输入语句
            Format.printf("a=%.2f\n",new Y1().Method(x,y,z,k));
            //输出语句,创建类对象并调用有参、有返回值的方法
            if(Console.readLine("Do you want to continue?(y/n) ").equals("n"))
            //判断是否继续进行循环
                break;
        }
    }
}
```
运行结果与方案一同。

方案三：使用 for(;;)循环
//Y2.java
import corejava.*;   //引入 corejava 包中本程序用到的类
class Y2   //定义类
{
public double Method(double a,double b,double c,double d)
    //有参、有返回值方法
{
    return a+b/(c+d);
}
    public static void main(String[] args)   //主方法
    {
            for(;;)
            {
                double x=Console.readDouble("Enter value of x: ");   //输入语句
                double y=Console.readDouble("Enter value of x: ");   //输入语句
                double z=Console.readDouble("Enter value of z: ");   //输入语句
                double k=Console.readDouble("Enter value of k: ");   //输入语句
                Format.printf("a=%.2f\n",new Y2().Method(x,y,z,k));
                //输出语句,创建类对象并调用有参、有返回值的方法
                if(Console.readLine("Do you want to continue?(y/n) ").equals("n"))
                //判断是否继续进行循环
                    break;
            }
    }
}
运行结果与方案一同。

[例 1.5.13]   求

$$y = \begin{cases} \sqrt{4^2 - x^2} & -4 \leq x < 0 \\ 4 & x > 0 \end{cases}$$

方案一：定义一个类，在类中定义有参、有返回值的方法（在方法体中使用 if-else 语句）和使用方法

```java
//Xy.java
import corejava.*;   //引入 corejava 包中本程序用到的类
class Xy    //定义类
{
    public double xy(double x)   //有参、有返回值方法
    {
        if(x>0)
            return 4;
        else
            return Math.sqrt(4.0*4.0-x*x);
    }
    public static void main(String[] args)   //主方法
    {
        double x=Console.readDouble("Enter the value x: ");   //输入语句
        Format.printf("y=%f\n",new Xy().xy(x));
        //输出语句,创建类对象并调用有参、有返回值的方法
    }
}
```

运行结果：

```
Enter the value x:  -2
y=3.464102
```

方案二：定义一个类，在类中定义有参、有返回值的方法（在方法体中使用条件赋值语句）和使用方法

```java
//Xy1.java
import corejava.*;   //引入 corejava 包中本程序用到的类
class Xy1    //定义类
{
    public double xy(double x)
    {
        return x>0?4:Math.sqrt(4.0*4.0-x*x);   //条件赋值语句
    }
    public static void main(String[] args)
    {
        double x=Console.readDouble("Enter the value x: ");   //输入语句
```

```
            Format.printf("y=%f\n",new Xy1().xy(x));
            //输出语句,创建类对象并调用有参、有返回值的方法
    }
}
```
运行结果与方案一同。

方案三：定义一个类，使用主方法
```
//Xy2.java
import corejava.*;    //引入 corejava 包中本程序用到的类
class Xy2    //定义类
{
    public static void main(String[] args)    //主方法
    {
        double x=Console.readDouble("Enter the value x: ");    //输入语句
        Format.printf("y=%f\n",x>0?4:Math.sqrt(4.0*4.0-x*x));
        //输出语句（含计算表达式）
    }
}
```
运行结果与方案一同。

1.5.2 递归方法

[例 **1.5.14**]　计算 Fibonacci 数列。

Fibonacci 数列为：

$$0, 1, 1, 2, 3, 5, 8, 13, 21, \cdots$$

该数列以 0 和 1 开始，后面的每个 Fibonacci 值是前面两个 Fibonacci 值的和。

方案一：使用有参、有返回 double 值的递归方法
```
//FibonacciTest.java
import corejava.*;    //引入 corejava 包中本程序用到的类
public class FibonacciTest    //定义类
{
    public static void main(String[] args)    //主方法
    {
        long number=Console.readInt("Enter a long int: ");    //输入语句
        Format.printf("%g\n",new FibonacciTest().fibonacci(number));
        //调用方法，然后输出结果
    }
    public double fibonacci(long n)    //有参、有返回值的递归方法
    {
        if(n==0||n==1)
            return n;
        else
```

```
            return fibonacci(n-1)+fibonacci(n-2);
            //返回 Fibonacci 数列结果给调用方法
    }
}
```
运行结果：

```
Enter a long int: 30
832040
```

方案二：使用有参、有返回 long 值的递归方法
```
//FibonacciTest1.java
import corejava.*;
class Fibonacci      //定义类
{
    public long fibonacci(long n)    //有参、有返回值方法
    {
        if(n==0||n==1)
            return n;
        else
            return fibonacci(n-1)+fibonacci(n-2);   //递归调用方法
    }
}
class FibonacciTest1
{
    public static void main(String[] args)    //主方法
    {
        long number=(long)Console.readInt("Enter a long int: ");   //输入语句
        Format.printf("%d\n",new Fibonacci().fibonacci(number));
        //输出语句，创建类对象并调用有参、有返回值方法，然后输出结果
    }
}
```
运行结果同方案一。

[例 1.5.15] 用递归方法计算勒让德多项式：

$$P_n(x) = \begin{cases} 1 & \text{当 } n=0 \\ x & \text{当 } n=1 \\ ((2n-1)x - P_{n-1}(x) - (n-1)P_{n-2}(x))/n & \text{当 } n>1 \end{cases}$$

（要求使用 for 循环以及定义方法）。

方案一：使用有参、有返回 float 值的方法
```
//PxTest.java
import corejava.*;   //引入 corejava 包中本程序用到的类
public class PxTest    //定义类
{
```

```java
    public float pn(float x,int n)    //有参、有返回 float 值的方法
    {
        if(n==0)
                return 1;
         if(n==1)
                return x;
            else
                return (float)(1.0*((2*n-1)*pn(x,n-1)-(n-1)*pn(x,n-2))/n);
    }
    public static void main(String[] args)    //主方法
    {
            int N=Console.readInt("Enter required numbers of loop: ");    //输入语句
            for(int i=1;i<=N;i++)
            {
                    float x=(float)Console.readDouble("Enter a float value x: ");    //输入语句
                    int n=Console.readInt("Enter an int value n: ");    //输入语句
                    Format.printf("The result is: %f\n",new PxTest().pn(x,n));
                    //输出语句,调用递归方法，然后输出结果
            }
            if(Console.readLine("Do you want to continue?(y/n) ").equals("y"))
                    main(args);
    }
}
```

运行结果：

```
Enter required numbers of loop: 5
Enter a float value x: 5.10
Enter an int value n: 5
The result is: 10.361666
Enter a float value x: 1.24
Enter an int value n: 1
The result is: 1.240000
Enter a float value x: 9.18
Enter an int value n: 9
The result is: 24.140972
Enter a float value x: 11.19
Enter an int value n: 11
The result is: 31.772560
Enter a float value x: 10.25
Enter an int value n: 10
The result is: 28.092968
Do you want to continue?(y/n)  n
```

方案二：使用有参、有返回 double 值的方法

//PxTest1.java

```java
import corejava.*;    //引入 corejava 包中本程序用到的类
public class PxTest1    //定义类
{
    public double pn(double x,int n)    //有参、有返回 double 值的方法
    {
        if(n==0)
            return 1;
        if(n==1)
            return x;
        else
            return 1.0*((2*n-1)*pn(x,n-1)-(n-1)*pn(x,n-2))/n;
    }
    public static void main(String[] args)    //主方法
    {
        int N=Console.readInt("Enter required numbers of loop: ");    //输入语句
        for(int i=1;i<=N;i++)
        {
            double x=Console.readDouble("Enter a double value x: ");
            //输入语句
            int n=Console.readInt("Enter an int value n: ");    //输入语句
            Format.printf("The result is: %.2f\n",new PxTest1().pn(x,n));
            //输出语句,调用递归方法，然后输出结果
        }
        if(Console.readLine("Do you want to continue?(y/n) ").equals("y"))
            main(args);
    }
}
```

运行结果:

```
Enter required numbers of loop: 5
Enter a double value x:  5.10
Enter an int value n:  5
The result is: 10.36
Enter a double value x:  1.24
Enter an int value n:  1
The result is: 1.24
Enter a double value x:  9.18
Enter an int value n:  9
The result is: 24.14
Enter a double value x:  11.19
Enter an int value n:  11
The result is: 31.77
Enter a double value x:  10.25
Enter an int value n:  10
The result is: 28.09
Do you want to continue?(y/n)  n
```

[例 1.5.16] 应用递归方法求和。
```java
//FactorialSum.java
import corejava.*;
class FactorialSum
{
    static double Sum(double x)
    {
        if(x==1)
            return 1;
        else
            return(Sum(x-1)+x); //递归调用
    }
    public static void main(String args[])
    {
        double d=Console.readDouble("Enter a double number: ");
        Format.printf("Sum=%f\n",Sum(d));
        if(Console.readLine("Do you want to continue?(y/n) ").equals("y"))
            Main(args);
    }
}
```
运行结果：

```
Enter a double number:  1
Sum=1.000000
Do you want to continue?(y/n)   y
Enter a double number:  3
Sum=6.000000
Do you want to continue?(y/n)   y
Enter a double number:  5
Sum=15.000000
Do you want to continue?(y/n)   n
```

1.5.3 方法名的重载

[例 1.5.17] 用重载方法求正方形与长方形的面积(要求定义两个类)。
```java
//OverloadApp.java
import corejava.*;
class OverloadingMethod    //定义类
{
    public double Area(float x)    //重载方法（有一个 float 型参数）
    {
        return x*x;
    }
```

```java
        public double Area(float x,float y)    //重载方法（有两个 float 型参数）
        {
            return x*y;
        }
}
class OverloadApp    //定义类
{
    public static void main(String[] args)    //主方法
    {
        OverloadingMethod app=new OverloadingMethod();    //创建类对象
        Format.printf("The value of Area(float) is: %f\n",app.Area(10.25f));
        //输出语句，用对象调用参数为 float 型的重载方法,然后输出结果
        Format.printf("The value of Area(float,float)is: %f\n",
                                    app.Area(9.18f,5.10f));
        //输出语句，用对象调用参数为 float 型的重载方法,然后输出结果
    }
}
```

运行结果：

```
The value of Area(float) is: 105.062500
The value of Area(float,float) is: 46.818001
```

[例 1.5.18] 用重载方法求

$$x = a^{b^c} \text{ (a,b,c 均为 int 型)} \text{ 和 } d=(x^y)^z \text{ (x,y,z 均为 double 型)}$$

方案一：定义一个类

```java
//OverloadMethod1.java
import corejava.*;    //引入 corejava 包中本程序用到的类
class OverloadMethod1    //定义类
{
    public int ABC(int a,int b,int c)    //重载方法（有三个 int 型的参数）
    {
        return (int)(Math.pow(a,Math.pow(b,c)));
    }
    public double ABC(double x,double y,double z)
    //重载方法（有三个 double 型的参数）
    {
        return Math.pow(Math.pow(x,y),z);
    }
    public static void main(String[] args)    //主方法
    {
        OverloadMethod1 obj=new OverloadMethod1();    //创建重载方法所在类的对象
        String[] s=Console.readLine("Enter three int numbers: ").split(" ");
```

```java
        /* 输入语句，输入两个数，以字符串存入字符串数组中
                    (字符串之间用空格分隔)    */
        int a=Integer.parseInt(s[0]);
        //从字符串数组中取出第一个字符串，转换为 int 型数赋给变量 a
        int b=Integer.parseInt(s[1]);
        //从字符串数组中取出第二个字符串，转换为 int 型数赋给变量 b
        int c=Integer.parseInt(s[2]);
        //从字符串数组中取出第三个字符串，转换为 int 型数赋给变量 c
        Format.printf("x=%d\n",obj.ABC(a,b,c));
        //输出语句，用对象调用三个参数为 int 型的重载方法，并输出结果
        s=Console.readLine("Enter three double numbers: ").split(" ");
        double x=Double.parseDouble(s[0]);
        //从字符串数组中取出第一个字符串，转换为 double 型数赋给变量 x
        double y=Double.parseDouble(s[1]);
        //从字符串数组中取出第二个字符串，转换为 double 型数赋给变量 y
        double z=Double.parseDouble(s[2]);
        //从字符串数组中取出第三个字符串，转换为 double 型数赋给变量 z
        Format.printf("d=%f\n",obj.ABC(x,y,z));
        //输出语句，用对象调用三个参数为 double 型的重载方法，并输出结果
    }
}
```

运行结果：

```
Enter three int numbers:  2 3 4
x=2147483647
Enter three double numbers:  2.0 3.0 4.0
d=4096.000000
```

方案二： 定义两个类

```java
//OverloadMethod2.java
import corejava.*;    //引入 corejava 包中本程序用到的类
class OverloadMethod    //定义类
{
    public int ABC(int a,int b,int c)    //重载方法（有三个 int 型的参数）
    {
        return (int)(Math.pow(a,Math.pow(b,c)));
    }
    public double ABC(double x,double y,double z)
    //重载方法（有三个 double 型的参数）
    {
        return Math.pow(Math.pow(x,y),z);
    }
```

}
class OverloadMethod2   //定义类
{
    public static void main(String[] args)   //主方法
    {
        OverloadMethod obj=new OverloadMethod();   //创建重载方法所在类的对象
        String[] s=Console.readLine("Enter three int numbers: ").split(" ");
        /* 输入语句，输入两个数，以字符串存入字符串数组中
           (字符串之间用空格分隔） */
        int a=Integer.parseInt(s[0]);
        //从字符串数组中取出第一个字符串，转换为 int 型数赋给变量 a
        int b=Integer.parseInt(s[1]);
        //从字符串数组中取出第二个字符串，转换为 int 型数赋给变量 b
        int c=Integer.parseInt(s[2]);
        //从字符串数组中取出第三个字符串，转换为 int 型数赋给变量 c
        Format.printf("x=%d\n",obj.ABC(a,b,c));
        //输出语句，用对象调用三个参数为 int 型的重载方法，并输出结果
        s=Console.readLine("Enter three double numbers: ").split(" ");
        /* 输入语句，输入两个数，以字符串存入字符串数组中
           (字符串之间用空格分隔） */
        double x=Double.parseDouble(s[0]);
        //从字符串数组中取出第一个字符串，转换为 double 型数赋给变量 x
        double y=Double.parseDouble(s[1]);
        //从字符串数组中取出第二个字符串，转换为 int 型数赋给变量 y
        double z=Double.parseDouble(s[2]);
        //从字符串数组中取出第三个字符串，转换为 int 型数赋给变量 z
        Format.printf("d=%f\n",obj.ABC(x,y,z));
        //输出语句，用对象调用三个参数为 double 型的重载方法，并输出结果
    }
}
运行结果与方案一同。

[例 1.5.19] 用重载方法求

$$x = a^{1.375} + b \quad (a,b \text{ 为 int 型}) \text{ 和 } \quad y = \sqrt{x-1} + \frac{1}{x-1} \quad (x \text{ 为 double 型})$$

方案一：定义一个类
//OverloadMethod3.java
import corejava.*;   //引入 corejava 包中本程序用到的类
class OverloadMethod3   //定义类
{
    public double XAB(double a,double b)   //重载方法（有两个 double 型的参数）

```
        {
                return Math.pow(a,1.375)+b;
        }
        public float YX(float x)     //重载方法(有一个 float 型的参数)
        {
                return (float)(Math.sqrt(x)+1/(x-1));
        }
        public static void main(String[] args)    //主方法
        {
                OverloadMethod3 obj=new OverloadMethod3();   //创建重载方法所在类的对象
                double a=Console.readDouble("Enter a double number: ");   //输入语句
                double b=Console.readDouble("Enter a double number: ");   //输入语句
                Format.printf("x=%f\n",obj.XAB(a,b));
                //输出语句,用对象调用两个参数为 double 型的重载方法,并输出结果
                float x=(float)Console.readDouble("Enter a float number: ");
                //输入语句
                Format.printf("d=%.2f\n",obj.YX(x));
                //输出语句,用对象调用一个参数为 float 型的重载方法,并输出结果
        }
}
```

运行结果:

```
Enter a double number:  9.18
Enter a double number:  8.3
x=29.381848
Enter a float number:  8.3
d=3.02
```

方案二: 定义两个类

```
//OverloadMethod4.java
import corejava.*;    //引入 corejava 包中本程序用到的类
class OverloadMethod    //定义类
{
        public double XAB(double a,double b)    //重载方法(有两个 double 型的参数)
        {
                return Math.pow(a,1.375)+b;
        }
        public float YX(float x)     //重载方法(有一个 int 型的参数)
        {
                return (float)(Math.sqrt(x)+1/(x-1));
        }
}
class OverloadMethod4    //定义类
```

{
    public static void main(String[] args)   //主方法
    {
        OverloadMethod obj=new OverloadMethod();   //创建重载方法所在类的对象
        double a=Console.readDouble("Enter a double number: ");   //输入语句
        double b=Console.readDouble("Enter a double number: ");   //输入语句
        Format.printf("x=%f\n",obj.XAB(a,b));
        //输出语句，用对象调用两个参数为 double 型的重载方法，并输出结果
        float x=(float)Console.readDouble("Enter a float number: ");
        //输入语句
        Format.printf("d=%.2f\n",obj.YX(x));
        //输出语句，用对象调用一个参数为 float 型的重载方法，并输出结果
    }
}
运行结果与方案一同。

1.5.4 存储类型

[例 1.5.20] 从键盘输入三角形的三个边长，求其面积。若三个边长不能构成三角形，则提示。（要求：①使用基本方法；②使用定义方法；③使用存储类型和 for 循环以及定义方法）。

方案一：使用基本方法
//TriangleArea.java
import corejava.*;   //引入 corejava 包中本程序用到的类
public class TriangleArea   //定义类
{
    public static void main(String[] args)   //主方法
    {
        double a=Console.readDouble("Enter the value of a: ");   //输入语句
        double b=Console.readDouble("Enter the value of b: ");   //输入语句
        double c=Console.readDouble("Enter the value of c: ");   //输入语句
        if(a+b>c&&b+c>a&&a+c>b)   //判断是否构成三角形
        {
            double s=(a+b+c)/2;   //计算语句
            double area=Math.sqrt(s*(s-a)*(s-b)*(s-c));   //计算语句，计算三角形面积
            Format.printf("Area=%f\n",area);   //输出语句
        }
        else
            Format.printf("%s\n","Can't building treangle!");   //输出语句
    }
}

运行结果：

```
Enter the value of a:  1
Enter the value of b:  2
Enter the value of c:  2
Area=0.968246
```

方案二：使用定义方法
//TriangleArea1.java
```java
import corejava.*;    //引入 corejava 包中本程序用到的类
public class TriangleArea1    //定义类
{
    public static void main(String[] args)    //主方法
    {
        double x=Console.readDouble("Enter the value of x: ");   //输入语句
        double y=Console.readDouble("Enter the value of y: ");   //输入语句
        double z=Console.readDouble("Enter the value of z: ");   //输入语句
        triangleArea(x,y,z);    //调用有参、无返回值的静态方法
    }
    public static void triangleArea(double a,double b,double c)    //有参、无返回值的静态方法
    {
        if(a+b>c&&b+c>a&&a+c>b)    //判断是否构成三角形
        {
            double s=(a+b+c)/2;    //计算语句
            double area=Math.sqrt(s*(s-a)*(s-b)*(s-c));   ////计算语句，计算三角形面积
            Format.printf("Area=%f\n",area);    //输出语句
        }
        else
            Format.printf("%s\n","Can't building treangle!");    //输出语句
    }
}
```
运行结果与方案一相同。

方案三：使用存储类型和 for 循环以及定义方法
//TriangleArea2.java
```java
import corejava.*;    //引入 corejava 包中本程序用到的类
public class TriangleArea2    //定义类，用于放置主方法和自定义的方法
{
    static final int N=3;    //定义 N 为 int 型符号常量
    public static void main(String[] args)    //主方法
    {
        for(int i=1;i<=N;i++)
        {
```

```
            double x=Console.readDouble("Enter the value of x: ");   //输入语句
            double y=Console.readDouble("Enter the value of y: ");   //输入语句
            double z=Console.readDouble("Enter the value of z: ");   //输入语句
            triangleArea(x,y,z);   //调用有参、无返回值的静态方法
        }
    }
    public static void triangleArea(double a,double b,double c)
    //有参、无返回值的静态方法
    {
        if(a+b>c&&b+c>a&&a+c>b)   //判断是否构成三角形
        {
            double s=(a+b+c)/2;   //计算语句
            double area=Math.sqrt(s*(s-a)*(s-b)*(s-c));   //计算语句，计算三角形面积
            Format.printf("Area=%f\n",area);   //输出语句
        }
        else
            Format.printf("%s\n","Can't building treangle!");   //输出语句
    }
}
```

运行结果：

```
Enter the value of x: 1
Enter the value of y: 2
Enter the value of z: 2
Area=0.968246
Enter the value of x: 2
Enter the value ofoy: 3
Enter the value of z: 3
Area=2.828427
Enter the value of x: 1
Enter the value of y: 1
Enter the value of z: 2
Can't building treangle!
```

[例1.5.21] 输出随机数发生器产生的随机数(要求整数输出)。

方案一： 定义一个类，使用主方法

```
//RandomInt.java
import corejava.*;   //引入 corejava 包中本程序用到的类
public class RandomInt   //定义类
{
    static final int N=20;   //定义 N 为整型符号常量
    public static void main(String[] args)   //主方法
    {
        for(int i=1;i<=N;i++)
```

```
            int value=1+(int)(Math.random()*6);   // random 为随机方法
            Format.printf("%d ",value);    //输出语句
            if(i%5==0)
                Format.printf("%s\n","");     //换行
        }
        Format.printf("%s\n","");    //换行
    }
}
```
运行结果:

```
1 5 5 3 4
6 6 3 1 5
6 1 5 1 4
6 1 4 6 1
```

方案二: 定义一个类，在类中使用主方法（在主方法中直接调用无参、无返回值的静态方法）和自定义的静态方法

```java
//RandomInt1.java
import corejava.*;   //引入 corejava 包中本程序用到的类
public class RandomInt1    //定义类
{
    static final int N=20;     //定义 N 为整型符号常量
    public static void main(String[] args)   //主方法
    {
        Rand();//直接调用无参、无返回值的方法
    }
    public static void Rand()    //无参、无返回值的静态方法
    {
        for(int i=1;i<=N;i++)
        {
            int value=1+(int)(Math.random()*6);   //计算语句
            Format.printf("%d ",value);    //输出语句
            if(i%5==0)
                Format.printf("%s\n","");     //换行
        }
        Format.printf("%s\n","");    //换行
    }
}
```

运行结果与方案一同。

方案三: 定义一个类，在类中使用主方法（在主方法创建类对象，并调用无参、无返回值的方法）和定义无参、无返回值的静态方法

```java
//RandomInt2.java
import corejava.*;    //引入corejava包中本程序用到的类
public class RandomInt2    //定义类
{
    static final int N=20;    //定义N为整型符号常量
    public static void main(String[] args)    //主方法
    {
        new RandomInt2().Rand();    //创建对象,并调用无参、无返回值的方法
    }
    public void Rand()    //无参、无返回值的方法
    {
        for(int i=1;i<=N;i++)
        {
            int value=1+(int)(Math.random()*6);    //计算语句
            Format.printf("%d ",value);    //输出语句
            if(i%5==0)
                Format.printf("%s\n","");    //换行
        }
        Format.printf("%s\n","");    //换行
    }
}
```

运行结果与方案二同。

[例 1.5.22] 求素数（要求使用 for 循环,主方法和定义方法）。

方案一： 定义无参、无返回值的静态方法

```java
//PrimeTest.java
import corejava.*;    //引入corejava包中本程序用到的类
public class PrimeTest    //定义类
{
    static final int LIMIT=100;    // LIMIT 为整型符号常量
    public static void main(String[] args)    //主方法
    {
        Prime();    //调用无参、无返回值的静态方法
    }
    public static void Prime()    //无参、无返回值的静态方法
    {
        int cnt=0,j,k;    //说明cnt,j,k为int型变量并cnt初始化为0
        for(k=2;k<LIMIT;k++)
        {
            j=2;
            while(k%j!=0)
```

```
                    j++;
                if(j==k)
                {
                    cnt++;
                    if(cnt%13==1)
                        Format.printf("%s\n","");    //换行
                    Format.printf("%d  ",k);    //输出语句
                }
            }
            Format.printf("\nThere are %d ",cnt);    //输出语句
            Format.printf("prime numbers less than %d\n\n",LIMIT);    //输出语句
    }
}
```

运行结果：

```
2  3  5  7  11  13  17  19  23  29  31  37  41
43  47  53  59  61  67  71  73  79  83  89  97
There are 25 prime numbers less than 100
```

方案二：定义无参、无返回值的方法
```
//PrimeTest1.java
import corejava.*;    //引入 corejava 包中本程序用到的类
public class PrimeTest1    //定义类
{
    static final int LIMIT=100;    // LIMIT 为整型符号常量
    public static void main(String[] args)    //主方法
    {
        new PrimeTest1().Prime();    //调用无参、无返回值的方法
    }
    public void Prime()    //无参、无返回值的静态方法
    {
        int cnt=0,j,k;    //说明 cnt,j,k 为 int 型变量并 cnt 初始化为 0
        for(k=2;k<LIMIT;k++)
        {
            j=2;
            while(k%j!=0)
                j++;
            if(j==k)
            {
                cnt++;
                if(cnt%13==1)
```

```
                    Format.printf("%s\n","");    //换行
                    Format.printf("%d    ",k);    //输出语句
            }
        }
        Format.printf("\nThere are %d ",cnt);    //输出语句
        Format.printf("prime numbers less than %d\n\n",LIMIT);    //输出语句
    }
}
```
运行结果与方案二同。

第2章 引 用

2.1 对象与引用的使用

2.1.1 点号运算符(.)及对象的说明与创建

[例 2.1.1] 重复读入数据，计算

$$y = \begin{cases} 0 & |x| \geq r \\ \sqrt{r^2 - x^2} & |x| < r \end{cases}$$

方案一：在一个类内定义主方法和有参、有返回值的方法（方法体使用 if-else 语句）

```java
//ReferenceTest.java
import corejava.*;    //引入 corejava 包中本程序用到的类
public class ReferenceTest    //定义类，用于放置自定义方法和主方法
{
    static final int N=3;    //定义 N 为 int 型符号常量
    double referenceTest(double x,double r)    //有参、有返回值的方法
    {
        if(Math.abs(x)>=r)
            return 0;
        else
            return Math.sqrt(r*r-x*x);
    }
    public static void main(String[] args)    //主方法
    {
        ReferenceTest ref=new ReferenceTest();    //创建类对象
        for(int i=1;i<=N;i++)
        {
            double x=Console.readDouble("Enter the value of x: ");    //输入语句
            double r=Console.readDouble("Enter the value of r: ");    //输入语句
            Format.printf("y=%f\n",ref.referenceTest(x,r));
```

			//输出语句,使用对象调用有参、有返回值的方法,并输出结果
		}
	}
}
运行结果:

```
Enter the value of x:   1.24
Enter the value of r:   9.18
y=9.095867
Enter the value of x:   11.19
Enter the value of r:   10.25
y=0.000000
Enter the value of x:   10.25
Enter the value of r:   11.19
y=4.489276
```

方案二:定义一个类,自定义方法(方法体使用条件赋值语句)和方法均在一个类中
//ReferenceTestA.java
import corejava.*;
class ReferenceTestA   //定义类
{
	public double Reference(double x,double r) //有参、有返回值方法
	{
		return Math.abs(x)>=r?0:Math.sqrt(r*r-x*x); //条件赋值语句
	}
	public static void main(String[] args) //主方法
	{
		for(;;)
		{
			String[] s=Console.readLine("Enter two numbers: ").split(" "); //输入语句
			double x=Double.parseDouble(s[0]);
			double r=Double.parseDouble(s[1]);
			Format.printf("y=%f\n",new ReferenceTestA().Reference(x,r)); //输出语句
			String str=Console.readLine("Do you want to continue?(y/n) ");
			if(!str.equals("y"))
				break;
		}
	}
}
运行结果:

```
Enter two numbers:  1.24 9.18
y=9.095867
Do you want to continue?(y/n)   y
Enter two numbers:  11.19 10.25
y=0.000000
Do you want to continue?(y/n)   n
```

方案三：定义两个类

```
//ReferenceTestB.java
import corejava.*;
class ReferenceTest    //定义类
{
    public void Reference(double x,double r)    //有参、无返回值的方法
    {
        Format.printf("y=%f\n",Math.abs(x)>=r?0:Math.sqrt(r*r-x*x));
            //输出语句(使用条件赋值语句)
    }
}
class ReferenceTestB    //定义类
{
    public static void main(String[] args)    //主方法
    {
        while(true)
        {
            String[] s=Console.readLine("Enter two numbers: ").split(" ");    //输入语句
            double x=Double.parseDouble(s[0]);
            double r=Double.parseDouble(s[1]);
            new ReferenceTest().Reference(x,r);    //创建类对象调用有参、无返回值的方法
            if(!Console.readLine("Do you want to continue?(y/n) ").equals("y"))
                break;
        }
    }
}
```

运行结果与方案一同。

2.1.2　=的含义与用法

[例 2.1.2]　Point 对象的引用。

方案一：使用基本编程模式

```
//ReferencePoint.java
//Use of reference to a Point object
import corejava.*;    //引入 corejava 包中本程序用到的类
import java.awt.Point;    //引入 java.awt 包中的 Point 类
```

```java
public class ReferencePoint    //定义类
{
    public static void main(String[] args)    //主方法
    {
        Point pnt1,pnt2;    //定义 Point 类的对象 pnt1 和 pnt2
        pnt1=new Point(11,19);    //创建对象 pnt1 并赋初值
        pnt2=pnt1;    //对象 pnt1 赋给 pnt2
        pnt1.x=10;    //将 10 赋给对象 pnt1 引用的数据成员 x
        pnt1.y=25;    //将 25 赋给对象 pnt1 引用的数据成员 y
        Format.printf("Point1: %d,",pnt1.x);    //输出对象 pnt1 引用的数据成员 x
        Format.printf("%d\n",pnt1.y);    //输出对象 pnt1 引用的数据成员 x,y
        Format.printf("Point2: %d,",pnt2.x);    //输出对象 pnt2 引用的数据成员 x
        Format.printf("%d\n\n",pnt2.y);    //输出对象 pnt2 引用的数据成员 x,y
    }
}
```

运行结果：

```
Point1: 10,25
Point2: 10,25
```

方案二：定义一个类，在类中定义无参、无返回值方法和主方法

```java
//ReferencePoint1.java
import corejava.*;    //引入 corejava 包中本程序用到的类
import java.awt.Point;    //引入 java.awt 包中的 Point 类
public class ReferencePoint1    //定义类
{
    public void PointMethod()
    {
        Point pnt1,pnt2;    //定义 Point 类的对象 pnt1 和 pnt2
        pnt1=new Point(11,19);    //创建对象 pnt1 并赋初值
        pnt2=pnt1;    //对象 pnt1 赋给 pnt2
        pnt1.x=10;    //将 10 赋给对象 pnt1 引用的数据成员 x
        pnt1.y=25;    //将 25 赋给对象 pnt1 引用的数据成员 y
        Format.printf("Point1: %d,",pnt1.x);    //输出对象 pnt1 引用的数据成员 x
        Format.printf("%d\n",pnt1.y);    //输出对象 pnt1 引用的数据成员 x,y
        Format.printf("Point2: %d,",pnt2.x);    //输出对象 pnt2 引用的数据成员 x
        Format.printf("%d\n\n",pnt2.y);    //输出对象 pnt2 引用的数据成员 x,y
    }
    public static void main(String[] args)    //主方法
    {
        new ReferencePoint1().PointMethod();
```

    }
}
运行结果与方案一同。

2.1.3 参数传递

[例 2.1.3] 重复输入任意次数据，求 $p_1(x_1,y_1)$ 和 $p_2(x_2,y_2)$ 两点间的距离 d 和 p 点的坐标 $p(x0,y0)$ 。

$$d = \sqrt{(x_1 - x_2)^2 + (y_1 - y_2)^2}$$

$$p(x_0, y_0) = p\left(\frac{x_1 + x_2}{2} + \frac{y_1 + y_2}{2}\right)$$

方案一：定义一个类，在类内定义有参、无返回值的方法和主方法（在方法体中使用 do-while 循环语句）

```java
//PointDistance.java
import java.io.*;    //引入 java.io 包中本程序要用到的类
import java.util.*;  //引入 java.util 包中本程序要用到的类
public class PointDistance    //定义类
{
    static double a1,b1,a2,b2;
    static char ch='y';
    public static void main(String[] args)throws IOException    //主方法，并实现异常
    {
        BufferedReader in=new BufferedReader(new InputStreamReader(System.in));
        //创建缓冲区读入器流类对象
        do
        {
            System.out.print("Enter four numbers: ");    //输出语句
            String oneLine=in.readLine();    //输入语句
            StringTokenizer str=new StringTokenizer(oneLine);
            //创建 StringTokenizer 类对象
            a1=new Double(str.nextToken()).doubleValue();
            b1=new Double(str.nextToken()).doubleValue();
            a2=new Double(str.nextToken()).doubleValue();
            b2=new Double(str.nextToken()).doubleValue();
            PointDistance p=new PointDistance();    //创建类对象
            p.p1p2(a1,b1,a2,b2);    //使用对象调用有参、无返回值的方法
            System.out.print("Do you want to continue?(y/n) ");
            ch=(char)System.in.read();
            System.in.skip(2);
        }while(ch=='y');
```

```
        System.exit(0);
    }
    void p1p2(double x1,double y1,double x2,double y2)    //有参、无返回值的方法
    {
        double d,x0,y0;
        d=Math.sqrt((x1-x2)*(x1-x2)+(y1-y2)*(y1-y2));
        x0=0.5*(x1+x2);
        y0=0.5*(y1+y2);
        System.out.print("d="+(float)d+"\tx0="+(float)x0+"\ty0="+(float)y0+"\n\n");
        //输出语句
    }
}
```
运行结果：

```
Enter four numbers: 10 25 11 19
d=6.0827627      x0=10.5   y0=22.0

Do you want to continue?(y/n) y
Enter four numbers: 5 10 1 24
d=14.56022       x0=3.0    y0=17.0

Do you want to continue?(y/n) n
```

方案二：定义一个类，在类中定有参、无返回值的方法和主方法（在方法体中使用 while(true) 循环语句）

```
//PointDistanceC.java
import corejava.*;    //引入 corejava 包中本程序用到的类
public class PointDistanceC    //定义类
{
    public static void main(String[] args)    //主方法
    {
        while(true)
        {
            String s=Console.readLine("Enter four numbers: ");    //输出语句
            String[] s1=s.split(" ");    //输入语句
            double a1=Double.parseDouble(s1[0]);
            double b1=Double.parseDouble(s1[1]);
            double a2=Double.parseDouble(s1[2]);
            double b2=Double.parseDouble(s1[3]);
            PointDistanceC p=new PointDistanceC();    //创建类对象
            p.p1p2(a1,b1,a2,b2);    //使用对象调用有参、无返回值的方法
            s=Console.readLine("Do you want to continue?(y/n) ");
            if(s.equals("n"))
```

```
                break;
            }
        }
        void p1p2(double x1,double y1,double x2,double y2)    //有参、无返回值的方法
        {
            double d=Math.sqrt((x1-x2)*(x1-x2)+(y1-y2)*(y1-y2));
            double x0=0.5*(x1+x2);
            double y0=0.5*(y1+y2);
            Format.printf("d=%f\t",(float)d);      //输出语句
            Format.printf("x0=%f\t",(float)x0);    //输出语句
            Format.printf("y0=%f\n\n",(float)y0);  //输出语句
        }
}
```
运行结果与方案一相同。

方案三：定义两个类，在一个类中定义有参、无返回值方法，另一个类中定义主方法（在方法体中使用 for(;;)循环语句）

```
//PointDistanceC1.java
import corejava.*;
class PointDistance    定义类
{
    public void p1p2(double x1,double y1,double x2,double y2)    //有参、无返回值方法
    {
        double d=Math.sqrt((x1-x2)*(x1-x2)+(y1-y2)*(y1-y2));
        double x0=0.5*(x1+x2);
        double y0=0.5*(y1+y2);
        Format.printf("d=%f\t",(float)d);      //输出语句
        Format.printf("x0=%f\t",(float)x0);    //输出语句
        Format.printf("y0=%f\n\n",(float)y0);  //输出语句
    }
}
class PointDistanceC1    定义类
{
    public static void main(String[] args)    //主方法
    {
    for(;;)
    {
        String[] s=Console.readLine("Enter four numbers: ").split(" ");    //输入语句
        double a1=Double.parseDouble(s[0]);
        double b1=Double.parseDouble(s[1]);
        double a2=Double.parseDouble(s[2]);
```

```
            double b2=Double.parseDouble(s[3]);
            new PointDistance().p1p2(a1,b1,a2,b2);
            //创建欲调用方法所在类对象并调用有参、无返回值方法
            String str=Console.readLine("Do you want to continue?(y/n) ");
            if(!str.equals("y"))
                break;
        }
    }
}
```
运行结果：

```
Enter four numbers:   10 25 11 19
d=6.082763        x0=10.500000       y0=22.000000

Do you want to continue?(y/n)  y
Enter four numbers:    5 10 1 24
d=14.560220       x0=3.000000        y0=17.000000

Do you want to continue?(y/n)  n
```

方案四：定义一个类，在其中定义有参、无返回值方法和主方法（在方法体中使用 for(;;)循环语句）

```
//PointDistanceA.java
import java.io.*;    //引用 java.io 包中本程序要用到的类
import java.util.*;
public class PointDistanceA    //定义类
{
    static double a1,b1,a2,b2;
    public static void main(String[] args)throws IOException    //主方法
    {
        BufferedReader in=new BufferedReader(
                new InputStreamReader(System.in));
        //创建缓冲区读入器流类对象
        for(;;)
        {
            System.out.print("Enter four numbers: ");    //输出语句
            String oneLine=in.readLine();    //输入语句
            StringTokenizer str=new StringTokenizer(oneLine);
            a1=new Double(str.nextToken()).doubleValue();
            b1=new Double(str.nextToken()).doubleValue();
            a2=new Double(str.nextToken()).doubleValue();
            b2=new Double(str.nextToken()).doubleValue();
            PointDistanceA p=new PointDistanceA();    //创建类对象
```

```java
            p.p1p2(a1,b1,a2,b2);    //使用对象调用方法
            System.out.print("Do you want to continue?(y/n) ");
            String s=in.readLine();
            if(!s.equals("y"))
                break;
        }
    }
    void p1p2(double x1,double y1,double x2,double y2)    //有参、无返回值的方法
    {
        double d,x0,y0;
        d=Math.sqrt((x1-x2)*(x1-x2)+(y1-y2)*(y1-y2));
        x0=0.5*(x1+x2);
        y0=0.5*(y1+y2);
        System.out.print("d="+(float)d+"\tx0="+(float)x0+
                    "\ty0="+(float)y0+"\n\n");    //输出语句
    }
}
```

运行结果与方案一相同。

方案五：定义一个类，在其中定义无参、有返回值方法和主方法（在方法体中使用 while(true) 循环语句）

```java
//PointDistanceB.java
import java.io.*;    //引用 java.io 包中本程序要用到的类
import java.util.*;
import corejava.*;    //引入 corejava 包中本程序用到的类
public class PointDistanceB    //定义类
{
    public static void main(String[] args)throws IOException    //主方法
    {
        BufferedReader in=new BufferedReader(
                        new InputStreamReader(System.in));
        //创建缓冲区读入器流类对象
        while(true)
        {
            Format.printf("%s","Enter four numbers: ");    //输出语句
            String s=in.readLine();    //输入语句
            StringTokenizer str=new StringTokenizer(s);
            //创建 StringTokenizer 类对象
            double a1=new Double(str.nextToken()).doubleValue();
            double b1=new Double(str.nextToken()).doubleValue();
            double a2=new Double(str.nextToken()).doubleValue();
```

```
                double b2=new Double(str.nextToken()).doubleValue();
                PointDistanceB p=new PointDistanceB();    //创建类对象
                p.p1p2(a1,b1,a2,b2);    //使用对象调用方法
                s=Console.readLine("Do you want to continue?(y/n) ");
                if(s.equals("n"))
                    break;
            }
        }
        void p1p2(double x1,double y1,double x2,double y2)    //有参、无返回值的方法
        {
            double d=Math.sqrt((x1-x2)*(x1-x2)+(y1-y2)*(y1-y2));
            double x0=0.5*(x1+x2);
            double y0=0.5*(y1+y2);
            Format.printf("d=%f\t",(float)d);       //输出语句
            Format.printf("x0=%f\t",(float)x0);     //输出语句
            Format.printf("y0=%f\n\n",(float)y0);   //输出语句
        }
    }
```

运行结果：

```
Enter four numbers: 10 25 11 19
d=6.082763        x0=10.500000        y0=22.000000

Do you want to continue?(y/n)  y
Enter four numbers: 5 10 1 24
d=14.560220       x0=3.000000         y0=17.000000

Do you want to continue?(y/n)  n
```

方案六：在一个类中定义有参、无返回值方法和主方法（在方法体中使用 while(true)循环语句）。

```
//PointDistance1.java
import java.io.*;       //引入 java.io 包中本程序要用到的类
import java.util.*;
import corejava.*;      //引入 corejava 包中本程序用到的类
public class PointDistance1    //定义类
{
    public static void main(String[] args)throws IOException    //主方法
    {
        BufferedReader in=new BufferedReader
                            (new InputStreamReader(System.in));
        //创建缓冲区读入器流类对象
        while(true)
```

```
        {
                Format.printf("%s","Enter four numbers: ");   //输出语句
                String s=in.readLine();
                StringTokenizer str=new StringTokenizer(s);   //创建 StringTokenizer 类对象
                double a1=new Double(str.nextToken()).doubleValue();
                double b1=new Double(str.nextToken()).doubleValue();
                double a2=new Double(str.nextToken()).doubleValue();
                double b2=new Double(str.nextToken()).doubleValue();
                PointDistance p=new PointDistance();   //创建类对象
                p.p1p2(a1,b1,a2,b2);   //使用对象调用方法
                s=Console.readLine("Do you want to continue?(y/n) ");
                if(s.equals("y"))
                        continue;
                else
                        break;
        }
    }
    void p1p2(double x1,double y1,double x2,double y2)   //有参、无返回值方法
    {
        double d=Math.sqrt((x1-x2)*(x1-x2)+(y1-y2)*(y1-y2));
        double x0=0.5*(x1+x2);
        double y0=0.5*(y1+y2);
        Format.printf("d=%f\t",(float)d);   //输出语句
        Format.printf("x0=%f\t",(float)x0);   //输出语句
        Format.printf("y0=%f\n\n",(float)y0);   //输出语句
    }
}
```

运行结果：

```
Enter four numbers: 10 25 11 19
d=6.082763        x0=10.500000        y0=22.000000

Do you want to continue?(y/n)   y
Enter four numbers: 5 10 1 24
d=14.560220       x0=3.000000         y0=17.000000

Do you want to continue?(y/n)   n
```

2.1.4 ==的含义与用法

[例 2.1.4] 测试字符串相等性。

//EqualsTest.java
//Test of string equality.

```java
import corejava.*;    //引入corejava包中本程序用到的类
public class EqualsTest    //定义类
{
    public static void main(String[] args)    //主方法
    {
        String str1,str2;    //说明字符串对象
        str1="Programming via CoreJava";    //将字符串对象初始化
        str2=str1;    //指向同一对象
        Format.printf("String1: %s\n",str1);    //输出语句
        Format.printf("String2: %s\n",str2);    //输出语句
        System.out.println("Same object? "+(str1==str2));    //输出语句
        str2=new String(str1);    //创建具有str1对象的字符串对象str2
        Format.printf("String1: %s\n",str1);    //输出语句
        Format.printf("String2: %s\n",str2);    //输出语句
        System.out.println("Same object? "+(str1==str2));    //测试是否同一对象
        System.out.println("Same object? "+str1.equals(str2));    //输出语句
    }
}
```

运行结果：

```
String1: Programming via CoreJava
String2: Programming via CoreJava
Same object? true
String1: Programming via CoreJava
String2: Programming via CoreJava
Same object? false
Same object? true
```

2.2 字符串

2.2.1 字符串连接

[例 2.2.1] 使用"+"和"+="连接两个字符串。

方案一：使用"+"号将字符串连接

```java
//ConcatString.java
import corejava.*;    //引入corejava包中本程序用到的类
public class ConcatString    //定义类
{
    public static void main(String[] args)    //主方法
    {
        String s1="Annie ";    //创建String对象并初始化
        String s2="Liu";    //创建String对象并初始化
        String s=s1+s2;    //将字符串连接
```

```
        Format.printf("%s\n\n",s);    //输出语句
    }
}
```
运行结果：

`Annie Liu`

方案二：使用"+="号将字符串连接
```
//ConcatString1.java
import corejava.*;    //引入 corejava 包中本程序用到的类
public class ConcatString1    //定义类
{
    public static void main(String[] args)    //主方法
    {
        String s1="Annie ";    //创建 String 对象并初始化
        String s2="Liu";    //创建 String 对象并初始化
        s1+=s2;    //将字符串连接
        Format.printf("%s\n\n",s1);    //输出语句
    }
}
```
运行结果与方案一同。

[例 2.2.2] 使用"+"号将字符串与数值连接。
```
//ConcatStringAndNumbers.java
import corejava.*;    //引入 corejava 包中本程序用到的类
public class ConcatStringAndNumbers    //定义类
{
    public static void main(String[] args)    //主方法
    {
        String s1="Annie ";    //创建 String 对象并初始化
        String s2="Liu ";    //创建 String 对象并初始化
        String s=s1+s2+"birth "+"in "+2000+" "+10+" "+25+" "+13.06;    //连接字符串与数值
        Format.printf("%s\n\n",s);    //输出语句
    }
}
```
运行结果：

`Annie Liu birth in 2000 10 25 13.06`

[例 2.2.3] 连接字符串。
```
//StringConcat.java
import corejava.*;    //引入 corejava 包中本程序用到的类
public class StringConcat    //定义类
```

```java
{
    public static void main(String[] args)    //主方法
    {
        String s1=new String("Happy ");    //创建 String 对象并初始化
        String s2=new String("Birthday");    //创建 String 对象并初始化
        Format.printf("s1 = %s\n",s1);    //输出语句
        Format.printf("s2 = %s\n",s2);    //输出语句
        Format.printf("Result of s1.concat(s2) = %s\n",s1.concat(s2));    //输出语句
        Format.printf("s1 after concatenation = %s\n\n",s1);    //输出语句
    }
}
```

运行结果：

```
s1 = Happy
s2 = Birthday
Result of s1.concat(s2) = Happy Birthday
s1 after concatenation = Happy
```

2.2.2 字符串比较

[例 2.2.4] 比较字符串的相等性。

```java
//StringCompare.java
import corejava.*;    //引入 corejava 包中本程序用到的类
public class StringCompare    //定义类
{
    public static void main(String[] args)    //主方法
    {
        String s1,s2,s3,s4;
        s1=new String("hello");    //创建 String 对象并初始化
        s2=new String("good bye");    //创建 String 对象并初始化
        s3=new String("Happy Birthday");    //创建 String 对象并初始化
        s4=new String("happy birthday");    //创建 String 对象并初始化
        Format.printf("s1=%s\n",s1);    //输出语句
        Format.printf("s2=%s\n",s2);    //输出语句
        Format.printf("s3=%s\n",s3);    //输出语句
        Format.printf("s4=%s\n\n",s4);    //输出语句
        //用 equals 测试相等性
        if(s1.equals("hello"))
            Format.printf("s1 equals \"%s\"\n","hello");    //输出语句
        else
            Format.printf("s1 does not equals \"%s\"\n","hello");
        //用==测试相等性
```

```java
        if(s1=="hello")
            Format.printf("s1 equals \"%s\"\n","hello");    //输出语句
        else
            Format.printf("s1 does not equals \"%s\"\n","hello");
            //测试相等性，忽略大小写
        if(s3.equalsIgnoreCase(s4))
            Format.printf("s3 equals s4 %s\n\n"," ");    //输出语句
        else
            Format.printf("s3 does not equals s4%f\n\n"," ");
            //用 compareTo 测试相等性
        Format.printf("s1.compareTo(s2) is %d\n",s1.compareTo(s2));    //输出语句
        Format.printf("s2.compareTo(s1) is %d\n",s2.compareTo(s1));    //输出语句
        Format.printf("s1.compareTo(s1) is %d\n",s1.compareTo(s1));    //输出语句
        Format.printf("s3.compareTo(s4) is %d\n",s3.compareTo(s4));    //输出语句
        Format.printf("s4.compareTo(s3) is %d\n\n",s4.compareTo(s3));
        //测试 regionMatches(case sensitive)
        if(s3.regionMatches(0,s4,0,5))
            Format.printf("First 5 characters of s3 and s4 match %s\n\n"," ");    //输出语句
        else
            Format.printf("First 5 characters of s3 and s4 not natch%s\n","");
            //测试 regionMatches(ignore case)
        if(s3.regionMatches(true,0,s4,0,5))
            Format.printf("First 5 characters of s3 and s4 match%s\n","");    //输出语句
        else
            Format.printf("First 5 characters of s3 and s4 do not match%s\n","");
            //输出语句
        Format.printf("%s\n","");    //换行
    }
}
```

运行结果：

```
s1=hello
s2=good bye
s3=Happy Birthday
s4=happy birthday

s1 equals "hello"
s1 does not equals "hello"
s3 equals s4

s1.compareTo(s2) is 1
s2.compareTo(s1) is -1
s1.compareTo(s1) is 0
s3.compareTo(s4) is -32
s4.compareTo(s3) is 32

First 5 characters of s3 and s4 not natch
First 5 characters of s3 and s4 match
```

2.2.3 其他 String 方法

[例 2.2.5] 计算字符串的长度。

```java
//StringLength.java
import corejava.*;   //引入 corejava 包中本程序用到的类
public class StringLength    //定义类
{
    public static void main(String[] args)    //主方法
    {
        String s="Annie";    //创建 String 对象并初始化
        Format.printf("Length of \"Annie\" is: %d\n",s.length());    //输出语句
        String s1=new String("hello, Annie");    //创建 String 对象并初始化
        Format.printf("Length of \"Hello, Annie\" is: %d\n\n",s1.length());    //输出语句
    }
}
```

运行结果：

```
Length of "Annie" is: 5
Length of "Hello, Annie" is: 12
```

[例 2.2.6] 获限字符串中所指定位置的字符。

```java
//charAtTest.java
import corejava.*;   //引入 corejava 包中本程序用到的类
public class charAtTest    //定义类
{
    public static void main(String[] args)    //主方法
    {
        String s="Core Java Programming";    //创建 String 对象并初始化
        Format.printf("Character at 0 is: %c\n",s.charAt(0));    //输出语句
        Format.printf("Character at 5 is: %c\n",s.charAt(5));    //输出语句
        Format.printf("Character at 10 is: %c\n\n",s.charAt(10));    //输出语句
    }
}
```

运行结果：

```
Character at 0 is: C
Character at 5 is: J
Character at 10 is: P
```

[例 2.2.7] 从字符串中抽取子字符串。

```java
//SubString.java
import corejava.*;   //引入 corejava 包中本程序用到的类
public class SubString    //定义类
```

```java
{
    public static void main(String[] args)    //主方法
    {
        String s="Core Java Programming";    //创建 String 对象并初始化
        Format.printf("Substring from index 20 to end is: %s\n",s.substring(20));    //输出语句
        Format.printf("Substring from index 0 upto 6 is: %s\n",s.substring(0,6));    //输出语句
        Format.printf("Substring from index 5 upto 8 is: %s\n",s.substring(5,8));    //输出语句
        Format.printf("Substring from index 10 to end is: %s\n\n",s.substring(10));
        //输出语句
    }
}
```

运行结果:

```
Substring from index 20 to end is: g
Substring from index 0 upto 6 is: Core J
Substring from index 5 upto 8 is: Jav
Substring from index 10 to end is: Programming
```

[例 2.2.8] 测试字符串的开始和结尾是否相同。

```java
//StartsWithAndEndsWithTest.java
public class StartsWithAndEndsWithTest    //定义类
{
    public static void main(String[] args)    //主方法
    {
        String s="Core Java Programming";    //创建 String 对象并初始化
        boolean b=s.startsWith("c");
        System.out.println(b);    //输出语句
        System.out.println(s.startsWith("C"));    //输出语句
        boolean b1=s.endsWith("g");
        System.out.println(b1);    //输出语句
        System.out.println(s.endsWith("G"));    //输出语句
        System.out.println();    //换行
    }
}
```

运行结果:

```
false
true
true
false
```

[例 2.2.9] 测定指定字符串的下标。

```java
//IndexOfTest.java
import corejava.*;    //引入 corejava 包中本程序用到的类
```

```java
public class IndexOfTest    //定义类
{
    public static void main(String[] args)    //主方法
    {
        String s="Annie Liu";     //创建 String 对象并初始化
        Format.printf("Index of L is: %d\n",s.indexOf("L"));      //输出语句
        Format.printf("Index of A is: %d\n",s.indexOf("A",0));    //输出语句
        Format.printf("Index of L is: %d\n",s.indexOf("A",2));    //输出语句
        Format.printf("Index of L is: %d\n",s.indexOf("L"));      //输出语句
        Format.printf("Index of B is: %d\n",s.indexOf("B",0));    //输出语句
        Format.printf("Index of B is: %d\n\n",s.indexOf("B",4));  //输出语句
    }
}
```

运行结果：

```
Index of L is: 6
Index of A is: 0
Index of L is: -1
Index of L is: 6
Index of B is: -1
Index of B is: -1
```

[例 2.2.10]　以新的字符串代替老的字符串。

```java
//ReplaceTest.java
import corejava.*;    //引入 corejava 包中本程序用到的类
public class ReplaceTest    //定义类
{
    public static void main(String[] args)    //主方法
    {
        String s="Hello,Annie";       //创建 String 对象并初始化
        String s1=s.replace('A', 'a');    //以新的字符取代字符串中某一字符
        Format.printf("New string is: %s\n\n",s1);    //输出语句
    }
}
```

运行结果：

```
New string is: Hello,annie
```

[例 2.2.11]　将所有字符转换成大写或小写。

```java
//ToLowerCaseOrUpperCaseTest.java
import corejava.*;    //引入 corejava 包中本程序用到的类
public class ToLowerCaseOrUpperCaseTest    //定义类
{
```

```java
    public static void main(String[] args)    //主方法
    {
        String s="Hello, Annie ";    //创建 String 对象并初始化
        Format.printf("LowerCase is: %s\n",s.toLowerCase());    //转换成小写字母
        Format.printf("UpperCase is: %s\n\n",s.toUpperCase());    //转换成大写字母
    }
}
```
运行结果:

```
LowerCase is: hello, annie
UpperCase is: HELLO, ANNIE
```

[例 2.2.12] 剪除字符串的前导与尾部的空格。

```java
//TrimTest.java
import corejava.*;    //引入 corejava 包中本程序用到的类
public class TrimTest    //定义类
{
    public static void main(String[] args)    //主方法
    {
        String s1="Annie ";    //创建 String 对象并初始化
        String s2=" Liu ";    //创建 String 对象并初始化
        Format.printf("%s\n",s1+s2);    //输出语句
        Format.printf("%s\n\n",s1.trim()+s2.trim());    //去掉字符串前导与尾部空格
    }
}
```
运行结果:

```
Annie   Liu
AnnieLiu
```

[例 2.2.13] 测定字符串的哈希码。

```java
//StringHashCode.java
import corejava.*;    //引入 corejava 包中本程序用到的类
public class StringHashCode    //定义类
{
    public static void main(String[] args)    //主方法
    {
        String s1="hello";    //创建 String 对象并初始化
        String s2="Hello";    //创建 String 对象并初始化
        Format.printf("The hash code for \"%s\" is: ",s1);    //输出语句
        Format.printf("%d\n",s1.hashCode());    //输出语句
        Format.printf("The hash code for \"%s\" is: ",s2);    //输出语句
```

```
                Format.printf("%d\n\n",s2.hashCode());    //输出语句
        }
}
```
运行结果：

```
The hash code for "hello" is: 99162322
The hash code for "Hello" is: 69609650
```

2.2.4 字符串与基本类型之间的转换

[例 2.2.14] 从基本类型转换为字符串（使用 String 类的 toString 方法）。

```
//UsetoString.java
public class UsetoString    //定义类
{
    public static void main(String[] args)    //主方法
    {
        int i=918;
        long l=20001025l;
        float f=1.24f;
        double d=10.25;
        System.out.println("int = "+Integer.toString(i));    //整型转换为字符串输出
        System.out.println("Birnary int = "+Integer.toString(i,2));    //整型转换为字符串输出
        System.out.println("Octal int = "+Integer.toString(i,8));    //整型转换为字符串输出
        System.out.println("Hexadecimal int = "+Integer.toString(i,16));
        //整型转换为字符串输出
        System.out.println("long = "+Long.toString(l));    //长整型转换为字符串输出
        System.out.println("float = "+Float.toString(f));    //float 型转换为字符串输出
        System.out.println("double = "+Double.toString(d));    //double 型转换为字符串输出
        System.out.println();    //换行
    }
}
```
运行结果：

```
int = 918
Birnary int = 1110010110
Octal int = 1626
Octal int = 1626
Hexadecimal int = 396
Hexadecimal int = 396
long = 20001025
float = 1.24
double = 10.25
```

[例 2.2.15] 从字符串转换到基本类型。

```
//StringToValue.java
public class StringToValue    //定义类
{
    public static void main(String[] args)    //主方法
    {
        String sb="true";
        String si="510";
        String sl="19931119";
        String sf="5.10f";
        String sd="11.19";
        System.out.println("boolean = "+Boolean.valueOf(sb).booleanValue());
        //字符串转换为布尔型输出
        System.out.println("int = "+Integer.parseInt(si));    //整型数字符串转换为整数输出
        System.out.println("int = "+Integer.valueOf(si).intValue());
        //整型数字符串转换为整数输出
        System.out.println("long = "+Long.valueOf(sl).longValue());
        //长整型字符串转换为整数输出
        System.out.println("float = "+Float.valueOf(sf).floatValue());
        // float 字符串转换为整数输出
        System.out.println("double = "+Double.valueOf(sd).doubleValue());
        // double 字符串转换为整数输出
        System.out.println();    //换行
    }
}
```

运行结果：

```
boolean = true
int = 510
int = 510
long = 19931119
float = 5.1
double = 11.19
```

[例 2.2.16] 从键盘输入一个整数，测试不同进制的输出。

```
//OctalHexApp.java
import corejava.*;    //引入 corejava 包中本程序用到的类
class OctalHexApp    //定义类
{
    public static void main(String[] args)    //主方法
    {
        int i=Console.readInt("Enter an int: ");    //输入一个整数
        Format.printf("Int=%d\n",i);    //输出一个整数
```

```
        Format.printf("Octal int=%o\n",i);      //以八进制输出
        Format.printf("Hexadecimal int=%x\n\n",i);   //以十六进制输出
        System.out.println("Octal int="+Integer.toString(i,8));  //以八进制输出
        System.out.println("Octal int="+Integer.toOctalString(i)); //以八进制输出
        System.out.println("Hexadecimal int="+Integer.toString(i,16));
        //以十六进制输出
        System.out.println("Hexadecimal int="+Integer.toHexString(i));
        //以十六进制输出
    }
}
```

运行结果：

```
Enter an int: 918
Int=918
Octal int=1626
Hexadecimal int=396

Octal int=1626
Octal int=1626
Hexadecimal int=396
Hexadecimal int=396
```

2.3 数组

2.3.1 数组的使用

[例 2.3.1]　求整型数组 a 中 10 个元素的累加和。

```
//SumArray.java
import corejava.*;     //引入 corejava 包中本程序用到的类
public class SumArray   //定义类
{
    public static void main(String[] args)   //主方法
    {
        int[] a={1,2,3,4,5,6,7,8,9,10};   //创建 int 型一维数组对象并初始化所有元素
        int total=0;
        for(int i=0;i<a.length;i++)
            total+=a[i];
        Format.printf("Total of array element: %d\n",total);   //输出语句
    }
}
```

运行结果：

Total of array element: 55

[例 2.3.2] 用整数 2,4,6,…,20 对一个具有 10 个元素的数组 a 初始化,并以表格形式打印数组。这些数组中的元素通过 2 乘以循环个数器的每个连续数组,再加 2 产生。

```java
//ArrayInit.java
import corejava.*;    //引入 corejava 包中本程序用到的类
public class ArrayInit    //定义类
{
    public static void main(String[] args)    //主方法
    {
        int[] a=new int[10];    //说明并创建整型一维数组对象
        for(int i=0;i<a.length;i++)
            a[i]=2+2*i;
        Format.printf("%s\t","Element");    //输出语句
        Format.printf("%s\n","Value");    //输出语句
        //或 System.out.println("Element"+"    Value");
        for(int i=0;i<a.length;i++)
        {
            Format.printf("%d\t",i);    //输出语句
            Format.printf("%d\n",a[i]);    //输出语句
        }
    }
}
```

运行结果:

[例 2.3.3] 计算 n 个数的平均值及每个数平均值的偏值。

```java
//ArrayAverage.java
import corejava.*;    //引入 corejava 包中本程序用到的类
public class ArrayAverage    //定义类
{
    static final int MAX=100;    //定义 MAX 为 int 型符号常量
    public static void main(String[] args)    //主方法
    {
```

```
        float sum=0;
        float[] a=new float[MAX];    //创建 double 型一维数组对象
        int n=Console.readInt("How many numbers will be average? ");    //输入语句
        for(int i=0;i<n;i++)
        {
            a[i]=(float)Console.readDouble("Enter a number: ");    //输入语句
            sum+=a[i];
        }
        float avg=sum/n;
        Format.printf("\nThe average is: %.6f\n\n",avg);    //输出语句
        for(int i=0;i<n;i++)
        {
            float d=a[i]-avg;
            Format.printf("%s","The deviation is: ");    //输出语句
            Format.printf("a[%d]=",i);    //输出语句
            Format.printf("%f\n",d);    //输出语句
        }
        Format.printf("%s\n","");    //换行
    }
}
```

运行结果：

```
How many numbers will be average? 5
Enter a number: 1
Enter a number: 2
Enter a number: 3
Enter a number: 4
Enter a number: 5

The average is: 3.000000

The deviation is: a[0]=-2.000000
The deviation is: a[1]=-1.000000
The deviation is: a[2]=0.000000
The deviation is: a[3]=1.000000
The deviation is: a[4]=2.000000
```

[例 2.3.4] 求连乘绝对值的平方根

$$v = \sqrt{\left|\prod_{i=1}^{n} a_i\right|}$$

```
//MulAbs.java
import corejava.*;    //引入 corejava 包中本程序用到的类
class MulAbs    //定义类
{
```

```
    static final int M=5;    //定义 M 为 int 型符号常量
    public static void main(String[] args)    //主方法
    {
        double[] a=new double[M];    //创建 double 型一维数组对象
        double v=1;
        for(int i=0;i<a.length;i++)
        {
            Format.printf("a[%d]=",i);    //输出语句
            a[i]=Console.readDouble(" ");    //输入语句
        }
        for(int i=0;i<a.length;i++)
            v*=a[i];
        v=Math.sqrt(Math.abs(v));
        Format.printf("v=%f\n",v);    //输出语句
    }
}
```

运行结果：

```
a[0]=   -1
a[1]=    2
a[2]=    3
a[3]=   -4
a[4]=    5
v=10.954451
```

[例 2.3.5]　求平方和

$$s = \sum_{i=1}^{10} a_i^2$$

```
//SqrtSum.java
import corejava.*;    //引入 corejava 包中本程序用到的类
class SqrtSum    //定义类
{
    static final int M=10;    //定义 M 为 int 型符号常量
    public static void main(String[] args)    //主方法
    {
        double[] a=new double[M];    //创建 double 型一维数组对象
        double s=0;
        for(int i=0;i<a.length;i++)
        {
            Format.printf("a[%d]=",i); //输出语句
            a[i]=Console.readDouble(" ");    //输入语句
```

```
        }
        for(int i=0;i<a.length;i++)
            s+=a[i]*a[i];
        Format.printf("SqrtSum=%f\n",s);    //输出语句
    }
}
```
运行结果：

```
a[0]=   5.10
a[1]=   14.10
a[2]=   1.24
a[3]=   17.20
a[4]=   9.18
a[5]=   20
a[6]=   11.19
a[7]=   14.45
a[8]=   10.25
a[9]=   13.06
SqrtSum=1616.114700
```

2.3.2 数组方法

[例 2.3.6] 计算
$$y=A^{x+z}$$
（要求使用一维数组）。

```
//AXArray.java
import corejava.*;
class Array    //定义类
{
    public void Method(double[] a,double[] x,double[] z)
    //有数组参数、无返回值数组方法
    {
        Format.printf("%s\n"," ");    //换行
        Format.printf("%s\n","Result is: ");    //输出语句
        for(int i=0;i<a.length;i++)
        {
            Format.printf("y[%d]=",i);    //输出语句
            Format.printf("%f\n",Math.pow(a[i],x[i]+z[i]));    //输出语句
        }
    }
}
class AXArray    //定义类
{
    final static int N=3;
```

```
public static void main(String[] args)    //主方法
{
    double[] a=new double[N];    //创建 double 型一维数组对象
    Format.printf("%s\n","Enter the elements of array a: ");    //输出语句
    for(int i=0;i<a.length;i++)
    {
        Format.printf("a[%d]=",i);    //输出语句
        a[i]=Console.readDouble(" ");    //输入语句
    }
    double[] x=new double[N];
    Format.printf("%s\n","Enter the elements of array x: ");    //输出语句
    for(int i=0;i<x.length;i++)
    {
        Format.printf("x[%d]=",i);    //输出语句
        x[i]=Console.readDouble(" ");    //输入语句
    }
    double[] z=new double[N];
    Format.printf("%s\n","Enter the elements of array z: ");    //输出语句
    for(int i=0;i<z.length;i++)
    {
        Format.printf("z[%d]=",i);    //输出语句
        z[i]=Console.readDouble(" ");    //输入语句
    }
    new Array().Method(a,x,z);
    //创建欲调用方法所在类的对象调用有数组参数、无返回值数组方法
}
}
```

运行结果:

```
Enter the elements of array a:
a[0]=  1.24
a[1]=  9.18
a[2]=  8.3
Enter the elements of array x:
x[0]=  8.3
x[1]=  9.18
x[2]=  1.24
Enter the elements of array z:
z[0]=  11.19
z[1]=  10.25
z[2]=  5.10

Result is:
y[0]=66.189430
y[1]=5105441399924160512.000000
y[2]=671359.448880
```

[例 2.3.7] 计算

$$x = (a^b)^c$$

(要求使用一维数组)。

方案一:有数组参数、无返回值的数组方法

```java
//ABCArray.java
import corejava.*;
class Array    //定义类
{
    public void Method(double[] a,double[] b,double[] c)
    //有数组参数、无返回值数组方法
    {
        Format.printf("%s\n"," ");   //换行
        Format.printf("%s\n","Result is: ");    //输出语句
        for(int i=0;i<a.length;i++)
        {
            Format.printf("x[%d]=",i);    //输出语句
            Format.printf("%f\n",Math.pow(Math.pow(a[i],b[i]),c[i]));   //输出语句
        }
    }
}
class ABCArray    //定义类
{
    public static void main(String[] args)    //主方法
    {
        final int N=Console.readInt("Enter length of array: ");
        double[] a=new double[N];   //创建 double 型一维数组对象
        Format.printf("%s\n","Enter the elements of array a: ");    //输出语句
        for(int i=0;i<a.length;i++)
        {
            Format.printf("a[%d]=",i);   //输出语句
            a[i]=Console.readDouble(" ");    //输入语句
        }
        double[] b=new double[N];   //创建 double 型一维数组对象
        Format.printf("%s\n","Enter the elements of array b: ");   //输出语句
        for(int i=0;i<b.length;i++)
        {
            Format.printf("b[%d]=",i);   //输出语句
            b[i]=Console.readDouble(" ");    //输入语句
        }
```

```
            double[] c=new double[N];    //创建 double 型一维数组对象
            Format.printf("%s\n","Enter the elements of array c: ");    //输出语句
            for(int i=0;i<c.length;i++)
            {
                Format.printf("c[%d]=",i);    //输出语句
                c[i]=Console.readDouble(" ");    //输入语句
            }
            new Array().Method(a,b,c);
            //创建欲调用方法所在类的对象调用有数组参数、无返回值数组方法
            if(Console.readLine("Do you want to continue?(y/n) ").equals("y"))
                main(args);
        }
    }
```

运行结果:

```
Enter length of array: 3
Enter the elements of array a:
a[0]=  5.10
a[1]=  1.24
a[2]=  9.18
Enter the elements of array b:
b[0]=  1.24
b[1]=  9.18
b[2]=  8.3
Enter the elements of array c:
c[0]=  11.19
c[1]=  10.25
c[2]=  8.3

Result is:
x[0]=6575983812.414577
x[1]=617324431.792969
x[2]=2.139106E+066
Do you want to continue?(y/n) n
```

方案二: 有数组参数、有返回数组类型的数组方法

```
//ABCArray1.java
import corejava.*;
class Array    //定义类
{
    public double[] Method(double[] a,double[] b,double[] c)
    //有数组参数、有返回数组类方法
    {
        for(int i=0;i<a.length;i++)
            a[i]=Math.pow(Math.pow(a[i],b[i]),c[i]);    //输出语句
        return a;
    }
}
class ABCArray1    //定义类
```

```java
{
    public static void main(String[] args)    //主方法
    {
        final int N=Console.readInt("Enter length of array: ");
        double[] a=new double[N];    //创建 double 型一维数组对象
        Format.printf("%s\n","Enter the elements of array a: ");    //输出语句
        for(int i=0;i<a.length;i++)
        {
            Format.printf("a[%d]=",i);    //输出语句
            a[i]=Console.readDouble(" ");    //输入语句
        }
        double[] b=new double[N];    //创建 double 型一维数组对象
        Format.printf("%s\n","Enter the elements of array b: ");    //输出语句
        for(int i=0;i<b.length;i++)
        {
            Format.printf("b[%d]=",i);    //输出语句
            b[i]=Console.readDouble(" ");    //输入语句
        }
        double[] c=new double[N];    //创建 double 型一维数组对象
        Format.printf("%s\n","Enter the elements of array c: ");    //输出语句
        for(int i=0;i<c.length;i++)
        {
            Format.printf("c[%d]=",i);    //输出语句
            c[i]=Console.readDouble(" ");    //输入语句
        }
        new Array().Method(a,b,c);
        //创建欲调用方法所在类的对象调用有数组参数、有返回数组类型的数组方法
        Format.printf("%s\n"," ");    //换行
        Format.printf("%s\n","Result is: ");    //输出语句
        for(int i=0;i<a.length;i++)
        {
            Format.printf("x[%d]=",i);    //输出语句
            Format.printf("%f\n",a[i]);    //输出语句
        }
        if(Console.readLine("Do you want to continue?(y/n) ").equals("y"))
            main(args);
    }
}
```

运行结果与方案一同。

方案三：有数组参数、有返回数组类型的数组方法

```java
//ABCArray2.java
import corejava.*;
class Array    //定义类
{
    public double[] Method(double[] a,double[] b,double[] c)
    //有数组参数、有返回数组类型的数组方法
    {
        for(int i=0;i<a.length;i++)
            a[i]=Math.pow(Math.pow(a[i],b[i]),c[i]);    //输出语句
        return a;
    }
}
class ABCArray2    //定义类
{
    public static void main(String[] args)    //主方法
    {
        final int N=Console.readInt("Enter length of array: ");
        double[] a=new double[N];    //创建 double 型一维数组对象
        double[] b=new double[N];
        double[] c=new double[N];
        for(int i=0;i<a.length;i++)
        {
            Format.printf("a[%d]=",i);    //输出语句
            a[i]=Console.readDouble(" ");    //输入语句
        }
        for(int i=0;i<b.length;i++)
        {
            Format.printf("b[%d]=",i);    //输出语句
            b[i]=Console.readDouble(" ");    //输入语句
        }
        for(int i=0;i<c.length;i++)
        {
            Format.printf("c[%d]=",i);    //输出语句
            c[i]=Console.readDouble(" ");    //输入语句
        }
        new Array().Method(a,b,c);
        //创建欲调用方法所在类的对象,调用有数组参数、有返回数组类型的数组方法
        Format.printf("%s\n"," ");    //换行
        Format.printf("%s\n","Result is: ");    //输出语句
        for(int i=0;i<a.length;i++)
```

```
                Format.printf("x[%d]=",i);     //输出语句
                Format.printf("%f\n",a[i]);    //输出语句
            }
            if(Console.readLine("Do you want to continue?(y/n) ").equals("y"))
                main(args);
        }
    }
```

运行结果:

```
Enter length of array:  3
a[0]=  5.10
a[1]=  1.24
a[2]=  9.18
b[0]=  1.24
b[1]=  9.18
b[2]=  8.3
c[0]=  11.19
c[1]=  10.25
c[2]=  8.3

Result is:
x[0]=6575983812.414577
x[1]=617324431.792969
x[2]=2.139106E+066
Do you want to continue?(y/n) n
```

方案四：有数组参数、有返回数组类型的数组方法
//ABCArray3.java
import corejava.*;
class Array   //定义类
{
    public double[] Method(double[] a,double[] b,double[] c)
    //有数组参数、有返回数组类型的数组方法
    {
        for(int i=0;i<a.length;i++)
            a[i]=Math.pow(Math.pow(a[i],b[i]),c[i]);   //输出语句
        return a;
    }
}
class ABCArray3   //定义类
{
    public static void main(String[] args)   //主方法
    {
        final int N=Console.readInt("Enter length of array: ");

```
double[] a=new double[N];      //创建 double 型一维数组对象
double[] b=new double[N];
double[] c=new double[N];
for(int i=0;i<a.length;i++)
{
    Format.printf("a[%d]=",i);   //输出语句
    a[i]=Console.readDouble(" ");    //输入语句
    Format.printf("b[%d]=",i);   //输出语句
    b[i]=Console.readDouble(" ");    //输入语句
    Format.printf("c[%d]=",i);   //输出语句
    c[i]=Console.readDouble(" ");    //输入语句
}
new Array().Method(a,b,c);
//创建欲调用方法所在类的对象调用有数组参数、有返回数组类型的数组方法
Format.printf("%s\n"," ");   //换行
Format.printf("%s\n","Result is: ");    //输出语句
for(int i=0;i<a.length;i++)
{
    Format.printf("x[%d]=",i);   //输出语句
    Format.printf("%f\n",a[i]);  //输出语句
}
if(Console.readLine("Do you want to continue?(y/n) ").equals("y"))
    main(args);
}
}
```

运行结果：

```
Enter length of array:   3
a[0]=   5.10
b[0]=   1.24
c[0]=   11.19
a[1]=   1.24
b[1]=   9.18
c[1]=   10.25
a[2]=   9.08
b[2]=   8.3
c[2]=   8.3

Result is:
x[0]=6575983812.414577
x[1]=617324431.792969
x[2]=2.139106E+066
Do you want to continue?(y/n)   n
```

[例 2.3.8] 计算

$$p = \sqrt{r^2 + s^2 + t^2}$$

其中 $r = \sum_{i=1}^{2} a_i^2$ $s = \sum_{j=1}^{4} b_j^2$ $t = \sum_{k=1}^{4} c_k^2$

（要求使用一维 double 数组）。

```java
//PSTSum.java
import corejava.*;
class PST    //定义类
{
    public double SquSum(double[] x,double n)
    //有数组参数和普通参数、有返回值方法
    {
        double v=0;
        for(int i=0;i<n;i++)
            v+=x[i]*x[i];
        return v;
    }
}
class PSTSum    //定义类
{
    final static int M=2;    //定义 M 为整型符号常量
    final static int N=4;    //定义 N 为整型符号常量
    final static int Q=4;    //定义 Q 为整型符号常量
    public static void main(String[] args)    //主方法
    {
        PST obj=new PST();    //创建欲调用方法所在类对象
        for(;;)
        {
            double[] a=new double[M];    //创建 double 型一维数组对象
            Format.printf("%s\n","Enter the elements of array a: ");
            //输出语句
            for(int i=0;i<a.length;i++)
            {
                Format.printf("a[%d]=",i);    //输出语句
                a[i]=Console.readDouble("");    //输入语句
            }
            double[] b=new double[N];    //创建 double 型一维数组对象
            Format.printf("%s\n","Enter the elements of array b: ");
```

```
        for(int j=0;j<b.length;j++)
        {
            Format.printf("a[%d]=",j);    //输出语句
            b[j]=Console.readDouble("");  //输入语句
        }
        double[] c=new double[Q];    //创建 double 型一维数组对象
        Format.printf("%s\n","Enter the elements of array c: ");
        for(int k=0;k<c.length;k++)
        {
            Format.printf("a[%d]=",k);    //输出语句
            c[k]=Console.readDouble("");  //输入语句
        }
        double r=obj.SquSum(a,M);   //使用对象调用数组方法
        double s=obj.SquSum(b,N);   //使用对象调用数组方法
        double t=obj.SquSum(c,Q);   //使用对象调用数组方法
        double p=Math.sqrt(r*r+s*s+t*t);
        Format.printf("p=%.2f\n",p);   //输出语句
        if(Console.readLine("Do you want to continue?(y/n) ").equals("n"))
            break;
        }
    }
}
```

运行结果：

```
Enter the elements of array a:
a[0]= 1
a[1]= 2
Enter the elements of array b:
a[0]= 3
a[1]= 4
a[2]= 5
a[3]= 6
Enter the elements of array c:
a[0]= 7
a[1]= 8
a[2]= 9
a[3]= 10
p=306.36
Do you want to continue?(y/n) n
```

[例 2.3.9] 计算

$$z = \frac{1}{x^5(e^{\frac{1.43}{x}}+1)}$$

（要求使用一维 double 数组）。

```java
//ZXArray.java
import corejava.*;
class Array    //定义类
{
    public void Method(double[] x)   //有数组参数、无返回值数组方法
    {
        Format.printf("%s\n"," ");   //换行
        Format.printf("%s\n","Result is: ");   //输出语句
        for(int i=0;i<x.length;i++)
        {
            Format.printf("z[%d]=",i);   //输出语句
            Format.printf("%f\n",1/(Math.pow(x[i],5)*(Math.exp(1.43/x[i])+1)));
            //输出语句
        }
    }
}
class ZXArray    //定义类
{
    final static int N=3;    //定义 N 为整型符号常量
    public static void main(String[] args)   //主方法
    {
        double[] x=new double[N];   //创建 double 型一维数组对象
        Format.printf("%s\n","Enter the elements of array x: ");   //输出语句
        for(int i=0;i<x.length;i++)
        {
            Format.printf("x[%d]=",i);   //输出语句
            x[i]=Console.readDouble(" ");   //输入语句
        }
        new Array().Method(x);   //创建类对象调用有数组参数、无返回值数组方法
    }
}
```

运行结果：

```
Enter the elements of array x:
x[0]=  9.18
x[1]=  8.3
x[2]=  1.24

Result is:
z[0]=0.000007
z[1]=0.000012
z[2]=0.081832
```

[例 2.3.10] 计算

$$y = \sum_{i=1}^{n} x_i \quad (其中 n 为任意值)。$$

```java
//XArray.java
import corejava.*;
class Array    //定义类
{
    public double Method(double[] x,int n)   //有数组参数和普通参数、有返回值方法
    {
        double s=0;
        for(int i=0;i<n;i++)
            s+=x[i];
        return s;
    }
}
class XArray    //定义类
{
    public static void main(String[] args)    //主方法
    {
        int N=Console.readInt("Enter an int: ");      //输入语句
        double[] x=new double[N];    //创建 double 型一维数组对象
        Format.printf("%s\n","Enter the elements of array x: ");    //输出语句
        for(int i=0;i<x.length;i++)
        {
            Format.printf("x[%d]=",i);     //输出语句
            x[i]=Console.readDouble(" ");    //输入语句
        }
        Format.printf("y=%f\n",new Array().Method(x,N));
        //输出语句(创建类对象调用有数组参数和普通参数、有返回值方法)
    }
}
```

运行结果:

```
Enter an int: 3
Enter the elements of array x:
x[0]= 1.24
x[1]= 9.18
x[2]= 8.3
y=18.720000
```

[例 2.3.11] 计算
$$y = 2R\sin\frac{A}{2}$$
(要求使用一维 double 数组)。

```
//YAArray.java
import corejava.*;
class Array    //定义类
{
    public void Method(double[] r,double[] a)    //有数组参数、无返回值的数组方法
    {
        Format.printf("%s\n"," ");    //换行
        Format.printf("%s\n","Result is: ");    //输出语句
        for(int i=0;i<r.length;i++)
        {
            Format.printf("y[%d]=",i);    //输出语句
            Format.printf("%f\n",2*r[i]*(Math.sin(a[i]/2*Math.PI/180)));
            //输出语句
        }
    }
}
class YAArray    //定义类
{
    final static int N=3;
    public static void main(String[] args)    //主方法
    {
        double[] r=new double[N];    //创建 double 型一维数组对象
        Format.printf("%s\n","Enter the elements of array r: ");    //输出语句
        for(int i=0;i<r.length;i++)
        {
            Format.printf("r[%d]=",i);    //输出语句
            r[i]=Console.readDouble(" ");    //输入语句
        }
        double[] a=new double[N];    //创建 double 型一维数组对象
        Format.printf("%s\n","Enter the elements of array a: ");    //输出语句
        for(int i=0;i<a.length;i++)
        {
            Format.printf("a[%d]=",i);    //输出语句
            a[i]=Console.readDouble(" ");    //输入语句
        }
        new Array().Method(r,a);
```

        //创建类对象调用有数组参数、无返回值的数组方法
　　}
}

运行结果：

```
Enter the elements of array r:
r[0]=   9.18
r[1]=   8.3
r[2]=   1.24
Enter the elements of array a:
a[0]=   1.24
a[1]=   9.18
a[2]=   8.3

Result is:
y[0]=0.198670
y[1]=1.328414
y[2]=0.179472
```

[例 2.3.12] 数组方法的使用。

方案一：在定义 main 方法的同一个类内定义静态数组方法

```
//ArrayMethod.java
import corejava.*;    //引入 corejava 包中本程序用到的类
public class ArrayMethod    //定义类
{
    static int formalCall(int[] a)    //有参、有返回值的静态数组方法
    {
        int sum=0;
        for(int i=0;i<a.length;i++)
            sum+=a[i];
        return sum;
    }
    public static void main(String[] args)    //主方法
    {
        int[] a={1,2,3,4,5};    //创建 int 型一维数组对象，并初始化所有元素
        Format.printf("%s is: ","The sum of array elements");    //输出语句
        Format.printf("%d\n",formalCall(a));    //调用数组方法，然后输出结果
    }
}
```

运行结果：

```
The sum of array elements is: 15
```

方案二：在定义 main 方法的同一个类内定义普通数组方法

```
//ArrayMethod1.java
import corejava.*;    //引入 corejava 包中本程序用到的类
public class ArrayMethod1    //定义类
```

```java
{
    int formalCall(int[] a)    //有参、有返回值的数组方法
    {
        int sum=0;
        for(int i=0;i<a.length;i++)
            sum+=a[i];
        return sum;
    }
    public static void main(String[] args)    //主方法
    {
        int[] a={1,2,3,4,5};    //创建 int 型一维数组对象，并初始化所有元素
        ArrayMethod1 obj=new ArrayMethod1();    //创建类对象
        Format.printf("%s is: ","The sum of array elements");    //输出语句
        Format.printf("%d\n",obj.formalCall(a));    //调用数组方法，然后输出结果
    }
}
```

运行结果与方案一同。

方案三：定义两个类，一个定义静态数组方法，另一个类定义主方法

```java
//ArrayMethodTest.java
import corejava.*;    //引入 corejava 包中本程序用到的类
class ArrayMethod    //定义类，用于放置自定义的数组方法
{
    static int formalCall(int[] a)    //有参、有返回值的静态数组方法
    {
        int sum=0;
        for(int i=0;i<a.length;i++)
            sum+=a[i];
        return sum;
    }
}
class ArrayMethodTest    //定义类，用于放置主方法
{
    public static void main(String[] args)    //主方法
    {
        ArrayMethod obj=new ArrayMethod();    //创建欲调用数组方法所在类的对象
        int[] a={1,2,3,4,5};    //创建 int 型一维数组对象，并初始化所有元素
        Format.printf("%s is: ","The sum of array elements");    //输出语句
        Format.printf("%d\n",obj.formalCall(a));    //使用对象调用数组方法
    }
}
```

运行结果与方案一同。
方案四：定义两个类，一个定义普通数组方法，另一个类定义主方法
//ArrayMethodTest1.java
```java
import corejava.*;    //引入 corejava 包中本程序用到的类
class ArrayMethod    //定义类，用于放置自定义的数组方法
{
    int formalCall(int[] a)    //有参、有返回值的数组方法
    {
        int sum=0;
        for(int i=0;i<a.length;i++)
            sum+=a[i];
        return sum;
    }
}
class ArrayMethodTest1    //定义类，用于放置主方法
{
    public static void main(String[] args)    //主方法
    {
        ArrayMethod obj=new ArrayMethod();    //创建欲调用数组方法所在类的对象
        int[] a={1,2,3,4,5};    //创建 int 型一维数组对象，并初始化所有元素
        Format.printf("%s is: ","The sum of array elements");    //输出语句
        Format.printf("%d\n",obj.formalCall(a));    //使用对象调用数组方法
    }
}
```
运行结果与方案一同。
方案五：定义两个类，一个定义有返回类型的普通数组方法，另一个类定义主方法，并输入五个数组元素，然后再调用数组方法
//ArrayMethodTest2.java
```java
import corejava.*;    //引入 corejava 包中本程序用到的类
class ArrayMethod    //定义类，用于放置自定义的数组方法
{
    int formalCall(int[] a)    //有参、有返回值的数组方法
    {
        int sum=0;
        for(int i=0;i<a.length;i++)
            sum+=a[i];
        return sum;
    }
}
class ArrayMethodTest2    //定义类，用于放置主方法
```

{
  final static int N=5; //定义 N 为整型符号常量
  public static void main(String[] args)   //主方法
  {
    int[] a=new int[N];   //创建 int 型一维数组对象
    for(int i=0;i<a.length;i++)
    {
      int x=Console.readInt("Enter element of array: ");   //输入语句
      a[i]=x;
    }
    ArrayMethod obj=new ArrayMethod();   //创建欲调用数组方法所在类的对象
    Format.printf("\n%s is: ","The sum of array elements");   //输出语句
    Format.printf("%d\n",obj.formalCall(a));
    //使用对象调用数组方法，并输出结果
  }
}

运行结果：

```
Enter element of array: 1
Enter element of array: 2
Enter element of array: 3
Enter element of array: 4
Enter element of array: 5

The sum of array elements is: 15
```

方案六：定义两个类，一个定义无返回类型的数组方法，另一个类定义主方法，并输入五个数组元素，然后再调用数组方法

```
//ArrayMethodTest3.java
import corejava.*;   //引入 corejava 包中本程序用到的类
class ArrayMethod    //定义类，用于放置自定义的数组方法
{
    void formalCall(int[] a)   //有参、无返回值的数组方法
    {
        int sum=0;
        for(int i=0;i<a.length;i++)
            sum+=a[i];
        Format.printf("\n%s is: ","The sum of array elements");   //输出语句
        Format.printf("%d\n",sum);   //输出语句
    }
}
class ArrayMethodTest3    //定义类，用于放置主方法
{
```

```
        final static int N=5;      //定义 N 为整型符号常量
        public static void main(String[] args)   //主方法
        {
                int[] a=new int[N];    //创建 int 型一维数组对象
                for(int i=0;i<a.length;i++)
                {
                    int x=Console.readInt("Enter element of array: ");    //输入语句
                     a[i]=x;
                }
                    ArrayMethod obj=new ArrayMethod();    //创建欲调用数组方法所在类的对象
                    obj.formalCall(a);    //使用对象调用有参、无返回值的方法
        }
}
```
运行结果与方案五同。

[例 2.3.13]　将数组传递给方法(按引用传递参数给方法)。

方案一：使用 printf 方法输出

```
//RangeClass.java
import corejava.*;    //引入 corejava 包中本程序用到的类
public class RangeClass    ///定义类
{
    int[] MakeRange(int Lower,int Upper)    //有参、有返回数组类型的方法
    {
        int[] Arr=new int[(Upper-Lower)+1];    //创建 int 型一维数组对象
        for(int i=0;i<Arr.length;i++)
            Arr[i]=Lower++;
        return Arr;
    }
    public static void main(String[] args)    //主方法
    {
        RangeClass theRange=new RangeClass();    //创建类对象
        int[] TheArray=theRange.MakeRange(1,10);
        Format.printf("%s:[","The array"];    //输出语句
        for(int i=0;i<TheArray.length;i++)
        Format.printf("%d ",TheArray[i]);    //输出语句
        Format.printf(")%s\n\n","");    //换行
    }
}
```
运行结果：

```
The array:[1 2 3 4 5 6 7 8 9 10 ]
```

方案二：使用 println 方法输出
```java
//RangeClass1.java
public class RangeClass1    //定义类
{
    int[] MakeRange(int Lower,int Upper)    //有参、有返回数组类型的方法
    {
        int[] Arr=new int[(Upper-Lower)+1];
        for(int i=0;i<Arr.length;i++)
        {
            Arr[i]=Lower++;
        }
        return Arr;
    }
    public static void main(String[] args)    //主方法
    {
        RangeClass theRange=new RangeClass();
        int[] TheArray=theRange.MakeRange(1,10);
        System.out.print("The array: [ ");    //输出语句
        for(int i=0;i<TheArray.length;i++)
        System.out.print(TheArray[i]+" ");    //输出语句
        System.out.println(")\n");    //换行
    }
}
```
运行结果与方案一同。

[例 2.3.14] 按引用传递参数给方法。

方案一：使用 printf 方法输出
```java
//PassByReference.java
import corejava.*;    //引入 corejava 包中本程序用到的类
public class PassByReference    //定义类
{
    int OneToZero(int[] Arg)    //有数组参数、有返回值的数组方法
    {
        int Count=0;
        for(int i=0;i<Arg.length;i++)
        {
            if(Arg[i]==1)
            {
                Count++;    //找到 1 即计数，并在数组中原来的位置用 0 替换
                Arg[i]=0;
            }
```

```
        }
        return Count;       //返回数组中值为 1 的个数
    }
    public static void main(String[] args)    //主方法
    {
        int[] Arr={1,3,4,5,1,1,7};      //创建 int 型一维数组对象,并初始化所有元素
        PassByReference test=new PassByReference();   //创建数类对象
        int NumOne;     //保存数组中 1 个数的整型变量
        Format.printf("%s[ ","Value of the array: ");   //输出语句
        for(int i=0;i<Arr.length;i++)
            Format.printf("%d ",Arr[i]);    //输出语句,输出数组的初值
        Format.printf("%s\n","]");
        NumOne=test.OneToZero(Arr);    //使用对象调用方法
        Format.printf("Number of One = %d\n",NumOne);    //输出语句
        Format.printf("%s [ ","Now value of the array: ");    //输出语句
        for(int i=0;i<Arr.length;i++)
        {
            Format.printf("%d ",Arr[i]);    //输出语句
        }
        Format.printf(")%s\n\n","");    //换行
    }
}
```

运行结果：

```
Value of the array: [ 1 3 4 5 1 1 7 ]
Number of One = 3
Now value of the array: [ 0 3 4 5 0 0 7 ]
```

方案二：使用 ptintln 方法输出

```
//PassByReference1.java
public class PassByReference1    //定义类
{
    nt OneToZero(int[] Arg)    //有数组参数、有返回值的数组方法
    {
        int Count=0;
        for(int i=0;i<Arg.length;i++)
        {
            if(Arg[i]==1)
            {
                Count++;
                Arg[i]=0;
            }
```

```java
        }
        return Count;
    }
    public static void main(String[] args)    //主方法
    {
        int[] Arr={1,3,4,5,1,1,7};    //创建 int 型一维数组对象,并初始化所有元素
        PassByReference test=new PassByReference();    //创建类对象
        int NumOne;
        System.out.print("Value of the array: [ ");    //输出语句
        for(int i=0;i<Arr.length;i++)
            System.out.print(Arr[i]+" ");    //输出语句
        System.out.println(")");    //输出语句
        NumOne=test.OneToZero(Arr);
        System.out.println("Number of One = "+NumOne);    //输出语句
        System.out.print("Now value of the array: [ ");    //输出语句
        for(int i=0;i<Arr.length;i++)
            System.out.print(Arr[i]+" ");    //输出语句
        System.out.println(")\n");    //输出语句
    }
}
```

运行结果与方案一同。

[例 2.3.15] 传递数组(传递数组和单个数组元素给方法)。

方案一：使用 printf 方法输出

```java
//PassArray.java
import corejava.*;    //引入 corejava 包中本程序用到的类
public class PassArray//定义类
{
    public static void main(String[] args)    //主方法
    {
        int[] a={0,1,2,3,4};    //创建 int 型一维数组并初始化所有元素
        Format.printf("%s\n","Effects of passing entire array call-by-reference:");    //输出语句
        Format.printf("%s\n","The value of the original array are: ");    //输出语句
        for(int i=0;i<a.length;i++)
            Format.printf("%d ",a[i]);    //输出语句
        ModifyArray(a);
        Format.printf("%s\n\n","");    //换行
        Format.printf("%s\n","The value of the modified array are: ");    //输出语句
        for(int i=0;i<a.length;i++)
            Format.printf("%d ",a[i]);    //输出语句
        Format.printf("%s\n\n","");    //换行
```

```
        Format.printf("%s\n","Effects of passing array element call=by-value:");   //输出语句
        Format.printf("a[3] before modifyElement: %d\n",a[3]);   //输出语句
        ModifyElement(a[3]);
            Format.printf("a[3] after modifyElement: %d\n\n",a[3]);   //输出语句
    }
    public static void ModifyArray(int[] b)   //有数组参数、无返回值的静态数组方法
    {
        for(int j=0;j<b.length;j++)
        b[j]*=2;
    }
    public static void ModifyElement(int e)   //有参数、无返回值的静态方法
    {
        e*=2;
    }
}
```

运行结果：

```
Effects of passing entire array call-by-reference:
The value of the original array are:
0 1 2 3 4

The value of the modified array are:
0 2 4 6 8

Effects of passing array element call=by-value:
a[3] before modifyElement: 6
a[3] after modifyElement: 6
```

方案二：使用 ptintln,print 方法输出

```
//PassArray1.java
import corejava.*;   //引入 corejava 包中本程序用到的类
public class PassArray1   //定义类
{
    public static void main(String[] args)   //主方法
    {
        int[] a={0,1,2,3,4};   //创建 int 型一维数组并初始化所有元素
        System.out.println("Effects of passing entire array call-by-reference:");   //输出语句
        System.out.println("The value of the original array are: ");   //输出语句
        for(int i=0;i<a.length;i++)
            System.out.print(a[i]+" ");   //输出语句
        ModifyArray(a);
        System.out.println("\n");   //换行
        System.out.println("The value of the modified array are: ");   //输出语句
```

```java
            for(int i=0;i<a.length;i++)
                System.out.print(a[i]+" ");    //输出语句
        System.out.println("\n");    //换行
        System.out.println("Effects of passing array element call=by-value:");    //输出语句
        System.out.println("a[3] before modifyElement: "+a[3]);    //输出语句
        ModifyElement(a[3]);
        System.out.print("a[3] after modifyElement: \n\n"+a[3]);    //输出语句
    }
    public static void ModifyArray(int[] b)    //有数组参数、无返回值的静态数组方法
    {
        for(int j=0;j<b.length;j++)
            b[j]*=2;
    }
    public static void ModifyElement(int e)    //有参数、无返回值的静态方法
    {
        e*=2;
    }
}
```

运行结果与方案一同。

[例 2.3.16] 使用"冒泡排序"方法按升序排序数组元素值。

方案一：使用 printf 方法输出

```java
//BubbleSort.java
//This program sorts an array's values into ascending order
import corejava.*;    //引入 corejava 包中本程序用到的类
public class BubbleSort    //定义类
{
    static int[] a={2,6,4,8,10,12,89,68,45,37};    //创建 int 型一维静态数组并初始化所有元素
    static int hold;    //说明 int 型静态变量
    public static void main(String[] args)    //主方法
    {
        Format.printf("%s\n","Data itens in original order: ");    //输出语句
        for(int i=0;i<a.length;i++)
        Format.printf("%d ",a[i]);    //输出语句
        Format.printf("%s\n","");    //换行
        Sort();    //调用 Sort 方法
        Format.printf("%s\n","Data items in ascending order: ");    //输出语句
        print(a);    //调用 print 方法
    }
    public static void Sort()    //无参、无返回值的静态方法
    {
```

```java
        for(int pass=1;pass<a.length;pass++)
        for(int i=0;i<a.length-1;i++)
        if(a[i]>a[i+1])
        {
            hold=a[i];
            a[i]=a[i+1];
            a[i+1]=hold;
        }
    }
    public static void print(int[] b)    //有数组参数、无返回值的静态数组方法
    {
        for(int i=0;i<b.length;i++)
            Format.printf("%d ",b[i]);    //输出语句
        Format.printf("%s\n\n","");    //换行
    }
}
```

运行结果：

```
Data itens in original order:
2 6 4 8 10 12 89 68 45 37
Data items in ascending order:
2 4 6 8 10 12 37 45 68 89
```

方案二：使用 ptintln,print 方法输出

```java
//BubbleSort1.java
import corejava.*;    //引入 corejava 包中本程序用到的类
public class BubbleSort1    //定义类
{
    static int[] a={2,6,4,8,10,12,89,68,45,37};    //创建 int 型一维静态数组并初始化所有元素
    static int hold;    //说明 int 型静态变量
    public static void main(String[] args)    //主方法
    {
        System.out.println("Data itens in original order: ");    //输出语句
        for(int i=0;i<a.length;i++)
        System.out.print(a[i]+" ");    //输出语句
        System.out.println();    //换行
        Sort();    //调用 Sort 方法
        System.out.println("Data items in ascending order: ");    //输出语句
        print(a);    //调用 print 方法
    }
    public static void Sort()    //无参、无返回值的静态方法
    {
```

```
            for(int i=0;i<a.length-1;i++)
                if(a[i]>a[i+1])
                {
                    hold=a[i];
                    a[i]=a[i+1];
                    a[i+1]=hold;
                }
        }
        public static void print(int[] b)    //有数组参数、无返回值的静态数组方法
        {
            for(int i=0;i<b.length;i++)
                System.out.print(b[i]+" ");    //输出语句
            System.out.print("\n");    //换行
        }
}
```
运行结果与方案一同。

方案三：使用数组排序方法 sort 进行排序（按升序排序数组元素值）。
```
//SortA.java
import corejava.*;    //引入 corejava 包中本程序用到的类
import java.util.Arrays;
public class SortA    //定义类
{
    static int[] a={2,6,4,8,10,12,89,68,45,37};    //创建 int 型一维静态数组并初始化所有元素
    static int hold;    //说明 int 型静态变量
    public static void main(String[] args)    //主方法
    {
        Format.printf("%s\n","Data itens in original order: ");    //输出语句
        for(int i=0;i<a.length;i++)
            Format.printf("%d ",a[i]);    //输出语句
        Format.printf("%s\n","");    //换行
        Sort();    //调用 Sort 方法
    }
    public static void Sort()    //无参、无返回值的静态方法
    {
        Arrays.sort(a);
        Format.printf("%s\n","Data items in ascending order: ");    //输出语句
        for(int i=0;i<a.length;i++)
            Format.printf("%d ",a[i]);    //输出语句
        Format.printf("%s\n\n","");    //换行
    }
}
```

运行结果与方案一同。

[例 2.3.17] 使用二分法检索数据。

方案一：使用 printf 方法输出

```java
//SearchArray.java
import corejava.*;   //引入 corejava 包中本程序用到的类
public class SearchArray   //定义类
{
static final int N=10;   //定义 N 为整型符号常量
public static void main(String[] args)   //主方法
{
        float[] a=new float[N];   //创建 float 型一维数组对象
        Format.printf("%s\n","Enter the element of array:");   //输入语句
        for(int i=0;i<a.length;i++)
        {
            Format.printf("a[%d]=",i);
            a[i]=(float)Console.readDouble(" ");
        }
        Format.printf("%s\n","");   //换行 S
        int x=Console.readInt("Enter want number of searching: ");   //输入语句
        new SearchArray1().Search(a,x);
    }
    public void Search(float[] a,int x)
    {
        int low=0, high=N-1, mid=(low+high)/2;
        while(low<high&&x!=a[mid])
        {
            if(x<a[mid])
                high=mid-1;
            else
                low=mid+1;
            mid=(low+high)/2;
        }
        if(x==a[mid])
        {
          Format.printf("\n%d ",x);   //输出语句
          Format.printf("in array's place %d\n",mid);   //输出语句
        }
        else
           Format.printf("%d not in array\n",x);   //输出语句
```

```
            Format.printf("%s\n","");    //换行
        }
}
```
运行结果：

```
Enter the element of array:
a[0]=  37
a[1]=  10
a[2]=  2
a[3]=  '35
a[4]=  5
a[5]=  1
a[6]=  72
a[7]=  9
a[8]=  18
a[9]=  11

Enter want number of searching:  9
9 in array's place 7
```

方案二：使用 ptintln,print 方法输出
//SearchArray1.java
import corejava.*;   //引入 corejava 包中本程序用到的类
public class SearchArray1   //定义类
{
    static final int N=10;   //定义 N 为整型符号常量
    public static void main(String[] args)   //主方法
    {
        float[] a=new float[N];   //创建 float 型一维数组对象
        System.out.println("Enter the element of array:");   //输入语句
        for(int i=0;i<a.length;i++)
        {
            System.out.print("a["+i+"]=");   //输入语句
            a[i]=(float)Console.readDouble(" ");
        }
        System.out.println();   //换行
        int x=Console.readInt("Enter want number of searching: ");   //输入语句
        new SearchArray1().Search(a,x);
    }
    public void Search(float[] a,int x)
    {
        int low=0, high=N-1, mid=(low+high)/2;
        while(low<high&&x!=a[mid])
        {
            if(x<a[mid])
                high=mid-1;
```
```

```
            else
                low=mid+1;
            mid=(low+high)/2;
        }
        if(x==a[mid])
            System.out.println(x+" in array's place "+mid);    //输出语句
        else
            System.out.println(" not in array\n"+x);     //输出语句
        System.out.println();    //换行
    }
}
```
运行结果与方案一同。

[例 2.3.18]　拷贝数组。

方案一：使用主方法与拷贝方法 arraycopy

```
//ArrayCopy3.java
import corejava.*;    //引入 corejava 包中本程序用到的类
public class ArrayCopy3    //定义类
{
    public static void main(String[] args)    //主方法
    {
        int[] smallPrimes={5,1,9,11,10,8};    //创建一维整型数组对象并初始化
        int[] luckyNumbers={510,124,918,1119,1025,1993,200};
            //创建一维整型数组对象并初始化
        System.arraycopy(smallPrimes,2,luckyNumbers,3,4);    //引用数组拷贝方法
        for(int i=0;i<luckyNumbers.length;i++)    //输出拷贝后数组元素
        {
            Format.printf("%d ",i);    //输出语句
            Format.printf("entry after copy is %d\n",luckyNumbers[i]);    //输出语句
            // 或 System.out.println(i+" entry after copy is "+luckyNumbers[i]);
        }
        Format.printf("%s\n","");    //或 System.out.println();
    }
}
```
运行结果：

```
0 entry after copy is 510
1 entry after copy is 124
2 entry after copy is 918
3 entry after copy is 9
4 entry after copy is 11
5 entry after copy is 10
6 entry after copy is 8
```

方案二：使用主方法，定义方法与拷贝方法 arraycopy
//ArrayCopy3A.java
import corejava.*;   //引入 corejava 包中本程序用到的类
public class ArrayCopy3A   //定义类
{
    public void CopyMethod(int[] smallPrimes,int[] luckyNumbers)
    {
        System.arraycopy(smallPrimes,2,luckyNumbers,3,4);
        //引用数组拷贝方法
        for(int i=0;i<luckyNumbers.length;i++)   //输出拷贝后数组元素
        {
            Format.printf("%d ",i);   //输出语句
            Format.printf("entry after copy is %d\n",luckyNumbers[i]);
            //输出语句
        }
        Format.printf("%s\n","");   //或 System.out.println();
    }
    public static void main(String[] args)   //主方法
    {
        int[] smallPrimes={5,1,9,11,10,8};   //创建一维整型数组对象并初始化
        int[] luckyNumbers={510,124,918,1119,1025,1993,200};
        //创建一维整型数组对象并初始化
        new ArrayCopy3A().CopyMethod(smallPrimes,luckyNumbers);
    }
}
运行结果与方案一同。

2.3.3 动态数组扩展

[例 2.3.19] 输出读取的任意个整数。
//ReadInts.java
import corejava.*;   //引入 corejava 包中本程序用到的类
import java.io.*;   //引入 java.io 包中本程序要用到的类
public class ReadInts   //定义类
{
    public static void main(String[] args)   //主方法
    {
        int[] array=getInts();
        for(int i=0;i<array.length;i++)
            Format.printf("%d\n",array[i]);   //输出语句
    }

```java
public static int[] getInts()    //无参、有返回数组类型的静态方法
{
    BufferedReader in=new BufferedReader(new InputStreamReader(System.in));
    int inputVal=0;
    int[] array=new int[5];    //创建一维整型数组对象
    int itemsRead=0;
    String oneLine;
    Format.printf("%s\n","Enter any number of integers, one per line: ");    //输出语句
    //或 System.out.println("Enter any number of integer, "+"one per line: ");
    try
    {
        while((oneLine=in.readLine())!=null)
        {
            inputVal=Integer.parseInt(oneLine);
            if(itemsRead==array.length)
                array=resize(array,array.length*2);
            array[itemsRead++]=inputVal;
        }
    }
    catch(Exception e)
    {
    }
    Format.printf("%s\n\n","Done reading");    //输出语句
    //或 System.out.println("Done reading\n");
    return resize(array,itemsRead);
}
public static int[] resize(int[] array,int newSize)
//有数组参数和普通参数、有返回数组类型的静态方法
{
    int[] original=array;
    int numToCopy=Math.min(original.length,newSize);
    array=new int[newSize];    //创建一维整型数组对象
    or(int i=0;i<numToCopy;i++)
        array[i]=original[i];
    return array;
}
}
```

运行结果：

```
Enter any number of integers, one per line:
510 124 918 1119 1025
Done reading
```

2.3.4 多维数组

[例 2.3.20] 二维数组的应用。

```java
//DoubleArray.java
import corejava.*;    //引入 corejava 包中本程序用到的类
public class DoubleArray    //定义类
{
    static int[][] grades={{77,68,86,73}, {96,87,89,81},{70,90,86,81}};
    //创建二维整型数组对象并初始化
    static int students=grades.length;
    static int exams=grades[0].length;
    public static void main(String[] args)    //主方法
    {
        Format.printf("%s\n","The array is:");    //输出语句
        printArray();    //调用无参、无返回值的静态方法
        Format.printf("\n\n%s: ","Lowest grade");    //输出语句
        int min=minimum();
        Format.printf("%d ",min);    //输出语句
        Format.printf("\n%s: ","Highest grade");    //输出语句
        int max=maximum();
        Format.printf("%d ",max);    //输出语句
        for(int i=0;i<students;i++)
        {
            Format.printf("\nAverage for student %d is ",i);    //输出语句
            double ave=average(grades[i]);
            Format.printf("%0.2f",ave);    //输出语句
        }
        Format.printf("%s\n\n","");    //换行
    }
    public static int minimum()    //无参、有返回值的静态方法
    {
        int lowGrade=100;
        for(int i=0;i<students;i++)
            for(int j=0;j<exams;j++)
                if(grades[i][j]<lowGrade)
                    lowGrade=grades[i][j];
        return lowGrade;
    }
    public static int maximum()    //无参、有返回值的静态方法
    {
        int highGrade=0;
        for(int i=0;i<students;i++)
```

```java
            for(int j=0;j<exams;j++)
                if(grades[i][j]>highGrade)
        highGrade=grades[i][j];
        return highGrade;
    }
    public static double average(int setOfGrades[])   //有数组参数、有返回值的静态数组方法
    {
        int total=0;
        for(int i=0;i<setOfGrades.length;i++)
            total+=setOfGrades[i];
        return (double)total/setOfGrades.length;
    }
    public static void printArray()    //无参、无返回值的静态方法
    {
        Format.printf("%s            ","");      //换行
        for(int i=0;i<exams;i++)
            Format.printf("[%d]    ",i);   //输出语句
        for(int i=0;i<students;i++)
        {
            Format.printf("\ngrades[%d] ",i);   //输出语句
            for(int j=0;j<exams;j++)
                Format.printf("%d    ",grades[i][j]);   //输出语句
        }
    }
}
```

运行结果:

```
The array is:
           [0]  [1]  [2]  [3]
grades[0]  77   68   86   73
grades[1]  96   87   89   81
grades[2]  70   90   86   81

Lowest grade: 68
Highest grade: 96
Average for student 0 is 76.00
Average for student 1 is 88.25
Average for student 2 is 81.75
```

[例2.3.21] 计算矩阵每一列的平均值。

```java
//MultiArray.java
import corejava.*;    //引入 corejava 包中本程序用到的类
public class MultiArray    //定义类
{
    static final int MAXCOL=10;    //定义 MAXCOL 为整型符号常量
    static final int MAXROW=30;
```

```java
public static void main(String[] args)    //主方法
{
    float[][] x=new float[MAXROW][MAXCOL];    //创建二维 float 型数组对象
    int rows=Console.readInt("Enter numbers of rows: ");    //输入语句
    int columns=Console.readInt("Enter numbers of columns: ");    //输入语句
    Format.printf("%s\n","");    //换行
    for(int i=0;i<rows;i++)
    {
        for(int j=0;j<columns;j++)
        {
            Format.printf("x[%d]",i);    //输出语句
            Format.printf("[%d]:",j);    //输出语句
            x[i][j]=(float)Console.readDouble("");    //输入语句
        }
        Format.printf("%s\n","");    //换行
    }
    for(int j=0;j<columns;j++)
    {
        float sumx=0.0f;
        for(int i=0;i<rows;i++)
            sumx += x[i][j];
        float mean=sumx/rows;
        Format.printf("Mean for column %d = ",j);    //输出语句
        Format.printf("%0.1f\n",mean);    //输出语句
    }
    Format.printf("%s\n","");    //换行
}
```

运行结果：

```
Enter numbers of rows: 3
Enter numbers of columns: 3

x[0][0]: 1
x[0][1]: 2
x[0][2]: 3

x[1][0]: 4
x[1][1]: 5
x[1][2]: 6

x[2][0]: 7
x[2][1]: 8
x[2][2]: 9

Mean for column 0 = 4.0
Mean for column 1 = 5.0
Mean for column 2 = 6.0
```

[例 2.3.22] 输出一个钻石图形(用"*"表示)。

方案一：在一个类中使用主方法

```java
//Array2D1.java
import corejava.*;    //引入 corejava 包中本程序用到的类
public class Array2D1    //定义类
{
    public static void main(String[] args)    //主方法
    {
        char[][] a={{' ',' ','*',' ',' '},{' ','*',' ','*',' '},{'*',' ',' ',' ','*'},{' ','*',' ','*',' '},{' ',' ','*',' ',' '}};
        //创建整型二维数组对象并初始化所有元素
        for(int i=0;i<a.length;i++)
        {
            for(int j=0;j<a.length;j++)
                Format.printf("%c",a[i][j]);    //输出语句
            Format.printf("%s\n","");    //换行
        }
        Format.printf("%s\n","");    //换行
    }
}
```

运行结果：

```
  *
 * *
*   *
 * *
  *
```

方案二：在一个类中使用主方法和自定义方法

```java
//Array2D2.java
import corejava.*;    //引入 corejava 包中本程序用到的类
public class Array2D2    //定义类
{
    public static void ArrayMethod(char[][] a)
    {
        for(int i=0;i<a.length;i++)
        {
            for(int j=0;j<a.length;j++)
                Format.printf("%c",a[i][j]);    //输出语句
            Format.printf("%s\n","");    //换行
        }
        Format.printf("%s\n","");    //换行
    }
```

```java
    public static void main(String[] args)    //主方法
    {
        char[][] a={{' ',' ','*',' ',' '},{' ','*',' ','*',' '},{'*',' ',' ',' ','*'},{' ','*',' ','*',' '},{' ',' ','*',' ',' '}};
        //创建整型二维数组对象并初始化所有元素
        ArrayMethod(a);
    }
}
```
运行结果与方案一同。

[例 2.3.23] 定义 3 行 2 列的 int 型二维数组，输入该数组各元素的值，然后求其和。

方案一：定义两个类，使用有数组参数、有返回值的二维数组方法

```java
//D2ArrayTest1.java
import corejava.*;
class D2Array
{
    public int Sum(int[][] a)    //有数组参数、有返回值的数组方法
    {
        int sum=0;
        for(int i=0;i<a.length;i++)
            for(int j=0;j<a[i].length;j++)
                sum+=a[i][j];
        return sum;
    }
}
class D2ArrayTest1    //定义类
{
    public static void main(String[] args)
    {
        final int N=3;    //定义 N 为整型符号常量
        final int M=2;    //定义 M 为整型符号常量
        int[][] a=new int[N][M];    //创建静态整型二维数组对象
        Format.printf("%s\n","Enter the elements of array: ");    //输出语句
        for(int i=0;i<a.length;i++)
        {
            for(int j=0;j<a[i].length;j++)
            {
                Format.printf("a[%d]",i);    //输出语句
                Format.printf("[%d]=",j);    //输出语句
                a[i][j]=Console.readInt("");    //输入语句
            }
        }
```

```
        Format.printf("Sum=%d\n",new D2Array().Sum(a));
        //输出语句(其中创建欲调用方法所在类的对象调用数组方法)
    }
}
```
运行结果:

```
Enter the elements of array:
a[0][0]= 1
a[0][1]= 2
a[1][0]= 3
a[1][1]= 4
a[2][0]= 5
a[2][1]= 6
Sum=21
```

方案二:定义两个类,使用有数组参数、无返回值的二维数组方法

```java
//D2ArrayTest2.java
import corejava.*;
class D2Array
{
    public void Sum(int[][] a)   //有数组参数、无返回值的数组方法
    {
        int sum=0;
        for(int i=0;i<a.length;i++)
            for(int j=0;j<a[i].length;j++)
                sum+=a[i][j];
        Format.printf("Sum=%d\n",sum);
    }
}
class D2ArrayTest2   //定义类
{
    public static void main(String[] args)
    {
        final int N=3;   //定义 N 为整型符号常量
        final int M=2;   //定义 M 为整型符号常量
        int[][] a=new int[N][M];   //创建静态整型二维数组对象
        Format.printf("%s\n","Enter the elements of array: ");   //输出语句
        for(int i=0;i<a.length;i++)
        {
            for(int j=0;j<a[i].length;j++)
            {
                Format.printf("a[%d]",i);   //输出语句
                Format.printf("[%d]=",j);   //输出语句
```

```
                    a[i][j]=Console.readInt(" ");    //输入语句
                }
            }
            new D2Array().Sum(a);    // 创建欲调用方法所在类的对象调用数组方法
        }
}
```
运行结果与方案一同。

方案三：定义一个类，使用有数组参数、有返回值的二维数组方法
```
//D2ArrayTest3.java
import corejava.*;
class D2ArrayTest3    //定义类
{
    public int Sum(int[][] a)    //有数组参数、有返回值的数组方法
    {
        int sum=0;
        for(int i=0;i<a.length;i++)
            for(int j=0;j<a[i].length;j++)
                sum+=a[i][j];
        return sum;
    }
    public static void main(String[] args)
    {
        final int N=3;    //定义 N 为整型符号常量
        final int M=2;    //定义 M 为整型符号常量
        int[][] a=new int[N][M];    //创建静态整型二维数组对象
        Format.printf("%s\n","Enter the elements of array: ");    //输出语句
        for(int i=0;i<a.length;i++)
        {
            for(int j=0;j<a[i].length;j++)
            {
                Format.printf("a[%d]",i);    //输出语句
                Format.printf("[%d]=",j);    //输出语句
                a[i][j]=Console.readInt("");    //输入语句
            }
        }
        Format.printf("Sum=%d\n",new D2ArrayTest3().Sum(a));
        //输出语句（其中创建欲调用方法所在类的对象调用数组方法）
    }
}
```
运行结果与方案一同。

方案四：定义一个类，使用有数组参数、无返回值的二维数组方法
//D2ArrayTest4.java
import corejava.*;
class D2ArrayTest4   //定义类
{
   public void Sum(int[][] a)   //有数组参数、无返回值的数组方法
   {
      int sum=0;
      for(int i=0;i<a.length;i++)
         for(int j=0;j<a[i].length;j++)
            sum+=a[i][j];
      Format.printf("Sum=%d\n",sum);   //输出语句
   }
   public static void main(String[] args)
   {
      final int N=3;   //定义 N 为整型符号常量
      final int M=2;   //定义 M 为整型符号常量
      int[][] a=new int[N][M];   //创建静态整型二维数组对象
      Format.printf("%s\n","Enter the elements of array: ");   //输出语句
      for(int i=0;i<a.length;i++)
      {
         for(int j=0;j<a[i].length;j++)
         {
            Format.printf("a[%d]",i);   //输出语句
            Format.printf("[%d]=",j);   //输出语句
            a[i][j]=Console.readInt("");   //输入语句
         }
      }
      new D2ArrayTest4().Sum(a);   //创建欲调用方法所在类的对象并调用数组方法
   }
}
运行结果与方案一同。
方案五：定义一个类，使用 println 方法输出
//D2ArrayTest5.java
import corejava.*;
class D2ArrayTest5   //定义类
{
   public void Sum(int[][] a)   //有数组参数、无返回值的数组方法
   {
      int sum=0;

```java
        for(int i=0;i<a.length;i++)
            for(int j=0;j<a[i].length;j++)
                sum+=a[i][j];
        System.out.println("Sum="+sum);    //输出语句
    }
    public static void main(String[] args)
    {
        final int N=Console.readInt("Emter length   N of array ; ");
        final int M=Console.readInt("Emter length   M of array ; ");
        int[][] a=new int[N][M];    //创建静态整型二维数组对象
        System.out.println("Enter the elements of array: ");    //输出语句
        for(int i=0;i<a.length;i++)
        {
            for(int j=0;j<a[i].length;j++)
            {
                System.out.print("a["+i+"]["+j+"]=");    //输出语句
                a[i][j]=Console.readInt("");    //输入语句
            }
        }
        new D2ArrayTest5().Sum(a);    //创建欲调用方法所在类的对象并调用数组方法
    }
}
```

运行结果:

```
Emter length   N of array ;  3
Emter length   M of array ;  2
Enter the elements of array:
a[0][0]= 1
a[0][1]= 2
a[1][0]= 3
a[1][1]= 4
a[2][0]= 5
a[2][1]= 6
Sum=21
```

[例 2.3.24] 定义 int 型的三维数组，输入数组各元素之值，求其和。

方案一：两个类中未使用符号常量,使用两个类对象调用数组方法有数组参数、有返回值的数组方法

```java
//D3ArrayTest.java
import corejava.*;
class D3Array    //定义类
{
    public int Sum(int[][][] a)    //有数组参数、有返回值的数组方法
    {
```

```
        int sum=0;
        for(int i=0;i<3;i++)
            for(int j=0;j<2;j++)
                for(int k=0;k<2;k++)
                    sum+=a[i][j][k];
        return sum;
    }
}
class D3ArrayTest    //定义类
{
    int[][][] a=new int[3][2][2];    //创建 int 型三维数组对象
    public static void main(String[] args)    //主方法
    {
        D3ArrayTest d3at=new D3ArrayTest ();    //创建欲调用方法所在类对象
        Format.printf("%s\n","Enter the elements of array: ");    //输出语句
        for(int i=0;i<3;i++)
        {
            for(int j=0;j<2;j++)
            {
                for(int k=0;k<2;k++)
                {
                    Format.printf("a[%d]",i);    //输出语句
                    Format.printf("[%d]",j);    //输出语句
                    Format.printf("[%d]=",k);    //输出语句
                    d3at.a[i][j][k]=Console.readInt(" ");    //输入语句
                }
            }
        }
        D3Array d3a=new D3Array();    //创建欲调用方法所在类对象
        Format.printf("Sum=%d\n",d3a.Sum(d3at.a));
        //输出语句，使用对象调用数组方法
    }
}
```

运行结果：

```
Enter the elements of array:
a[0][0][0]= 1
a[0][0][1]= 2
a[0][1][0]= 3
a[0][1][1]= 4
a[1][0][0]= 5
a[1][0][1]= 6
a[1][1][0]= 7
a[1][1][1]= 8
a[2][0][0]= 9
a[2][0][1]= 10
a[2][1][0]= 11
a[2][1][1]= 12
Sum=78
```

方案二：两个类中均使用静态整型符号常量，使用两个类对象调用数组方法
//D3ArrayTestA.java
```java
import corejava.*;
class D3Array    //定义类
{
    public int Sum(int[][][] a)    //有数组参数、有返回值的数组方法
    {
        int sum=0;
        for(int i=0;i<a.length;i++)
            for(int j=0;j<a[i].length;j++)
                for(int k=0;k<a[j].length;k++)
                    sum+=a[i][j][k];
        return sum;
    }
}
class D3ArrayTestA    //定义类
{
    static final int N=3;    //定义 N 为静态整型符号常量
    static final int M=2;    //定义 M 为静态整型符号常量
    static final int S=2;    //定义 S 为静态整型符号常量
    int[][][] a=new int[N][M][S];    //创建 int 型三维数组对象
    public static void main(String[] args)    //主方法
    {
        D3ArrayTestA d3at=new D3ArrayTestA();    //创建欲调用方法所在类对象
        Format.printf("%s\n","Enter the elements of array: ");    //输出语句
        for(int i=0;i<N;i++)
        {
            for(int j=0;j<M;j++)
            {
                for(int k=0;k<S;k++)
                {
                    Format.printf("a[%d]",i);    //输出语句
                    Format.printf("[%d]",j);    //输出语句
                    Format.printf("[%d]=",k);    //输出语句
                    int b=Console.readInt("");    //输入语句
                    d3at.a[i][j][k]=b;
                }
            }
        }
        D3Array d3a=new D3Array();
```

```
            Format.printf("Sum=%d\n",d3a.Sum(d3at.a));     //输出语句
    }
}
```
运行结果与方案一同。

方案三：一个类中使用静态整型符号常量，使用欲调用方法所在类对象调用数组方法
```
//D3ArrayTestB.java
import corejava.*;
class D3Array     //定义类
{
    public int Sum(int[][][] a)    //有数组参数、有返回值的数组方法
    {
        int sum=0;
        for(int i=0;i<a.length;i++)
            for(int j=0;j<a[i].length;j++)
                for(int k=0;k<a[j].length;k++)
                    sum+=a[i][j][k];
        return sum;
    }
}
class D3ArrayTestB     //定义类
{
    static final int N=3;      //定义 N 为整型符号常量
    static final int M=2;      //定义 M 为整型符号常量
    static final int S=2;      //定义 S 为整型符号常量
    static int[][][] a=new int[N][M][S];     //创建 int 型三维静态数组对象
    public static void main(String[] args)    //主方法
    {
        Format.printf("%s\n","Enter the elements of array: ");    //输出语句
        for(int i=0;i<a.length;i++)
        {
            for(int j=0;j<a[i].length;j++)
            {
                for(int k=0;k<a[j].length;k++)
                {
                    Format.printf("a[%d]",i);    //输出语句
                    Format.printf("[%d]",j);    //输出语句
                    Format.printf("[%d]=",k);    //输出语句
                    a[i][j][k]=Console.readInt("");    //输入语句
                }
            }
```

```
        }
        Format.printf("Sum=%d\n",new D3Array().Sum(a));
        //输出语句,创建欲调用方法所在类对象并调用数组方法
    }
}
```
运行结果与方案一同。
方案四：使用 println 方法输出
```
//D3ArrayTestC.java
import corejava.*;
class D3Array    //定义类
{
    public int Sum(int[][][] a)   //有数组参数、有返回值的数组方法
    {
        int sum=0;
        for(int i=0;i<a.length;i++)
            for(int j=0;j<a[i].length;j++)
                for(int k=0;k<a[j].length;k++)
                    sum+=a[i][j][k];
        return sum;
    }
}
class D3ArrayTestC   //定义类
{
    static final int N=Console.readInt("Enter length N of array; ");
    static final int M=Console.readInt("Enter length M of array; ");
    static final int S=Console.readInt("Enter length S of array; ");
    static int[][][] a=new int[N][M][S];    //创建 int 型三维静态数组对象
    public static void main(String[] args)   //主方法
    {
        System.out.println("Enter the elements of array: ");    //输出语句
        for(int i=0;i<a.length;i++)
        {
            for(int j=0;j<a[i].length;j++)
            {
                for(int k=0;k<a[j].length;k++)
                {
                    System.out.print("a["+i+"]["+j+"]["+k+"]=");   //输出语句
                    a[i][j][k]=Console.readInt("");    //输入语句
                }
            }
```

```
            }
            System.out.println("Sum="+new D3Array().Sum(a));
            //输出语句,创建欲调用方法所在类对象并调用数组方法
    }
}
```
运行结果：

```
Enter length N of array;   3
Enter length M of array;   2
Enter length S of array;   2
Enter the elements of array:
a[0][0][0]= 1
a[0][0][1]= 2
a[0][1][0]= 3
a[0][1][1]= 4
a[1][0][0]= 5
a[1][0][1]= 6
a[1][1][0]= 7
a[1][1][1]= 8
a[2][0][0]= 9
a[2][0][1]= 10
a[2][1][0]= 11
a[2][1][1]= 12
Sum=78
```

2.3.5 命令行参数

[例 2.3.25] 输入圆的半径，求圆的面积。

方案一：

```
//CircleCom.java
import corejava.*;    //引入 corejava 包中本程序用到的类
class CircleCom       //定义类
{
    public static void main(String[] args)   //主方法
    {
        double r=2;
        Format.printf("Area=%f\n",Math.PI*r*r);   //输出语句
    }
}
```
运行结果：

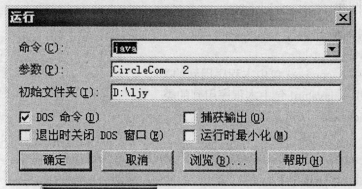

方案二：
```java
//Circle.java
import corejava.*;   //引入 corejava 包中本程序用到的类
class Circle   //定义类
{
    public static void main(String[] args)   //主方法
    {
        for(int i=0;i<3;i++)
        {
            double r=Console.readDouble("Enter radius of circle: ");
            Format.printf("Area=%f\n",Math.PI*r*r);   //输出语句
        }
    }
}
```
运行结果：

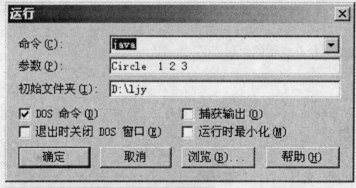

2.3.6 Object 与向量

[例 **2.3.26**] 向量的使用。

```java
//VectorBenchmark.java
import corejava.*;   //引入 corejava 包中本程序用到的类
import java.util.*;   //引入 java.util 包中本程序用到的类
public class VectorBenchmark   //定义类
{
    public static final int MAXSIZE=100000;   //定义 MAXSIZE 为整型符号常量
    public static final int NTRIES=10;
    public static void main(String[] args)   //主方法
```

```
{
    Vector v=new Vector();    //创建类对象
    long start=new Date().getTime();
    for(int i=0;i<MAXSIZE;i++)
    v.add(new Integer(i));
    long end=new Date().getTime();
    //System.out.println("Allocating vector elements: "+(end-start)+" milliseconds");
    Format.printf("Allocating vector elements: %d milliseconds\n",(end-start));
    //输出语句
    Integer[] a=new Integer[1];
    start=new Date().getTime();
    for(int i=0;i<MAXSIZE;i++)
    {
        if(i>=a.length)
        {
            Integer[] b=new Integer[i*2];
            System.arraycopy(a,0,b,0,a.length);
            a=b;
        }
        a[i]=new Integer(i);
    }
    end=new Date().getTime();
    //System.out.println("Allocating array elements: "+(end-start)+" milliseconds");
    Format.printf("Allocating array elements: %d milliseconds\n",(end-start));    //输出语句
    start=new Date().getTime();
    for(int j=0;j<NTRIES;j++)
    for(int i=0;i<MAXSIZE;i++)
    {
        Integer r=(Integer)v.get(i);
        v.set(i,new Integer(r.intValue()+1));
    }
    end=new Date().getTime();
    //或 System.out.println("Accessing vector elements: "+(end-start)+" milliseconds");
    Format.printf("Accessing vector elements: %d milliseconds\n",(end-start));
    //输出语句
    start=new Date().getTime();
    for(int j=0;j<NTRIES;j++)
    for(int i=0;i<MAXSIZE;i++)
    {
        Integer r=a[i];
```

```
                a[i]=new Integer(r.intValue()+1);
            }
            end=new Date().getTime();
            //或 System.out.println("Accessing array elements: "+(end-start)+" milliseconds");
            Format.printf("Accessing array elements: %d milliseconds\n\n",(end-start));
            //输出语句
    }
}
```

运行结果：

```
Allocating vector elements: 241 milliseconds
Allocating array elements: 390 milliseconds
Accessing vector elements: 2334 milliseconds
Accessing array elements: 2243 milliseconds
```

2.4 异常处理

2.4.1 异常处理

[例 2.4.1] 用递归方法编程，以实现输入一行字符，而反向输出。

```
//RecusiveMethodTest.java
import corejava.*;    //引入 corejava 包中本程序用到的类
import java.io.*;    //引入 java.io 包中本程序要用到的类
class RecusiveMethodTest    //定义类
{
    public void try_me()    //无参、无返回值的方法
    {
        char c;
        try
        {
            if((c=(char)System.in.read())!='\n')
                try_me();
            Format.printf("%c",c);    //或 System.out.print(c);    //输出语句
        }
        catch(IOException e)
        { }
    }
    public static void main(String[] args)    //主方法
    {
        System.out.print("Enter your favorite line: ");    //输出语句
```

```
            new RecusiveMethodTest().try_me();
            System.out.println();
            if(Console.readLine("Do you want to continue?(y/n) ").equals("y"))
                main(args);
        }
}
```
运行结果：

```
Enter your favorite line: I love Annie

einnA evol I
Do you want to continue?(y/n)  n
```

[例 2.4.2]　简单的异常处理。

方案一：使用 Core Java 输入

```
//DivideByTwo.java
import corejava.*;    //引入 corejava 包中本程序用到的类
public class DivideByTwo    //定义类
{
    public static void main(String[] args)    //主方法
    {
        try
        {
                int x=Console.readInt("Enter an integer: ");    //输入语句
                Format.printf("Half of x is: %d\n",x/2);    //输出语句
         }
                catch(Exception e)
         {
                System.out.println(e);    //输出语句
         }
            System.out.println();    //换行
    }
}
```

运行结果：

```
Enter an integer: 1025
Half of x is: 512
```

方案二：使用 Java 输入

```
//DivideByTwo1.java
import java.io.*;    //引用 java.io 包中本程序要用到的类
class DivideByTwo1    //定义类
{
```

```java
    public static void main(String[] args)    //主方法
    {
        try
        {
                BufferedReader in=new BufferedReader
                                (new InputStreamReader(System.in));
                //创建缓冲区读入器流类对象
                System.out.print("Enter an integer: ");   //输出语句
                String oneLine=in.readLine();    //输入语句
                int x=Integer.parseInt(oneLine);
                System.out.println("Half of x is: "+(x/2));   //输出语句
        }
        catch(Exception e)
        {
                System.out.println(e);   //输出语句
        }
        System.out.println();   //换行
    }
}
```

运行结果与方案一同。

2.4.2 finally 子句

[例 2.4.3] finally 块的使用。

```java
//UsingExceptions.java
//Demostration of the try-catch-finally
//exception handling mechanism.
import corejava.*;    //引入 corejava 包中本程序用到的类
class UsingExceptions    //定义类
{
    public static void main(String[] args)    //主方法
    {
        try
        {
            throwException();
        }
        catch(Exception e)
        {
            Format.printf("%s\n","Exception handled in main");   //输出语句
        }
        doesNotThrowException();
```

```java
    }
    public static void throwException() throws Exception
    //无参、无返回值的静态方法，并实现抛出异常立即捕获
    {
        try
        {
            Format.printf("%s\n","Method throwException");   //输出语句
            throw new Exception();
        }
        catch(Exception e)
        {
            Format.printf("%s\n","Exception handled in method throwException");
            //输出语句
            throw e;
        }
        finally
        {
            Format.printf("%s\n","Finally is always excuted");   //输出语句
        }
    }
    public static void doesNotThrowException()   //无参、无返回值的静态方法
    {
        try
        {
            Format.printf("%s\n","Method doesNotThrowException");   //输出语句
        }
        catch(Exception e)
        {
            Format.printf("%s\n",e.toString());   //输出语句
        }
        finally
        {
            Format.printf("%s\n","Finally is always excuted.");   //输出语句
        }
        Format.printf("%s\n","");   //换行
    }
}
```
运行结果：

```
Method throwException
Exception handled in method throwException
Finally is always excuted
Exception handled in main
Method doesNotThrowException
Finally is always excuted.
```

2.4.3 throw 与 throws 子句

[例 2.4.4] 重新抛出异常。

```java
//UsingExceptions1.java
import corejava.*;    //引入 corejava 包中本程序用到的类
class UsingExceptions1    //定义类
{
    public static void main(String[] args)   //主方法
    {
        try
        {
            throwException();
        }
        catch(Exception e)
        {
            Format.printf("%s\n","Exception handled in main");   //输出语句
        }
        Format.printf("%s\n","");
    }
    public static void throwException() throws Exception
    {
        //抛出异常，并在主方法中捕获
        try
        {
            Format.printf("%s\n","Method throwException");   //输出语句
            throw new Exception();
        }
        catch(OtherException e)
        {
            Format.printf("%s\n","Exception handled in method throwException");
            //输出语句
        }
        finally
        {
```

```
                    Format.printf("%s\n","Finally is always excuted");    //输出语句
        }
    }
}
class OtherException extends Exception
{
    public OtherException()
    {
        super("Another exception type");
    }
}
```

运行结果：

```
Method throwException
Finally is always excuted
Exception handled in main
```

2.4.4 创建异常类

[例 2.4.5] 创建异常。

```
//UseMyException.java
import corejava.*;    //引入 corejava 包中本程序用到的类
class MyException extends Exception    //定义异常类，用于放置自定义异常
{
    static int InstanceNumber=0;
    MyException()    //无参构造方法
    {
        InstanceNumber++;
    }
    String Say()    //无参、有返回值的方法
    {
        return "I am InstanceNumber MyException!";
    }
}
class UseMyException    //定义类，用于放置主方法
{
    public static void main(String[] args)    //主方法
    {
        Format.printf("%s\n\n","Work in exception:");    //输出语句
        for(int i=0;i<5;i++)
        {
            try    //测试异常
```

```
            {
                    Format.printf("i=%d\n",i);    //输出语句
                    throw new MyException();
            }
            catch(MyException e)    //捕捉 MyException 异常
            {
                    Format.printf("%s\n\n",e.Say());    //输出语句
            }
        }
    }
}
```

运行结果：

```
Work in exception:

i=0
I am InstanceNumber MyException!

i=1
I am InstanceNumber MyException!

i=2
I am InstanceNumber MyException!

i=3
I am InstanceNumber MyException!

i=4
I am InstanceNumber MyException!
```

2.5 文件

2.5.1 File 类

[例 2.5.1] 显示出文件名与路径。

```
//Paths.java
import java.io.*;    //引入 java.io 包中本程序要用到的类
public class Paths    //定义类
{
    public static void main(String[] args)    //主方法
    {
        File absolute=new File("/public/html/javafaq/index.html");
            //创建类对象并调用构造方法
```

```
            File relative=new File("html/javafag/index.html");
             //创建类对象并调用构造方法
            System.out.println("absolute: ");       //输出语句
            System.out.println(absolute.getName());//输出语句
            System.out.println(absolute.getPath());  //输出语句
            System.out.println("relative: ");        //输出语句
            System.out.println(relative.getName());  //输出语句
            System.out.println(relative.getPath());  //输出语句
    }
}
```
运行结果：

```
absolute:
index.html
\public\html\javafaq\index.html
relative:
index.html
html\javafag\index.html
```

2.5.2 顺序文件

[例 2.5.2] 创建顺序存取文件。

```
//CreateSeqFile.java
//This program get information from the user at the
//keyboard and writes the information to a sequential file.
import java.io.*;   //引入 java.io 包中本程序要用到的类
import corejava.*;  //引入 corejava 包中本程序用到的类
public class CreateSeqFile    //定义类
{
    DataOutputStream output;   //说明数据输入流类对象
    int acct=Console.readInt("Enter account number: ");   //输入语句
    public void addRecord()    //无参、无返回值的方法
    {
        try
        {
            if(acct>0)
            {
                output.writeInt(acct);    //使用对象调用方法
                String fName=Console.readLine("Enter first name: ");   //输入语句
                output.writeUTF(fName);    //使用对象调用方法
                String lName=Console.readLine("Enter last name: ");   //输入语句
                output.writeUTF(lName);    //使用对象调用方法
                double balance=Console.readDouble("Enter balance: ");  //输入语句
```

```
                    output.writeDouble(balance);    //使用对象调用方法
            }
        }
        catch(IOException e)
        {
                System.err.println("Error during write to file\n"+e.toString());    //输出语句
                System.exit(1);
        }
    }
    public void setup()    //无参、无返回值方法
    {
        //打开文件
        try
        {
                output=new DataOutputStream( new FileOutputStream("client.dat"));
                //创建类对象并调用构造方法
        }
        catch(IOException e)
        {
        System.err.println("Filenotopenedproperly\n"+e.toString());    //输出语句
        System.exit(1);
        }
    }
    public void cleanup()    //无参、无返回值方法
    {
        if(acct!=0)
                addRecord();
        try
        {
                output.flush();    //使用对象调用方法
                output.close();    //使用对象调用方法
        }
        catch(IOException e)
        {
                System.err.println("File not closed properly\n"+ e.toString());    //输出语句
                System.exit(1);
        }
    }
    public static void main(String[] args)    //主方法
    {
```

```
        CreateSeqFile accounts=new CreateSeqFile();    //创建类对象
        accounts.setup();     //使用对象调用方法
        accounts.addRecord();    //使用对象调用方法
    }
}
```
运行结果：

```
Enter account number: 1
Enter first name: Liu
Enter last name: Annie
Enter balance: 10.25
```

[例 2.5.3] 从顺序存取文件读取数据。
```
//ReadSeqFile.java
import java.io.*;    //引入 java.io 包中本程序要用到的类
import corejava.*;   //引入 corejava 包中本程序用到的类
public class ReadSeqFile    //定义类
{
    DataInputStream input;    //说明数据输入流类对象
    public void readRecord()    //无参、无返回值方法
    {
        int account;
        String firstName,lastName;
        double balance;
        //从文件输入数据
        try
        {
            account=input.readInt();    //使用对象调用方法
            Format.printf("Account Number: %d\n",account);    //输出语句
            firstName=input.readUTF();    //使用对象调用方法
            Format.printf("First Name: %s\n",firstName);    //输出语句
            lastName=input.readUTF();    //使用对象调用方法
            Format.printf("Last Name: %s\n",firstName);    //输出语句
            balance=input.readDouble();    //使用对象调用方法
            Format.printf("Balance: %.2f\n",balance);    //输出语句
        }
        catch(IOException e)
        {
            System.err.println("Error during read from file\n"+ e.toString());    //输出语句
            System.exit(1);
        }
    }
```

```java
        public void setup()    //无参、无返回值方法
        {
            //打开文件
            try
            {
                input=new DataInputStream(new FileInputStream("client.dat"));
                //创建类对象并调用构造方法
            }
            catch(IOException e)
            {
                System.err.println("File not opened properly\n"+e.toString());    //输出语句
                System.exit(1);
            }
        }
        public void cleanup()    //无参、无返回值方法
        {
            try
            {
                input.close();
            }
            catch(IOException e)
            {
                System.err.println("File not closed properly\n"+e.toString());    //输出语句
                System.exit(1);
            }
        }
        public static void main(String[] args)    //主方法
        {
            ReadSeqFile accounts=new ReadSeqFile();    //创建类对象
            accounts.setup();    //使用对象调用方法
            accounts.readRecord();    //使用对象调用方法
            accounts.cleanup();    //使用对象调用方法
        }
    }
```

运行结果：

```
Enter account number: 1
Enter first name: Liu
Enter last name: Annie
Enter balance: 10.25
```

2.5.3 随机存取文件

[例 2.5.4] 创建文件记录（Record）类。

```java
//Record.java
import java.io.*;   //引入 java.io 包中本程序要用到的类
public class Record   //定义类
{
    int account;
    String lastName,firstName;
    double balance;
    //从 RandomAccessFile 读一个记录
    public void read(RandomAccessFile file)throws IOException   //有参、无返回值的方法
    {
        account=file.readInt();   //创建类对象
        byte b1[]=new byte[15];
        file.readFully(b1);   //使用对象调用方法
        firstName=new String(b1,0);   //创建类对象并调用方法
        byte b2[]=new byte[15];
        file.readFully(b2);   //使用对象调用方法
        lastName=new String(b2,0);   //创建类对象并调用方法
        balance=file.readDouble();   //使用对象调用方法
    }
    //将一个记录写入 RandomAccessFile
    public void write(RandomAccessFile file)throws IOException   //有参、无返回值的方法
    {
        file.writeInt(account);   //使用对象调用方法
        byte b1[]=new byte[15];
        if(firstName!=null)
            firstName.getBytes(0,firstName.length(),b1,0);
        file.write(b1);   //使用对象调用方法
        byte b2[]=new byte[15];
        if(lastName!=null)
            lastName.getBytes(0,lastName.length(),b2,0);
        file.write(b2);   //使用对象调用方法
        file.writeDouble(balance);   //使用对象调用方法
    }
    public int size()   //无参、有返回值的方法
    {
        return 42;
    }
}
```

[例 2.5.5] 创建随机存取文件的程序。

```java
//CreateRandFile.java
import java.io.*;    //引入 java.io 包中本程序要用到的类
public class CreateRandFile    //定义类
{
    private Record blank;
    RandomAccessFile file;
    public CreateRandFile()    //无参构造方法
    {
        blank=new Record();    //创建类对象
        try
        {
            file=new RandomAccessFile("credit.dat","rw");    //创建类对象并调用构造方法
        }
        catch(IOException e)
        {
            System.err.println("File not opened properly\n"+ e.toString());    //输出语句
            System.exit(1);
        }
    }
    public void create()    //无参、无返回值的方法
    {
        try
        {
            for(int i=0;i<100;i++)
            blank.write(file);
        }
        catch(IOException e)
        {
            System.err.println(e.toString());    //输出语句
        }
    }
    public static void main(String[] args)    //主方法
    {
        CreateRandFile accounts=new CreateRandFile();    //创建类对象
        accounts.create();
    }
}
```

[例 2.5.6] 创建向随机存取文件随机写入数据。

```java
//WriteRandFile.java
import java.io.*;      //引入 java.io 包中本程序要用到的类
import corejava.*;     //引入 corejava 包中本程序用到的类
public class WriteRandFile    //定义类
{
    RandomAccessFile output;
    Record data;
    public WriteRandFile()    //无参构造方法
    {
        data=new Record();    //创建类对象
        try
        {
            output=new RandomAccessFile("credit.data","rw");
            //创建类对象并调用构造方法
        }
        catch(IOException e)
        {
            System.err.println(e.toString());    //输出语句
            System.exit(1);
        }
    }
    public void addRecord()    //无参、无返回值的方法
    {
        int acctNum=Console.readInt("Enter account number: ");    c,输出到文件
        try
        {
            if(acctNum>0&&acctNum<=100)
            {
                data.account=acctNum;
                data.firstName=Console.readLine("Enter first name: ");    //输入语句
                data.lastName=Console.readLine("Enter last name: ");      //输入语句
                data.balance=Console.readDouble("Enter a balance: ");     //输入语句
                output.seek((long)(acctNum-1)*data.size());
                data.write(output);
            }
        }
        catch(IOException e)
        {
            System.err.println("Error during write to file\n"+e.toString());    //输出语句
            System.exit(1);
```

```java
        }
    }
    public void cleanup()    //无参、无返回值的方法
    {
        if(data.account!=0)
            addRecord();
        try
        {
            output.close();    //使用对象调用方法
        }
        catch(IOException e)
        {
            System.err.println("File no closed properly\n"+e.toString());    //输出语句
            System.exit(1);
        }
    }
    public static void main(String[] args)    //主方法
    {
        WriteRandFile accounts=new WriteRandFile();    //创建类对象
        accounts.addRecord();    //使用对象调用无参、有返回值的方法
    }
}
```

运行结果:

```
Enter account number: 99
Enter first name: Liu
Enter last name: Annie
Enter a balance: 10.25
```

[例 2.5.7] 从随机存取文件读取数据。

```java
//ReadRandFile.java
import java.io.*;      //引入 java.io 包中本程序要用到的类
import corejava.*;     //引入 corejava 包中本程序用到的类
public class ReadRandFile    //定义类，用于放置自定义的方法与主方法
{
    RandomAccessFile input;
    Record data;
    boolean moreRecords=true;
    public ReadRandFile()    //无参构造方法
    {
        try
        {
```

```java
            input=new RandomAccessFile("credit.data","r");    //创建类对象并调用构造方法
        }
        catch(IOException e)
        {
            System.err.println(e.toString());    //输出语句
            System.exit(1);
        }
        data=new Record();    //创建类对象
}
public void readRecord()    //无参、无返回值的方法
{
    try
    {
        do
        {
            data.read(input);    //使用对象调用方法
        }while(input.getFilePointer()<input.length()&&data.account==0);
    }
    catch(IOException e)
    {
        moreRecords=false;
    }
    if(data.account!=0)
    {
        Format.printf("Account Number: %d\n",data.account);    //输出语句
        Format.printf("First Name: %s\n",data.firstName);    //输出语句
        Format.printf("Last Name: %s\n",data.lastName);    //输出语句
        Format.printf("Balance: %.2f\n",data.balance);    //输出语句
    }
}
public void cleanup()    //无参、无返回值的方法
{
    try
    {
        input.close();    //使用对象调用无参、有返回值的方法
    }
    catch(IOException e)
    {
        System.err.println(e.toString());    //输出语句
        System.exit(1);
```

        }
    }
    public static void main(String[] args)   //主方法
    {
        ReadRandFile accounts=new ReadRandFile();   //创建类对象
        accounts.readRecord();   //使用对象调用无参、有返回值的方法
        accounts.cleanup();   //使用对象调用无参、有返回值的方法
    }
}
运行结果：

```
Account Number: 1
First Name: Liu
Last Name: Annie
Balance: 10.25
```

第3章 对象与类

3.1 类的创建与使用

[例 3.1.1] 计算 $y = \dfrac{e^{\sin^3 x} + \ln(\arctan x)}{\sin x}$。

方案一：定义一个类,使用主方法

```
//ELS.java
import corejava.*;
class ELS    //定义类
{
    public static void main(String[] args)    //主方法
    {
        for(;;)
        {
            double x=Console.readDouble("Enter a number: ");   //输入语句
            double y=(Math.exp(Math.pow(Math.sin(x*Math.PI/180),3))+
                    Math.log(Math.atan(x*Math.PI/180)))/Math.sin(x*Math.PI/180);
            Format.printf("y=%f\n",y);   //输出语句
            if(Console.readLine("Do you want to continue?(y/n) ").equals("n"))
                break;
        }
    }
}
```

运行结果：

```
Enter a number: 9.18
y=-5.237633
Do you want to continue?(y/n) y
Enter a number: 8.3
y=-6.483206
Do you want to continue?(y/n) n
```

方案二：定义一个类, 使用有参、有返回值方法和主方法

//ELS1.java

```
import corejava.*;
class ELS1    //定义类
{
    public double els(double x)    //有参、有返回值方法
    {
        return (Math.exp(Math.pow(Math.sin(x*Math.PI/180),3))+
            Math.log(Math.atan(x*Math.PI/180)))/Math.sin(x*Math.PI/180);
    }
    public static void main(String[] args)    //主方法
    {
        for(;;)
        {
            double x=Console.readDouble("Enter a number: ");    //输入语句
            Format.printf("y=%f\n",new ELS1().els(x));
            // 输出语句,创建类的对象并调用有参、有返回值的方法，然后输出结果
            if(Console.readLine("Do you want to continue?(y/n) ").equals("n"))
                break;
        }
    }
}
```

运行结果与方案一同。

方案三：定义两个类，分别使用有参、有返回值方法和主方法

```
//ELS2.java
import corejava.*;
class ELS    //定义类
{
    public double els(double x)    //有参、有返回值方法
    {
        return (Math.exp(Math.pow(Math.sin(x*Math.PI/180),3))+
            Math.log(Math.atan(x*Math.PI/180)))/Math.sin(x*Math.PI/180);
    }
}
class ELS2    //定义类
{
    public static void main(String[] args)
    {
        for(;;)
        {
            double x=Console.readDouble("Enter a number: ");    //输入语句
            Format.printf("y=%f\n",new ELS().els(x));
```

```
    /* 输出语句,创建欲调用方法所在类的对象并调用有参、有返回值的方法,然
       后输出结果 */
            if(Console.readLine("Do you want to continue?(y/n) ").equals("n"))
                break;
        }
    }
}
```
运行结果与方案一同。

[例 3.1.2] 计算

$$a = \begin{cases} \arctan\dfrac{x+y}{1-xy} & xy<1 \\ 3.14+\arctan\dfrac{x+y}{1-xy} & x>0 \text{且 } xy>1 \\ -3.14+\dfrac{x+y}{1-xy} & x<0 \text{且 } xy>1 \\ 1.57 & \text{其他情况} \end{cases}$$

```java
//ATG.java
import corejava.*;
class ATG    //定义类
{
    public double Method(double x,double y)    //有参、有返回值方法
    {
        double a=0;
        int i=x*y<1?1:x>0&&x*y>1?2:x<0&&x*y>1?3:4;
        switch(i)
        {
            case 1: a=Math.atan((x+y)/(1-x*y)*Math.PI/180);
                break;
            case 2: a=3.14+Math.atan((x+y)/(1-x*y)*Math.PI/180);
                break;
            case 3: a=3.14+(x+y)/(1-x*y);
                break;
            default: a=1.57;
        }
        return a;
    }
    public static void main(String[] args)
    {
        for(;;)
        {
```

```
                double x=Console.readDouble("Enter value x: ");    //输入语句
                double y=Console.readDouble("Enter value y: ");    //输入语句
                Format.printf("a=%f\n",new ATG().Method(x,y));
                //输出语句，创建类的对象并调用有参、有返回值的方法，然后输出结果
                if(Console.readLine("Do you want to continue?(y/n) ").equals("n"))
                    break;
            }
        }
    }
```

运行结果：

```
Enter value x:   9.18
Enter value y:   8.3
a=3.135943
Do you want to continue?(y/n)   y
Enter value x:   8.3
Enter value y:   9.18
a=3.135943
Do you want to continue?(y/n)   n
```

[例 3.1.3] 计算

$$y=(2p)^{\frac{1}{2}} \cdot x^{x+1} \cdot e^{-x} \cdot e^{\sqrt{\frac{w}{2px}}}$$

方案一：定义两个类，使用有参、有返回值方法和主方法

```
//PXW.java
import corejava.*;
class Method    //定义类
{
    public double method(double p,double x,double w)    //有参、有返回值方法
    {
        return Math.pow(2*p,1./2)*Math.pow(x,x+1)*Math.exp(-x)*
                        Math.exp(-Math.sqrt(w/(2*p*x)));
    }
}
class PXW    //定义类
{
    public static void main(String[] args)    //主方法
    {
        for(;;)
        {
            String[]  s=Console.readLine("Enter three numbers: ").split(" ");
            //输入语句
            double p=Double.parseDouble(s[0]);
```

```java
            double x=Double.parseDouble(s[1]);
            double w=Double.parseDouble(s[2]);
            Format.printf("y=%f\n",new Method().method(p,x,w));
            /* 输出语句，创建欲调用方法所在类的对象并调用有参、有返回值的方法，然
               后输出结果 */
            if(Console.readLine("Do you want to continue?(y/n) ").equals("n"))
                break;
        }
    }
}
```

运行结果：

```
Enter three numbers:  9.18 1.24 5.10
y=1.250615
Do you want to continue?(y/n)  y
Enter three numbers:  5.10 1.24 9.18
y=0.638330
Do you want to continue?(y/n)  n
```

方案二：定义两个类，分别使用有参、无返回值方法和主方法

```java
//PXWA.java
import corejava.*;
class Method    //定义类
{
    public void method(double p,double x,double w)    //有参、无返回值方法
    {
        Format.printf("y=%f\n",Math.pow(2*p,1./2)*Math.pow(x,x+1)*
                Math.exp(-x)*Math.exp
                (-Math.sqrt(w/(2*p*x))));    //输出语句
    }
}
class PXWA    //定义类
{
    public static void main(String[] args)    //主方法
    {

        String[]  s=Console.readLine("Enter three numbers: ").split(" ");
        //输入语句
        double p=Double.parseDouble(s[0]);
        double x=Double.parseDouble(s[1]);
        double w=Double.parseDouble(s[2]);
        new Method().method(p,x,w);
        //创建欲调用方法所在类的对象并调用有参、无返回值的方法
```

```
            if(Console.readLine("Do you want to continue?(y/n) ").equals("y"))
                main(args);
        }
}
```
运行结果与方案一同。

[例3.1.4] 计算 $y=\sqrt{x-1}+\dfrac{1}{x-1}$

方案一：定义两个类，分别使用有参、无返回值方法和主方法

```
//YXTest.java
import corejava.*;
class Method            //定义类
{
    public void method(double x)    //有参、无返回值方法
    {
        Format.printf("y=%f\n",Math.sqrt(x-1)+1/(x-1));    //输出语句
    }
}
class YXTest            //定义类
{
    public static void main(String[] args)    //主方法
    {
        while(true)
        {
            double x=Console.readDouble("Enter a number: ");    //输入语句
            new Method().method(x);
            //创建欲调用方法所在类的对象并调用有参、无返回值的方法
            if(Console.readLine("Do you want to continue?(y/n) ").equals("n"))
                break;
        }
    }
}
```

运行结果：

```
Enter a number: 9.18
y=2.982319
Do you want to continue?(y/n)  y
Enter a number: 8.3
y=2.838838
Do you want to continue?(y/n)  n
```

方案二：定义两个类，分别使用有参、有返回值方法和主方法

```
//YXTestA.java
import corejava.*;
```

```java
class Method      //定义类
{
    public double method(double x)    //有参、有返回值方法
    {
        return Math.sqrt(x-1)+1/(x-1);
    }
}
class YXTestA     //定义类
{
    public static void main(String[] args)    //主方法
    {
        do
        {
            double x=Console.readDouble("Enter a number: ");    //输入语句
            Format.printf("y=%f\n",new Method().method(x));
            /* 输出语句，创建欲调用方法所在类的对象并调用有参、有返回值的方法，然
               后输出结果 */
            if(!Console.readLine("Do you want to continue?(y/n) ").equals("y"))
                break;
        }while(true);
    }
}
```
运行结果与方案一同。

[例 3.1.5] 计算 $c=\dfrac{x}{a}-\dfrac{1}{ap}\ln(a+be^{pc})$

方案一：在一个类中定义有参、无返回值方法

```java
//CAPC.java
import corejava.*;
class Method      //定义类
{
    public void    method(double a,double x,double p,double b,double c)
    //有参、无返回值方法
    {
        Format.printf("y=%f\n",x/a-1/(a*p)*Math.log(a+b*Math.exp(p*c)));
        //输出语句
    }
}
class CAPC     //定义类
{
    public static void main(String[] args)    //主方法
```

```java
{
    while(true)
    {
        String[] s=Console.readLine("Enter five numbers: ").split(" ");
        //输入语句
        double a=Double.parseDouble(s[0]);
        double x=Double.parseDouble(s[1]);
        double p=Double.parseDouble(s[2]);
        double b=Double.parseDouble(s[2]);
        double c=Double.parseDouble(s[2]);
        new Method().method(a,x,p,b,c);
        //创建欲调用方法所在类的对象并调用有参、无返回值的方法
        if(Console.readLine("Do you want to continue?(y/n) ").equals("n"))
            break;
    }
}
```

运行结果：

```
Enter five numbers:  5.10 1.24 9.18 11.19 10.25
y=-1.604217
Do you want to continue?(y/n)  y
Enter five numbers:  10.25 11.19 9.18 1.24 5.10
y=0.172536
Do you want to continue?(y/n)  n
```

方案二：在一个类中定义有参、有返回值方法

```java
//CAPCA.java
import corejava.*;
class Method    //定义类
{
    public double   method(double a,double x,double p,double b,double c)
    //有参、有返回值方法
    {
        return x/a-1/(a*p)*Math.log(a+b*Math.exp(p*c));
    }
}
class CAPCA   //定义类
{
    public static void main(String[] args)    //主方法
    {
        do
```

```
            {
                String[] s=Console.readLine("Enter five numbers: ").split(" ");
                //输入语句
                double a=Double.parseDouble(s[0]);
                double x=Double.parseDouble(s[1]);
                double p=Double.parseDouble(s[2]);
                double b=Double.parseDouble(s[2]);
                double c=Double.parseDouble(s[2]);
                Format.printf("y=%f\n",new Method().method(a,x,p,b,c));
                /* 输出语句，创建欲调用方法所在类的对象并调用有参、有返回值的方法，
                   然后输出结果 */
                if(Console.readLine("Do you want to continue?(y/n) ").equals("n"))
                    break;
            }while(true);
        }
    }
```

运行结果与方案一同。

3.2 基本方法

3.2.1 构造方法

[例 3.2.1] 构造方法的使用。

方案一：在一个类中定义有参构造方法，无参、无返回值方法与主方法

```
//Person.java
import corejava.*;    //引入 corejava 包中本程序用到的类
public class Person    //定义类，用于放置构造方法、普通方法和主方法
{
    String Name;
    int Age;
    Person(String name,int age)    //有参的构造方法，用于初始化数据成员（对象）
    {
        Name=name;
        Age=age;
    }
    void printPerson()    //无参、无返回值的普通方法
    {
        Format.printf("Hi, my name is %s. ",Name);    //输出语句
        Format.printf("I am %d year old.\n",Age);    //输出语句
```

```java
    }
    public static void main(String[] args)    //主方法
    {
        Person person;    //定义类对象
        person=new Person("Annie",10);    //创建对象，同时调用构造方法初始化数据成员
        person.printPerson();    //使用对象调用无参、无返回值的普通方法
    }
}
```

运行结果：

```
Hi, my name is Annie. I am 10 year old.
```

方案二：定义两类，在一个类中定义构造方法与无参无返回值，在另一类中定义主方法

```java
//PersonTest.java
import corejava.*;    //引入 corejava 包中本程序用到的类
class Person    //定义类，用于放置构造方法和普通方法
{
    String Name;
    int Age;
    Person(String name,int age)    //有参构造方法
    {
        Name=name;
        Age=age;
    }
    void printPerson()    //无参、无返回值方法
    {
        Format.printf("Hi, my name is %s. ",Name);    //输出语句
        Format.printf("I am %d year old.\n",Age);    //输出语句
    }
}
class PersonTest    //定义类，用于放置主方法
{
    public static void main(String[] args)    //主方法
    {
        Person person=new Person("Annie",10);    //创建对象同时调用构造方法
        person.printPerson();    //使用对象调用无参、无返回值的普通方法
    }
}
```

运行结果与方案一同。

[例 3.2.2] 重复输入任意次数据,计算

$$y = \begin{cases} 0 & |x| \geq r \\ \sqrt{r^2-x^2} & |x| < r \end{cases}$$

方案一：使用 printf 方法输出

```java
//YTest4A.java
import corejava.*;    //引入 corejava 包中本程序用到的类
class YTest4A     //定义类
{
    public YTest4A(double x,double r)    //有参的构造方法
    {
        Format.printf("y=%f\n",Math.abs(x)>=r?0:Math.sqrt(r*r-x*x));
        //输出语句（含有计算表达式）
    }
    public static void main(String[] args)    //主方法
    {
        for(;;)
        {
            double x=Console.readDouble("Enter x: ");    //输入语句
            double r=Console.readDouble("Enter r: ");    //输入语句
            new YTest4A(x,r);    //创建对象并调用有参的构造方法
            String s=Console.readLine("Do you want to continue?(y/n)" );
            //输入语句
            if(!s.equals("y"))    //判断是否继续进行循环
                break;
        }
    }
}
```

运行结果：

```
Enter x:  9.18
Enter r:  1.24
y=0.000000
Do you want to continue?(y/n) y
Enter x:  1.24
Enter r:  9.18
y=9.095867
Do you want to continue?(y/n) n
```

方案二：使用 printf 方法输出

```
//YTest4A_1.java
import corejava.*;    //引入 corejava 包中本程序用到的类
```

```java
class YTest4A_1    //定义类
{
    public YTest4A_1(double x,double r)    //有参的构造方法
    {
        System.out.println("y="+(Math.abs(x)>=r?0:Math.sqrt(r*r-x*x)));
            //输出语句（含有计算表达式）
    }
    public static void main(String[] args)    //主方法
    {
        boolean b=true;
        for(;b;)
        {
            double x=Console.readDouble("Enter x: ");    //输入语句
            double r=Console.readDouble("Enter r: ");    //输入语句
            new YTest4A(x,r);    //创建对象并调用有参的构造方法
            b=Console.readLine("Do you want to continue?(y/n)" ).equals("y")?true:false;
        }
    }
}
```

运行结果与方案一同。

[例 3.2.3] 重载构造方法的使用（设置时间）。

```java
//TestTime1.java
import corejava.*;    //引入 corejava 包中本程序用到的类
class Time    //定义类，用于放置构造方法和普通方法
{
    private int hour;    //0~23
    private int minute;    //0~59
    private int second;    //0~59
    public Time()    //无参的重载构造方法
    {
        setTime(0,0,0);
    }
    public Time(int h)    //有参的重载构造方法
    {
        setTime(h,0,0);    //有参的重载构造方法
    }
    public Time(int h,int m)    //有参的重载构造方法
    {
        setTime(h,m,0);
    }
```

```java
    public Time(int h,int m,int s)    //有参的重载构造方法
    {
        setTime(h,m,s);
    }
    public void setTime(int h,int m,int s)    //有参、无返回值的方法
    {
        hour=h>=0&&h<24?h:0;
        minute=m>=0&&m<60?m:0;
        second=s>=0&&s<60?s:0;
    }
    public String toMilitaryString()    //无参、有返回值的方法
    {
        return (hour<10?"0":"")+hour+(minute<10?"0":"")+minute;
    }
    public String toString()
    {
        return ((hour==12||hour==0)?12:hour%12)+":"+(minute<10?"0":"")
            +minute+":"+(second<10?"0":"")+second+ (hour<12?" AM":" PM");
    }
}
public class TestTime1    //定义类
{
    public static void main(String[] args)    //主方法
    {
        Time t1=new Time();    //创建欲调用对象方法所在类的对象并调用重载构造方法
        Time t2=new Time(2);
        Time t3=new Time(21,34);
        Time t4=new Time(12,25,42);
        Time t5=new Time(27,74,99);
        Format.printf("%s\n","Constructed with:");    //输出语句
        Format.printf("%s\n","all arguments defaulted:");    //输出语句
        Format.printf("   %s\n",t1.toMilitaryString());    //输出语句
        Format.printf("   %s\n",t1.toString());    //输出语句
        Format.printf("%s","hour specified; minute ");    //输出语句
        Format.printf("%s\n","and second defaulted:");    //输出语句
        Format.printf("   %s\n",t2.toMilitaryString());    //输出语句
        Format.printf("   %s\n",t2.toString());    //输出语句
        Format.printf("%s","hour and minute specified; ");    //输出语句
        Format.printf("%s\n","second defaulted:");    //输出语句
        Format.printf("   %s\n",t3.toMilitaryString());    //输出语句
```

```
            Format.printf("    %s\n",t3.toString());    //输出语句
            Format.printf("%s\n","hour, minute, and second specified:");    //输出语句
            Format.printf("    %s\n",t4.toMilitaryString());    //输出语句
            Format.printf("    %s\n",t4.toString());    //输出语句
            Format.printf("%s\n","all invalid value specified:");    //输出语句
            Format.printf("    %s\n",t5.toMilitaryString());    //输出语句
            Format.printf("    %s\n",t5.toString());    //输出语句
        }
    }
```

运行结果:

```
Constructed with:
all arguments defaulted:
 0000
 12:00:00 AM
hour specified; minute and second defaulted:
 0200
 2:00:00 AM
hour and minute specified; second defaulted:
 2134
 9:34:00 PM
hour, minute, and second specified:
 1225
 12:25:42 PM
all invalid value specified:
 0000
 12:00:00 AM
```

[例 3.2.4] 重复输入圆的半径，求圆的面积。

方案一：定义一个类，在其中定义构造方法与使用主方法

```java
//CircleAreaTestA.java
import corejava.*;
class CircleAreaTestA    //定义类
{
    public CircleAreaTestA(double radius)    //有参的构造方法
    {
        Format.printf("Area of circle is: %f\n",Math.PI*radius*radius);    //输出语句
    }
    public static void main(String[] args)    //主方法
    {
        while(true)
        {
            double radius=Console.readDouble("Enter radius of circle: ");    //输入语句
            new CircleAreaTestA(radius);    //调用构造方法
            String s=Console.readLine("Do you want to continue?(y/n) ");
```

```
                if(!s.equals("y"))
                    break;
            }
        }
}
```
运行结果:

```
Enter radius of circle: 9.18
Area of circle is: 264.749553
Do you want to continue?(y/n) y
Enter radius of circle: 8.3
Area of circle is: 216.424318
Do you want to continue?(y/n) n
```

方案二: 定义两个类, 在一个类中使用有参的构造方法, 在另一个类主方法中使用 do-while

```
//CircleAreaTestB.java
import corejava.*;
class Circle    //定义类
{
    public Circle(double radius)    //有参的构造方法
    {
        Format.printf("Area of circle is: %f\n",Math.PI*radius*radius);    //输出语句
    }
}
class CircleAreaTestB    //定义类
{
    public static void main(String[] args)    //主方法
    {
        do
        {
            double radius=Console.readDouble("Enter radius of circle: ");    //输入语句
            new Circle(radius);    //调用构造方法
            String s=Console.readLine("Do you want to continue?(y/n) ");
            if(s.equals("n"))
                    break;
        }while(true);
    }
}
```
运行结果与方案一同。

方案三: 定义两个类, 在一个类中使用无参的构造方法, 在另一个类主方法中使用 for(;;)

```
//CircleAreaTestC.java
import corejava.*;
class Circle    //定义类
{
```

```java
        public Circle()    //无参的构造方法
        {
                double radius=Console.readDouble("Enter radius of circle: ");    //输入语句
                Format.printf("Area of circle is: %f\n",Math.PI*radius*radius);    //输出语句
        }
}
class CircleAreaTestC    //定义类
{
        public static void main(String[] args)    //主方法
        {
                for(;;)
                {
                        new Circle();    //调用构造方法
                        String s=Console.readLine("Do you want to continue?(y/n) ");
                        if(!s.equals("y"))
                                break;
                }
        }
}
```

运行结果与方案一同。

[例3.2.5] 计算 $a=x^{y+z}$

方案一：使用有参构造方法

```java
//Axyz1.java
import corejava.*;
class Xyz    //定义类
{
        public Xyz(double x,double y,double z)    //有参构造方法
        {
                Format.printf("a=%.2f\n",Math.pow(x,(y+z)));
        }
}
class Axyz1    //定义类
{
        public static void main(String[] args)    //主方法
        {
                String[] str=Console.readLine("Enter three numbers: ").split(" ");    //输入语句
                double x=Double.parseDouble(str[0]);
                double y=Double.parseDouble(str[1]);
                double z=Double.parseDouble(str[2]);
                new Xyz(x,y,z);
```

```
        //创建类对象并调用有参构造方法
        if(Console.readLine("Do you want to continue?(y/n) ").equals("y"))
            main(args);
    }
}
```
运行结果：

```
Enter three numbers: 9 1 8
a=387420489.00
Do you want to continue?(y/n)  y
Enter three numbers: 8 3 1
a=4096.00
Do you want to continue?(y/n)  n
```

方案二：使用无参构造方法
```
//Axyz2.java
import corejava.*;
class Xyz     //定义类
{
    public Xyz()    //无参构造方法
    {
        String[] str=Console.readLine("Enter three numbers: ").split(" ");    //输入语句
        double x=Double.parseDouble(str[0]);
        double y=Double.parseDouble(str[1]);
        double z=Double.parseDouble(str[2]);
        Format.printf("a=%.2f\n",Math.pow(x,(y+z)));
    }
}
class Axyz2    //定义类
{
    public static void main(String[] args)    //主方法
    {
        new Xyz();
        //创建类对象并调用无参构造方法
        if(Console.readLine("Do you want to continue?(y/n) ").equals("y"))
            main(args);
    }
}
```
运行结果与方案一同。

[例 3.2.6]　计算 $y=\dfrac{1}{A^2}\left(\dfrac{R}{10}\right)^2$

方案一：使用有参构造方法
//Ar.java

```
import corejava.*;
class Ra      //定义类
{
    public Ra(double a,double r)    //有参构造方法
    {
        Format.printf("y=%.2f\n",1/Math.pow(a,2)*Math.pow(r/10,2));
        //输出语句
    }
}
class Ar     //定义类
{
    public static void main(String[] args)    //主方法
    {
        double a=Console.readDouble("Enter a number: ");     //输入语句
        double r=Console.readDouble("Enter a number: ");     //输入语句
        new Ra(a,r);
        //创建类对象并调用有参构造方法
        if(Console.readLine("Do you want to continue?(y/n) ").equals("y"))
            main(args);
    }
}
```

运行结果：

```
Enter a number:  8.3
Enter a number:  9.18
y=0.01
Do you want to continue?(y/n)  y
Enter a number:  1.24
Enter a number:  9.18
y=0.55
Do you want to continue?(y/n)  n
```

方案二：使用无参构造方法
//Ar1.java
```
import corejava.*;
class Ra     //定义类
{
    public Ra()    //无参构造方法
    {
        double a=Console.readDouble("Enter a number: ");    //输入语句
        double r=Console.readDouble("Enter a number: ");    //输入语句
        Format.printf("y=%.2f\n",1/Math.pow(a,2)*Math.pow(r/10,2));    //输出语句
    }
}
class Ar1    //定义类
{
```

```
    public static void main(String[] args)    //主方法
    {
        new Ra();
        //创建类对象并调用无参构造方法
        if(Console.readLine("Do you want to continue?(y/n) ").equals("y"))
            main(args);
    }
}
```
运行结果与方案一同。

[例 3.2.7]　计算 $y=\dfrac{\cos^4 x}{4}$

方案一：使用有参构造方法
```
//Cosx1.java
import corejava.*;
class Cosx //定义类
{
    public Cosx(double x)    //有参构造方法
    {
        Format.printf("y=%f\n",Math.pow(Math.cos(x*Math.PI/180),2)/4);
    }
}
class Cosx1    //定义类
{
    public static void main(String[] args)    //主方法
    {
        double x=Console.readDouble("Enter a number: ");    //输入语句
        new Cosx(x);    //创建类对象并调用有参构造方法
        if(Console.readLine("Do you want to continue?(y/n) ").equals("y"))
            main(args);
    }
}
```
运行结果：

```
Enter a number:  9.18
y=0.243637
Do you want to continue?(y/n)  y
Enter a number:  8.3
y=0.244790
Do you want to continue?(y/n)  n
```

方案二：使用无参构造方法
```
//Cosx2.java
import corejava.*;
class Cosx //定义类
```

```
{
    public Cosx()    //无参构造方法
    {
        double x=Console.readDouble("Enter a number: ");    //输入语句
        Format.printf("y=%f\n",Math.pow(Math.cos(x*Math.PI/180),2)/4);
    }
}
class Cosx2    //定义类
{
    public static void main(String[] args)    //主方法
    {
        new Cosx();    //创建类对象并调用无参构造方法
        if(Console.readLine("Do you want to continue?(y/n) ").equals("y"))
            main(args);
    }
}
```
运行结果与方案一同。

[例 3.2.8] 计算 $y=\dfrac{\sqrt{x}\sin x^2}{x+e^x}$

方案一：使用有参构造方法
```
//Sx1.java
import corejava.*;
class Sx    //定义类
{
    public Sx(double x)    //有参构造方法
    {
        Format.printf("y=%f\n",Math.sqrt(x)*
                Math.sin(x*x*Math.PI/180)/(x+Math.exp(x)));
    }
}
class Sx1    //定义类
{
    public static void main(String[] args)    //主方法
    {
        double x=Console.readDouble("Enter a number: ");    //输入语句
        new Sx(x);    //创建类对象并调用有参构造方法
        if(Console.readLine("Do you want to continue?(y/n) ").equals("y"))
            main(args);
    }
}
```

运行结果：

```
Enter a number: 8.3
y=0.000667
Do you want to continue?(y/n)  y
Enter a number:  9.18
y=0.000310
Do you want to continue?(y/n)  n
```

方案二：使用无参构造方法

```java
//Sx2.java
import corejava.*;
class Sx    //定义类
{
    public Sx(double x)    //无参构造方法
    {
        double x=Console.readDouble("Enter a number: ");   //输入语句
        Format.printf("y=%f\n",Math.sqrt(x)*Math.sin(x*x*Math.PI/180)/(x+Math.exp(x)));
    }
}
class Sx2    //定义类
{
    public static void main(String[] args)    //主方法
    {
        new Sx(x);    //创建类对象并调用无参构造方法
        if(Console.readLine("Do you want to continue?(y/n) ").equals("y"))
            main(args);
    }
}
```

运行结果与方案一同。

3.2.2 变异器方法与访问方法器

[例 3.2.9] 变异器方法（set 方法）和访问器方法（get 方法）的使用（设置时间）。

```java
//TestTime3.java
import corejava.*;    //引入 corejava 包中本程序用到的类
class Time    //定义类，用于放置 set 和 get 方法
{
    private int hour;      //0~23
    private int minute;    //0~59
    private int second;    //0~59
    public void setTime(int h,int m,int s)    //有参、无返回值的 set 方法
    {
        setHour(h);    //设置小时
        setMinute(m);  //设置分
```

```java
        setSecond(s);    //设置秒
    }
    public void setHour(int h)    //有参、无返回值方法
    {
        hour=h>=0&&h<24?h:0;
    }
    public void setMinute(int m)    //有参、无返回值方法
    {
        minute=m>=0&&m<60?m:0;
    }
    public void setSecond(int s)    //有参、无返回值方法
    {
        second=s>=0&&s<60?s:0;
    }
    public int getHour()    //无参、有返回值的 get 方法
    {
        return hour;
    }
    public int getMinute()    //无参、有返回值方法
    {
        return minute;
    }
    public int getSecond()    //无参、有返回值方法
    {
        return second;
    }
    public String toMilitaryString()    //无参、有返回值的方法
    {
        return (hour<10?"0":"")+hour+(minute<10?"0":"")+minute;
    }
    public String toString()    //无参、有返回值的方法
    {
        return ((hour==12||hour==0)?12:hour%12)+":"+(minute<10?"0":"")+minute+":"
            +(second<10?"0":"")+second+ (hour<12?" AM":" PM");
    }
}
public class TestTime3    //定义类，用于放置主方法
{
    public static void main(String[] args)    //主方法
    {
```

```
        nt h=Console.readInt("Enter hour: ");        //输入语句
        int m=Console.readInt("Enter minute: ");     //输入语句
        int s=Console.readInt("Enter second: ");     //输入语句
        Time t=new Time();     //创建欲调用方法所在类对象
        t.setTime(h,m,s);      //使用对象调方法
        Format.printf("Hour: %d",t.getHour());       //输出语句,使用对象调用方法并输出结果
        Format.printf("; Minute: %d",t.getMinute()); //使用对象调用方法并输出结果
        Format.printf("; Second: %d\n",t.getSecond()); //使用对象调用方法并输出结果
        Format.printf("Standard time is: %s",t.toString()); //使用对象调用方法并输出结果
        Format.printf("; Military time is: %s\n",t.toMilitaryString());
        //输出语句,使用对象调用方法并输出结果
    }
}
```

运行结果：

```
Enter hour: 13
Enter minute: 06
Enter second: 00
Hour: 13; Minute: 6; Second: 0
Standard time is: 1:06:00 PM; Military time is: 1306
```

［例 3.2.10］ 计算 y=2rsin(a/2)

方案一：使用 get 方法实现

```
//YRA.java
import corejava.*;
class Getvalue    //定义类
{
    public void getValue(double r,double a)    //有参、无返回值的 get 方法
    {
        Format.printf("y=%f\n",2*r*Math.sin(a/2*Math.PI/180));
    }
}
class YRA    //定义类
{
    public static void main(String[] args)    //主方法
    {
        do
        {
            double r=Console.readDouble("Enter value of r: ");   //输入语句
            double a=Console.readDouble("Enter value of a: ");   //输入语句
            new Getvalue().getValue(r,a);    //创建欲调用方法所在类的对象并调用方法
            if(!Console.readLine("Do you want to continue?(y/n) ").equals("y"))
                break;
```

```
        }while(true);
    }
}
```
运行结果：

```
Enter value of r:  9.18
Enter value of a:  8.3
y=1.328674
Do you want to continue?(y/n)  y
Enter value of r:  8.3
Enter value of a:  9.18
y=1.328414
Do you want to continue?(y/n)  n
```

方案二：使用 set 方法和 get 方法实现

```
//YRA1.java
import corejava.*;
class SetGetvalue    //定义类
{
    private double r,a;
    public void setValue(double r1,double a1)   //有参、无返回值的 set 方法
    {
        r=r1;
        a=a1;
    }
    public void getValue()    //无参、无返回值 get 方法
    {
        Format.printf("y=%f\n",2*r*Math.sin(a/2*Math.PI/180));   //输出语句
    }
}
class YRA1    //定义类
{
    public static void main(String[] args)    //主方法
    {
        SetGetvalue obj=new SetGetvalue();    //创建欲调用方法所在类对象
        for(;;)
        {
            double r=Console.readDouble("Enter value of r: ");    //输入语句
            double a=Console.readDouble("Enter value of a: ");    //输入语句
            obj.setValue(r,a);    //使用对象调用有参、无返回值的方法
            obj.getValue();    //使用对象调用无参、无返回值的方法
            if(!Console.readLine("Do you want to continue?(y/n) ").equals("y"))
                break;
```

        }
    }
}
运行结果与方案一同。

3.2.3 输出与toString

[例 3.2.11] 数值用 toString 方法转换输出。
```
//StringTest.java
import corejava.*;    //引入 corejava 包中本程序用到的类
class StringTest    //定义类
{
    public static void main(String[] args)    //主方法
    {
        int i=5;
        float e1=2.71f;
        double e2=2.71827876;
        Integer I=new Integer(i);    //创建 Integer 类对象并赋初值
        Float F=new Float(e1);    //创建 Float 类对象并赋初值
        Double D=new Double(e2);    //创建 Double 类
        String strI=I.toString();
        String strE1=F.toString();
        String strE2=D.toString();
        //分别使用调用封装类的 toString()方法转换为字符串
        System.out.println("I="+strI);    //输出语句
        System.out.println("E1="+strE1);    //输出语句
        System.out.println("E2="+strE2);    //输出语句
    }
}
```
运行结果：
```
I=5
E1=2.71
E2=2.71827876
```

3.2.4 equals

[例 3.2.12] 重复输入圆的半径，计算圆的面积。
```
//CircleTestA.java
import corejava.*;    //引入 corejava 包中本程序用到的类
public class CircleTestA    //定义类
{
    public static void main(String[] args)    //主方法
```

```
{
    for(;;)
    {
        double Radius=Console.readDouble("Enter the radius of a circle: ");
        //输入语句
        System.out.println("Area of circle is: "+
                    new CircleTestA().area(Radius));    //输出语句
        String s=Console.readLine("Do you want to continue?(y/n) ");
        if(s.equals("n"))
            break;
    }
    public double area(double radius)    //有参、有返回值的方法
    {
        return Math.PI*radius*radius;    //返回结果给调用方法
    }
}
```

运行结果:

```
Enter the radius of a circle: 11.19
Area of circle is: 393.3779798711649
Do you want to continue?(y/n)  n
```

3.2.5 静态方法

[例 3.2.13] 在一个类内使用主方法和静态方法，输出两个数中最小的数。

方案一：说明 int 型变量并初始化，在输出语句中直接调用直接静态方法，然后输出结果

```
//MinTest.java
import corejava.*;    //引入 corejava 包中本程序用到的类
public class MinTest    //定义类
{
    public static void main(String[] args)    //主方法
    {
        int a=18;    //说明 a 为 int 型变量并初始化为 18
        int b=9;    //说明 b 为 int 型变量并初始化为 19
        Format.printf("%d\n",min(a,b));
        //在输出语句中直接调用直接静态方法，然后输出结果
        System.out.println(min(a,b));    //输出语句
    }
    public static int min(int x,int y)    //有参、有返回值的静态方法
    {
        return x<y?x:y;    //返回结果给调用方法
```

    }
}
运行结果：

9
9

方案二：在输出语句中直接调用直接静态方法，然后输出结果
//MinTest1.java
import corejava.*;   //引入 corejava 包中本程序用到的类
public class MinTest1   //定义类
{
    public static void main(String[] args)   //主方法
    {
        Format.printf("%d\n",min(18,9));
        //在输出语句中直接调用直接静态方法，然后输出结果
        System.out.println(min(18,9));   //输出语句
    }
    public static int min(int x,int y)   //有参、有返回值的静态方法
    {
        return x<y?x:y;   //返回结果给调用方法
    }
}
运行结果与方案一同。

[例 3.2.14]　输入一个圆的半径，计算圆的面积
（要求定义一个类，在类内定义或静态方法和主方法）。

方案一：使用有参、有返回值的静态方法，输出结果保留小数点后 6 位
//CircleTest.java
import corejava.*;   //引入 corejava 包中本程序用到的类
public class CircleTest   //定义类
{
    public static void main(String[] args)   //主方法
    {
        float Radius=(float)Console.readDouble("Enter the radius of a circle: ");   //输入语句
        Format.printf("Area of circle is: %f\n",area(Radius));
        //输出语句，直接调用静态方法并输出结果
    }
    public static float area(double radius)   //有参、有返回值的静态方法
    {
        return (float)(Math.PI*radius*radius);   //返回结果给调用方法
    }
}

运行结果：

```
Enter the radius of a circle:  11.19
Area of circle is: 393.377960
```

方案二：使用有参、有返回值的静态方法，输出结果为域宽 12 位，保留小数点后 8 位

```java
//CircleTestAA.java
import corejava.*;   //引入 corejava 包中本程序用到的类
public class CircleTestAA   //定义类
{
    public static void main(String[] args)   //主方法
    {
        double Radius=Console.readDouble("Enter the radius of a circle: ");   //输入语句
        double Area=area(Radius);   //调用静态方法
        Format.printf("Area of circle is: %12.8f\n",Area);   //输出语句,输出结果
    }
    public static double area(double radius)   //有参、有返回值的静态方法
    {
        return (Math.PI*radius*radius);   //返回结果给调用方法
    }
}
```

运行结果：

```
Enter the radius of a circle:  11.19
Area of circle is: 393.37797987
```

[例 3.2.15]　计算整数 1 到 10 的平方(要求定义一个类,在类内定义静态方法和主方法)。

方案一：使用有参、有返回值的静态方法

```java
//SquareInt.java
//A programmer-defined square method
import corejava.*;   //引入 corejava 包中本程序用到的类
class SquareInt   //定义类
{
    public static void main(String[] args)   //主方法
    {
        for(int i=1;i<=10;i++)
        {
            Format.printf("%d ",square(i));   ////输出语句，调用方法,并输出结果
        }
        Format.printf("%s\n","");   //换行
    }
    public static int square(int j)   //有参、有返回值的静态方法
    {
        return j*j;   //返回结果给调用方法
```

        }
}
运行结果：

`1 4 9 16 25 36 49 64 81 100`

方案二：使用有参、无返回值的静态方法
```
//SquareIntA.java
//A programmer-defined square method
import corejava.*;    //引入 corejava 包中本程序用到的类
class SquareIntA    //定义类
{
    public static void square(int j)    //有参、无返回值的静态方法
    {
        Format.printf("%d ",j*j);    //输出语句，输出结果
    }
    public static void main(String[] args)    //主方法
    {
        for(int i=1;i<=10;i++)
            square(i);    //直接调用有参、有返回值的静态方法
        Format.printf("%s\n","");    //换行
    }
}
```
运行结果与方案一同。

[例 3.2.16] 计算 $a=x^{y+z}$（要求定义一个类，在类的内定义静态方法与主方法或者定义两个类，在一个类中定义静态方法，另一个类中放置主方法）。

方案一：有参、有返回值的静态方法
```
//Axyz4.java
import corejava.*;    //引入 corejava 包中本程序用到的类
class Axyz4    //定义类
{
    static double A(double x,double y,double z)    //有参、有返回值的静态方法
    {
        return Math.pow(x,y+z);    //返回结果给调用方法
    }
    public static void main(String[] args)    //主方法
    {
        double x=Console.readDouble("Enter value of x: ");    //输入语句
        double y=Console.readDouble("Enter value of y: ");    //输入语句
        double z=Console.readDouble("Enter value of z: ");    //输入语句
        Format.printf("a=%f\n",A(x,y,z));
         //输出语句,直接调用有参、有返回值的静态方法并输出结果
```

    }
}

运行结果：

```
Enter value of x:  2
Enter value of y:  3
Enter value of z:  4
a=128.000000
```

方案二：使用有参、无返回值的静态方法

```java
//Axyz5.java
import corejava.*;    //引入 corejava 包中本程序用到的类
class Axyz5    //定义类
{
    static void A(double x,double y,double z)    //有参、无返回值的静态方法
    {
        Format.printf("a=%f\n",Math.pow(x,y+z));    //输出语句（含有计算表达式）
    }
    public static void main(String[] args)    //主方法
    {
        double x=Console.readDouble("Enter value of x: ");    //输入语句
        double y=Console.readDouble("Enter value of y: ");    //输入语句
        double z=Console.readDouble("Enter value of z: ");    //输入语句
        A(x,y,z);    //直接调用有参、无返回值的静态方法
    }
}
```

运行结果与方案一同。

方案三：定义两个类，在一个类中定义有参、有返回值的静态方法，另一个类中放置主方法

```java
//Axyz8.java
import corejava.*;    //引入 corejava 包中本程序用到的类
class Axyz             //定义类，用于放置有定义的方法
{
    static double A(double x,double y,double z)    //有参、有返回值的静态方法
    {
        return Math.pow(x,y+z);    //返回结果给调用方法
    }
}
class Axyz8    //定义类，用于放置主方法
{
    public static void main(String[] args)    //主方法
    {
        double x=Console.readDouble("Enter value of x: ");    //输入语句
```

```
        double y=Console.readDouble("Enter value of y: ");    //输入语句
        double z=Console.readDouble("Enter value of z: ");    //输入语句
        Format.printf("a=%f\n",new Axyz().A(x,y,z));
        /*  输出语句,创建欲调用方法所在类的对象,并调用有参、有返回值的静态方法,
            然后输出结果 */
    }
}
```
运行结果与方案一同。

[例 3.2.17] 计算 $x=a^{b^c}$

(要求在一个类内定义静态方法和主方法模式以及定义两个类的模式)。

方案一：定义一个类，使用有参、有返回值的静态方法

```
//XABC4.java
import corejava.*;    //引入 corejava 包中本程序用到的类
class XABC4    //定义类
{
    static double Method(double x,double y,double z)    //有参、有返回值的静态方法
    {
        return Math.pow(x,Math.pow(y,z));    //返回结果给调用方法
    }
    public static void main(String[] args)    //主方法
    {
        double a=Console.readDouble("Enter value of a: ");    //输入语句
        double b=Console.readDouble("Enter value of b: ");    //输入语句
        double c=Console.readDouble("Enter value of c: ");    //输入语句
        Format.printf("x=%f\n",Method(a,b,c));
        //输出语句,调用有参、有返回值的静态方法, 然后输出结果
    }
}
```
运行结果：

```
Enter value of a:  2
Enter value of b:  3
Enter value of c:  4
x=2.417852E+024
```

方案二：定义一个类，使用有参、无返回值的静态方法

```
//XABC5.java
import corejava.*;    //引入 corejava 包中本程序用到的类
class XABC5    //定义类
{
    static void Method(double x,double y,double z)    //有参、无返回值的静态方法
    {
```

```
            Format.printf("x=%f\n",Math.pow(x,Math.pow(y,z)));
            //输出语句（含计算表达式）
        }
        public static void main(String[] args)    //主方法
        {
            double a=Console.readDouble("Enter value of a: ");    //输入语句
            double b=Console.readDouble("Enter value of b: ");    //输入语句
            double c=Console.readDouble("Enter value of c: ");    //输入语句
            Method(a,b,c);    //直接调用有参、无返回值的静态方法，然后输出结果
        }
}
```
运行结果与方案一同。
方案三：定义两个类，使用有参、有返回值的静态方法
//XABC8.java
import corejava.*;   //引入 corejava 包中本程序用到的类
class XABC   //定义类，用于放置自定义的方法
{
    static double Method(double x,double y,double z)   //有参、有返回值的静态方法
    {
        return Math.pow(x,Math.pow(y,z));   //返回结果给调用方法
    }
}
class XABC8   //定义类，用于放置主方法
{
    public static void main(String[] args)   //主方法
    {
        double a=Console.readDouble("Enter value of a: ");   //输入语句
        double b=Console.readDouble("Enter value of b: ");   //输入语句
        double c=Console.readDouble("Enter value of c: ");   //输入语句
        Format.printf("x=%f\n",new XABC().Method(a,b,c));
        /*输出语句,创建欲调用方法所在类的对象调用有参、有返回值的静态方法并输出结
          果 */
    }
}

运行结果与方案一同。
方案四：定义两个类，使用有参、无返回值的静态方法
//XABC9.java
import corejava.*;   //引入 corejava 包中本程序用到的类
class XABC   //定义类，用于放置自定义的方法
{

```java
        static void Method(double x,double y,double z)    //有参、无返回值的静态方法
        {
                Format.printf("x=%f\n",Math.pow(x,Math.pow(y,z)));
                //输出语句（含计算表达式）
        }
}
class XABC9    //定义类，用于放置主方法
{
        public static void main(String[] args)    //主方法
        {
                double a=Console.readDouble("Enter value of a: ");    //输入语句
                double b=Console.readDouble("Enter value of b: ");    //输入语句
                double c=Console.readDouble("Enter value of c: ");    //输入语句
                new XABC().Method(a,b,c);
                //创建欲调用方法所在类的对象并调用有参、无返回值的静态方法。
        }
}
```
运行结果与方案一同。

方案五：定义两个类，使用无参、无返回值的静态方法

//XABC11.java
```java
import corejava.*;    //引入 corejava 包中本程序用到的类
class XABC    //定义类，用于放置自定义的方法
{
        static void Method()    //无参、无返回值的静态方法
        {
                double a=Console.readDouble("Enter value of a: ");    //输入语句
                double b=Console.readDouble("Enter value of b: ");    //输入语句
                double c=Console.readDouble("Enter value of c: ");    //输入语句
                Format.printf("x=%f\n",Math.pow(a,Math.pow(b,c)));
                //输出语句（含计算表达式）
        }
}
class XABC11    //定义类，用于放置主方法
{
        public static void main(String[] args)    //主方法
        {
                new XABC().Method();
                //调用无参、无返回值的静态方法。
        }
}
```

运行结果与方案一同。

[例 3.2.18] 重复输入 a，b 之值，计算

$$y = \begin{cases} \ln a + \ln b & a>0, b>0 \\ 1 & a=b=0 \\ \sin a + \sin b & \text{其他} \end{cases}$$

（要求定义一个类，在其中使用主方法和定义静态方法，在主方法中使用循环语句，在静态方法定义中：①使用 if，if-else 语句；②使用 switch 语句；③使用条件赋值语句）。

方案一：使用 if-else 语句。

```
//yTest1.java
import corejava.*;    //引入 corejava 包中本程序用到的类
public class yTest1   //定义类，用于放置主方法和自定义的方法
{
    public static void main(String[] args)   //主方法
    {
        int N=Console.readInt("Enter numbers of loop: ");   //输入语句
        for(int i=1;i<=N;i++)
        {
            double a=Console.readDouble("Enter the value of a: ");   //输入语句
            double b=Console.readDouble("Enter the value of b: ");   //输入语句
            Format.printf("y=%f\n",ytest(a,b));
            //输出语句,直接调用有参、有返回值的静态方法
        }
    }
    public static double ytest(double a,double b)
    //有参、有返回值的静态方法
    {
        if(a>0&&b>0)
           return Math.log(a)+Math.log(b);   //计算语句
        if(a==0&&b==0)
           return 1;
        else
           return Math.sin(a*Math.PI/180)+Math.sin(b*Math.PI/180);   //计算语句
    }
}
```

运行结果：

```
Enter number of loop: 3
Enter the value of a: 1
Enter the value of b: 2
y=0.693147
Enter the value of a: 0
Enter the value of b: 0
y=1.000000
Enter the value of a: 1
Enter the value of b: 0
y=0.017452
```

方案二：使用 switch 语句
//yTest2.java
import corejava.*;   //引入 corejava 包中本程序用到的类
public class yTest2   //定义类，用于放置主方法和自定义的方法
{
  public static void main(String[] args)   //主方法
  {
    int N=Console.readInt("Enter numbers of loop: ");   //输入语句
    int i=1;   //说明 i 为 int 型变量并初始化为 1
    while(i++<=N)
    {
      double a=Console.readDouble("Enter the value of a: ");   //输入语句
      double b=Console.readDouble("Enter the value of b: ");   //输入语句
      Format.printf("y=%f\n",ytest(a,b));
      //输出语句,直接调用有参、有返回值的静态方法并输出结果
    }
  }
  public static double ytest(double a,double b)   //有参、有返回值的静态方法
  {
    double y=0;   //说明 y 为 double 型变量并初始化为 0
    int i=a>0&&b>0?1:a==0&&b==0?2:3;   //条件赋值语句
    switch(i)   //switch 语句
    {
      case 1: y=Math.log(a)+Math.log(b);   //计算语句
        break;
      case 2: y=1;
        break;
      case 3: y=Math.sin(a*Math.PI/180)+Math.sin(b*Math.PI/180);   //计算语句
    }
    return y;
  }
}
运行结果与方案一相同。
方案三：使用条件赋值语句
//yTest3.java
import corejava.*;   //引入 corejava 包中本程序用到的类
public class yTest3   //定义类，用于放置主方法和自定义的方法
{
  public static void main(String[] args)   //主方法
  {

```
        int N=Console.readInt("Enter numbers of loop: ");    //输入语句
        int i=1;    //说明 i 为 int 型变量并初始化为 1
        for(;;)
        {
            double a=Console.readDouble("Enter the value of a: ");    //输入语句
            double b=Console.readDouble("Enter the value of b: ");    //输入语句
            Format.printf("y=%f\n",ytest(a,b));
            //输出语句,直接调用有参、有返回值的静态方法并输出结果
            i++;
            if(i>N)
                break;
        }
    }
    public static double ytest(double a,double b)    //有参、有返回值的静态方法
    {
        boolean b1,b2;    //说明语句,说明 b1,b2 为布尔型变量
        b1=a>0&&b>0;    //布尔表达式语句
        b2=a==0&&b==0;    //布尔表达式语句
        double y=b1?Math.log(a)+Math.log(b):b2?1:Math.sin(a*Math.PI/180)+
                Math.sin(b*Math.PI/180);
        //条件赋值语句
        return y;    //返回结果给调用方法
    }
}
```
运行结果与方案一相同。

　　[例 3.2.19]　输入 5 个数,求其和（要求定义一个类,在类内定义主方法与静态方法,并在方法体中使用 for、逗号运算符）。

方案一：使用无参、无返回值的静态方法
```
//ForCommaOp
import corejava.*;    //引入 corejava 包中本程序用到的类
public class ForCommaOp    //定义类,用于放置主方法和自定义的方法
{
    int N=Console.readInt("Enter numbers of loop: ");    //输入语句
    public static void main(String[] args)    //主方法
    {
        ForComma();    //调用无参、无返回值的静态方法
    }
    public static void ForComma()    //无参、无返回值的静态方法
    {
        double data,sum;    //说明 data,sum 为 double 型变量
```

```
        int i;    //说明 i 为 int 型变量
        for(i=1,sum=0;i<=N;data=Console.readDouble("Enter data: "),
            sum+=data,i++)  ;   //带逗号运算符的 for 语句
        Format.printf("Sum=%f\n",sum);   //输出语句
    }
}
```
运行结果：

```
Enter numbers of loop: 5
Enter data:  10.2
Enter data:  5.1
Enter data:  5.10
Enter data:  1.24
Enter data:  9.18
Sum=30.820000
```

方案二：使用无参、有返回值的静态方法

```
//ForCommaOp2
import corejava.*;    //引入 corejava 包中本程序用到的类
public class ForCommaOp2    //定义类，用于放置主方法和自定义的方法
{
    static int N=Console.readInt("Enter numbers of loop: ");    //输入语句
    public static void main(String[] args)    //主方法
    {
        Format.printf("Sum=%f\n",ForComma());
        //输出语句,调用无参、有返回值的静态方法
    }
    public static double ForComma()    //无参、有返回值的静态方法
    {
        double data,sum;    //说明 data,sum 为 double 型变量
        int i;    //说明 i 为 int 型变量
        for(i=1,sum=0;i<=N;data=Console.readDouble("Enter data: "),
            sum+=data,i++)  ;   //带逗号运算符的 for 语句
        return sum;
    }
}
```

运行结果与方案一相同。

  [例 3.2.20]   计算所有从 1 到 100 中能被 3 或 5 整除的数之和。
（要求定义一个类，类内定义静态方法（使用 for 语句）和主方法）。
方案一：定义无参、无返回值的静态方法（使用 for、while、do-while 语句）和主方法

```
//TestSum4.java
import corejava.*;    //引入 corejava 包中本程序用到的类
class TestSum4    //定义类
```

```java
{
    public static void sum()    //无参、无返回值的静态方法
    {
        int sum=0,i=0;   //说明 sum,i 为 int 型变量并初始化
        for(int n=1;n<=100;n++)
        {
            if(n%3==0||n%5==0)   //判断 n 被 3 或 5 整除
                sum+=n;    //赋值语句
            i++;
        }
        Format.printf("Sum=%d\t",sum);   //输出结果
        Format.printf("i=%d\n",i);   //输出结果
    }
    public static void main(String[] args)   //主方法
    {
        sum();   //调用无参、无返回值的静态方法
    }
}
```

运行结果:
```
Sum=2418            i=100
```

方案二：定义无参、无返回值的静态方法（使用 while 语句）和主方法
```java
//TestSum4W.java
import corejava.*;   //引入 corejava 包中本程序用到的类
class TestSum4W   //定义类
{
    public static void sum()    //无参、无返回值的静态方法
    {
        int sum=0,i=0,n=1;   //说明 sum,i ,n 为 int 型变量并初始化
        while(n<=100)
        {
            if(n%3==0||n%5==0)   //判断 n 被 3 或 5 整除
                sum+=n;    //赋值语句
            i++;
            n++;
        }
        Format.printf("Sum=%d\t",sum);   //输出语句
        Format.printf("i=%d\n",i);   //输出语句
    }
    public static void main(String[] args)   //主方法
    {
```

```
        sum();    //直接调用无参、无返回值的静态方法
    }
}
```
运行结果与方案一相同。
方案三：定义无参、无返回值的静态方法（使用 do-while 语句）和主方法
```
//TestSum4D.java
import corejava.*;    //引入 corejava 包中本程序用到的类
class TestSum4D    //定义类
{
    public static void sum()    //无参、无返回值的静态方法
    {
        int sum=0,i=0,n=1;    //说明 sum,i ,n 为 int 型变量并初始化
        do
        {
            if(n%3==0||n%5==0)    //判断 n 被 3 或 5 整除
                sum+=n;    //赋值语句
            i++;
            n++;
        }while(n<=100);
        Format.printf("Sum=%d\t",sum);    //输出语句
        Format.printf("i=%d\n",i);    //输出语句
    }
    public static void main(String[] args)    //主方法
    {
        sum();    //直接调用无参、无返回值的静态方法
    }
}
```
运行结果与方案一相同。

[例 3.2.21] 计算自然常数 e=1+1/1！+ 1/2！+ 1/3! +1/4！+ … + 1/n！，n 的取 100000 观察其值
(要求定义一个类,在类内定义有参、有返回值的静态方法和主方法)。
```
//Factorial.java
import corejava.*;    //引入 corejava 包中本程序用到的类
class Factorial    //定义类
{
    public static void main(String[] args)    //主方法
    {
        double sum=1;    //说明 sum 为 double 型变量并初始化为 1
        for(int i=1;factorial(i)<100000;i++)
            sum=sum+1.0/factorial(i);    //计算语句
```

```
        System.out.println("e="+sum);    //输出语句
    }
    static double factorial(int n)    //有参、有返回值的静态方法
    {
        if(n==0)
            return 1;
        else
            return n*factorial(n-1);
    }
}
```

运行结果：

e=2.71827876984127

[例 3.2.22]　计算下式之值：

$$a=\frac{x-\sqrt{x^2-1}+\ln|x+\sqrt{x^2+1}|}{x}$$
$$b=\ln|y+\sqrt{x^2+1}|$$
$$c=a+b$$

```
//TestMathA.java
import corejava.*;    //引入 corejava 包中本程序用到的类
class MathA    //定义类
{
    private static float x,y;    //私有的 float 型静态数据成员
    public static void setValue(float x1,float y1)    //有参、无返回值的静态 set 方法
    {
        x=x1;
        y=y1;
    }
    public static void getValue()    //无参、无返回值的静态 get 方法
    {
        float a=(float)((x-Math.sqrt(x*x+1)+ Math.log(Math.abs(x+Math.sqrt(x*x+1))))/2);
        float b=(float)(Math.log(Math.abs(y+Math.sqrt(y*y+1))));
        float c=a+b;
        Format.printf("a=%5.2f\n",a);    //输出语句
        Format.printf("b=%5.2f\n",b);    //输出语句
        Format.printf("c=%5.2f\n",c);    //输出语句
    }
}
class TestMathA    //定义类
```

```java
{
    public static void main(String[] args)    //主方法
    {
        float x=(float)Console.readDouble("Enter a float number: ");    //输入语句
        float y=(float)Console.readDouble("Enter a float number: ");    //输入语句
        MathA.setValue(x,y);    //直接使用类名调用静态方法
        MathA.getValue();
    }
}
```

运行结果：

```
Enter a float number: 5.1
Enter a float number: 1.24
a= 1.12
b= 1.04
c= 2.16
```

[例 3.2.23]　重复读入数据，计算

$$y = \begin{cases} 0 & |x| \geq r \\ \sqrt{r^2-x^2} & |x| < r \end{cases}$$

（要求：①在一个类中定义有参无返回值的静态方法（方法体中使用条件赋值语句和主方法）。②定义两个类：在一个类内定义有参无返回值的 set 方法和无参有返回值的 get 方法，在另一个类内定义主方法。③定义两个类：在一个类内定义有参有返回值的方法，在另一个类内定义主方法。④定义两个类：在一个类内定义有参构造方法和无参有返回值方法，在另一个类内定义主方法）。

方案一：在一个类中定义有参、无返回值的静态方法（方法体中使用条件赋值语句）以及主方法。

```java
//CondAssig.java
import corejava.*;    //引入 corejava 包中本程序用到的类
class CondAssig    //定义类
{
    private int x,r;    //私有的 int 型数据成员
    private static void setgetValue(int x,int r)    //有参、无返回值的静态方法
    {
        int y=(int)(Math.abs(x)>=r?0:Math.sqrt(r*r-x*x));    //条件赋值语句
        Format.printf("y=%d\n",y);    //输出语句
    }
    public static void main(String[] args)    //主方法
    {
        while(true)
```

```
            {
                int x=Console.readInt("Enter a value x: ");    //输入语句
                int r=Console.readInt("Enter a value r: ");    //输入语句
                setgetValue(x,r);    //直接调用静态方法
                String s=Console.readLine("Do you want to continue?(y/n) ");
                 if(!s.equals("y"))
                     break;
            }
    }
}
```

运行结果：

```
Enter a value x:  5
Enter a value r:  1
y=0
Do you want to continue?(y/n)  y
Enter a value x:  2
Enter a value r:  10
y=9
Do you want to continue?(y/n)  n
```

方案二：定义两个类：在一个类内定义有参、无返回值的 set 方法和无参有返回值的 get 方法，在另一个类内定义主方法

```
//CondAssigTest.java
import corejava.*;    //引入 corejava 包中本程序用到的类
class CondAssig    //定义类
{
    private int x,r;    //私有的 int 型数据成员
    public void setValue(int x1,int r1)    //有参、无返回值的 set 方法
    {
        x=x1;
        r=r1;
    }
    public int getValue()    //无参、有返回值的 get 方法
    {
        return (int)(Math.abs(x)>=r?0:Math.sqrt(r*r-x*x));
    }
}
class CondAssigTest    //定义类
{
    public static void main(String[] args)    //主方法
    {
        CondAssig obj=new CondAssig();    //创建欲调用方法所在类对象
```

```java
        for(;;)
        {
            int x=Console.readInt("Enter a value x: ");   //输入语句
            int r=Console.readInt("Enter a value r: ");   //输入语句
            obj.setValue(x,r);   //使用对象调用 set 方法
            Format.printf("y=%d\n",obj.getValue());   //使用对象调用 get 方法并输出结果
            String s=Console.readLine("Do you want to continue?(y/n) ");
            if(!s.equals("y"))
                break;
        }
    }
}
```

运行结果与方案一同。

方案三：定义两个类：在一个类内定义有参、有返回值的方法，在另一个类内定义主方法

```java
//CondAssigTest1.java
import corejava.*;   //引入 corejava 包中本程序用到的类
class CondAssig   //定义类
{
    private int x,r;
    public int setgetValue(int x,int r)   //有参、有返回值的方法
    {
        return (int)(Math.abs(x)>=r?0:Math.sqrt(r*r-x*x));
    }
}
class CondAssigTest1   //定义类
{
    public static void main(String[] args)   //主方法
    {
        CondAssig obj=new CondAssig();   //创建欲调用方法所在类对象
        do
        {
            int x=Console.readInt("Enter a value x: ");   //输入语句
            int r=Console.readInt("Enter a value r: ");   //输入语句
            Format.printf("y=%d\n",obj.setgetValue(x,r));
            //使用对象调用方法，并输出结果
            String s=Console.readLine("Do you want to continue?(y/n) ");
            if(!s.equals("y"))
                break;
        }while(true);
    }
}
```

运行结果与方案一同。

方案四：定义两个类：在一个类内定义有参构造方法和无参、有返回值方法，在另一个定义内主方法

```java
//CondAssigTest2.java
import corejava.*;    //引入 corejava 包中本程序用到的类
class CondAssig    //定义类
{
    private int x,r;
    public CondAssig(int x1,int r1)    //有参的构造方法
    {
        x=x1;
        r=r1;
    }
    public int getValue()    //无参、有返回值的方法
    {
        return (int)(Math.abs(x)>=r?0:Math.sqrt(r*r-x*x));
    }
}
class CondAssigTest2    //定义类
{
    public static void main(String[] args)    //主方法
    {
        for(;;)
        {
            int x=Console.readInt("Enter a value x: ");    //输入语句
            int r=Console.readInt("Enter a value r: ");    //输入语句
            CondAssig obj=new CondAssig(x,r);
              //创建欲调用方法所在类对象并调用构造方法
            Format.printf("y=%d\n",obj.getValue());    //使用对象调用方法，并输出结果
            String s=Console.readLine("Do you want to continue?(y/n) ");
            if(!s.equals("y"))
                break;
        }
    }
}
```

运行结果与方案一同。

3.3 软件包

3.3.1 软件包的创建与使用

[例 3.3.1] 计算

$$y=\begin{cases} \ln|x| & x<-3 \\ \sqrt{x+3}+\ln(5-x^3) & -3\leqslant x<\sqrt[3]{5} \\ e^x & x\geqslant \sqrt[3]{5} \end{cases}$$

```java
//mycorejava.java
//Create package
import corejava.*;   //引入 corejava 包中本程序用到的类
class A     //基类
{
    protected double x;   //受保护的数据成员
    A(double x)   //有参构造方法
    {
        this.x=x;
    }
    A()   //无参构造方法
    {
        x=Console.readDouble("Enter value x: ");
    }
}
class B extends A   //派生类，从 A 派生
{
    public B(double x)   //有参构造方法
    {
        super(x);   //调用基类构造方法
    }
    public B()   //无参构造方法
    {
        super();   //调用基类构造方法
    }
    public double Js()   //无参、有返回值方法
    {
        if(x<-3)
            return Math.log(Math.abs(x));
        else if(x>-3&&x<Math.pow(5,1/3.))
            return Math.pow(x+3,1/2.)+Math.log(5-Math.pow(x,3));
```

```
        else
            return Math.exp(x);
    }
}
//MathAB.java
//Use package
import corejava.*;      //引入 corejava 包中本程序用到的类
import mycorejava.B;    //定义类，放置主方法
class MathAB
{
    public static void main(String[] args)   //主方法
    {
        double x=Console.readDouble("Enter value x: ");   //输入语句
        B obj1=new B(x);    //创建派生对象并调用派生类的有参构造方法
        Format.printf("Result is: %f\n",obj1.Js());
        //使用派生类对象调用无参、有返回值的方法
        B obj2=new B();     //创建派生类对象并调用派生类无参构造方法
        Format.printf("Result is: %f\n",obj2.Js());
        //使用派生类对象调用无参、有返回值方法，并输出结果
    }
}
```
运行结果：

```
Enter value x:  9.18
Result is: 9701.152773
Enter value x:  8.3
Result is: 4023.872394
```

3.3.2 友好包可见性规则

[例 **3.3.2**] 对类成员的 friendly 访问。

```
//FriendlyDataTest1.java
import corejava.*;      //引入 corejava 包中本程序用到的类
class FriendlyDataTest1    //定义类，放置主方法
{
    private static FriendlyData d;   //私有静态数据成员
    public static void main(String[] args)   //主方法
    {
        d=new FriendlyData();    //创建类对象
        Format.printf("%s\n","After instantiation: ");   //输出语句
        Format.printf("%s\n",d.toString());   //使用类对象调用方法，并输出结果
        d.x=1025;
```

```
        d.s=new String("Good bye");
        Format.printf("%s\n","After changing values: ");    //输出语句
        Format.printf("%s\n",d.toString());    //输出语句,使用类对象调用方法,并输出结果
    }
}
class FriendlyData    //定义类,用于放置自定义方法
{
    int x;
    String s;
    public FriendlyData()    //无参构造方法
    {
        x=510;
        s=new String("Hello");
    }
    public String toString()
    {
        return "x: "+x+"        s: "+s;
    }
}
```

运行结果:

```
After instantiation:
x: 510       s: Hello
After changing values:
x: 1025      s: Good bye
```

3.4 附加的构造

3.4.1 this使用

[例 **3.4.1**] this 的使用。
方案一:使用 this 访问当前对象的数据成员,调用当前对象的成员方法。

```
//ThisUse.java
import corejava.*;    //引入 corejava 包中本程序用到的类
class UseThis    //定义类,用于放置自定义方法
{
    private int a,b;
    public UseThis(int a)    //有参的重载构造方法
    {
```

```java
        this.a=a;
    }
    public UseThis(int a,int b)    //有参的重载构造方法
    {
        this(a);     //引用同类的其他构造方法
        this.b=b;    //访问当前对象的数据成员
    }
    public int Sum( )    //无参、有返回值方法
    {
        return a+b;
    }
    public void Print( )   //无参、无返回值方法
    {
        Format.printf("Sum=%i\n",this.Sum());    //输出语句,调用当前对象的成员方法
    }
}
class ThisUse    //定义类，放置主方法
{
    public static void main(String[] args)    //主方法
    {
        int a=Console.readInt("Enter value of a: ");   //输入语句
        int b=Console.readInt("Enter value of b: ");   //输入语句
        UseThis obj=new UseThis(a,b);   //创建欲调用方法所在类对象并调用构造方法
        obj.Print();   //使用类对象调用无参、无返回值方法
    }
}
```

运行结果：

```
Enter value of a:  9
Enter value of b:  18
Sum=27
```

方案二：使用 this 访问当前对象的数据成员
//ThisUse1.java

```java
import corejava.*;    //引入 corejava 包中本程序用到的类
class UseThis    //定义类
{
    private int a,b;
    public UseThis(int a,int b)    //有参的重载构造方法
    {
        this.a=a;    //访问当前对象的数据成员
        this.b=b;
```

```
    }
    public void Print( )    //无参、无返回值方法
    {
        Format.printf("Sum=%i\n",a+b);    //输出语句
    }
}
class ThisUse1    //定义类
{
    public static void main(String[] args)    //主方法
    {
        int a=Console.readInt("Enter value of a: ");    //输入语句
        int b=Console.readInt("Enter value of b: ");    //输入语句
        UseThis obj=new UseThis(a,b);    //创建欲调用方法所在类对象并调用构造方法
        obj.Print();    //使用类对象调用无参、无返回值方法
    }
}
```
运行结果与方案一同。

　　[例 3.4.2]　this 的使用。
```
//ThisTest1.java
import corejava.*;    //引入 corejava 包中本程序用到的类
public class ThisTest1    //定义类
{
    private int i=124;
    public static void main(String[] args)    //主方法
    {
        ThisTest1 obj=new ThisTest1();    //创建类对象
        Format.printf("%s\n",obj.toString());
        //输出语句,使用类对象调用 toString 方法 并输出结果
    }
    public String toString()    //无参、有返回值方法
    {
        return "i: "+i+"    this.i="+this.i;
    }
}
```
运行结果：

```
i: 124    this.i=124
```

　　[例 3.4.3]　this 的使用。
```
//Time.java
public class Time
```

```java
{
    private int hour;      //0--23
    private int minute;    //0--59
    private int second;    //0--59
    public Time()    //无参的重载构造方法
    {
        setTime(0,0,0);
    }
    public Time(int h)    //有参的重载构造方法
    {
        setTime(h,0,0);
    }
    public Time(int h,int m)    //有参的重载构造方法
    {
        setTime(h,m,0);
    }
    public Time(int h,int m,int s)    //有参构造方法
    {
        setTime(h,m,s);
    }
    public void setTime(int h,int m,int s)    //有参、无返回值方法
    {
        hour=h>=0&&h<24?h:0;
        minute=m>=0&&m<60?m:0;
        second=s>=0&&s<60?s:0;
    }
    public String toMilitaryString()    //无参、有返回值方法
    {
        return (hour<10?"0":"")+hour+(minute<10?"0":"")+minute;
    }
    public String toString()    //无参、有返回值方法
    {
        return ((hour==12||hour==0)?12:hour%12)+":"+(minute<10?"0":"")+
            minute+ ":"+(second<10?"0":"")+second+ (hour<12?"AM":"PM");
    }
}
//TimeTestApp.java
import corejava.*;    //引入 corejava 包中本程序用到的类
public class TimeTestApp    定义类
{
```

```
        public static void main(String[] args)    //主方法
        {
            Time t=new Time();       //创建欲调用方法所在类对象
            t.setTime(18,30,22);     //使用对象调用方法
            Format.printf("Military time: %s\n",t.toMilitaryString());
            //使用对象调用方法并输出结果
            Format.printf("Standard time: %s\n",t.toString());
            Format.printf("New standard time: %s\n",t.toString());
        }
}
```
运行结果：

```
Military time: 1830
Standard time: 6:30:22 PM
New standard time: 8:20:20 PM
```

　　[例 3.4.4]　调用其他的构造方法。

```
//Student.java
import corejava.*;   //引入 corejava 包中本程序用到的类
class Student    //定义类
{
    String Name;
    int Age;
    String Grade="na";
    Student(String NewName,int NewAge)    //有参的重载构造方法
    {
        Name=NewName;
        Age=NewAge;
        Grade="Incomplete";
    }
    Student(String NewName,int NewAge,String sGrade)    //有参的重载构造方法
    {
        this(NewName,NewAge);
        Age=NewAge;
        Grade=sGrade;
    }
    void printStudent()    //无参、无返回值的方法
    {
        //或 System.out.println("Name "+Name+" Age"+Age+" Grade"+Grade);
        Format.printf("Name %s ",Name);      //输出语句
        Format.printf("Age %d ",Age);        //输出语句
        Format.printf("Grade %s\n",Grade);   //输出语句
```

```java
        }
        public static void main(String[] args)    //主方法
        {
            Student student;      //说明类对象
            student=new Student("Hao",20,"A+");
            //创建欲调用方法所在类的对象并调用构造方法
            student.printStudent();   //使用对象调用无参、无返回值的方法
            student=new Student("Yong",19,"B");
            //创建欲调用方法所在类的对象并调用构造方法
            student.printStudent();   //使用对象调用无参、无返回值的方法
            student=new Student("Bo",21,"C+");
            //创建欲调用方法所在类的对象并调用构造方法
            student.printStudent();   //使用对象调用无参、无返回值的方法
        }
}
```

运行结果：

```
Name Hao Age 20 Grade A+
Name Yong Age 19 Grade B
Name Bo Age 21 Grade C+
```

[例 3.4.5] 计算 $h=\dfrac{\pi ab}{2c+e^{a-b}}$ 之值（要求在一个类中定义有参构造方法或无参、无返回值方法以及主方法）。

方案一：在构造方法中不使用 this

```java
//ThisUse.java
import corejava.*;    //引入 corejava 包中本程序用到的类
class ThisUse    //定义类
{
    private double a,b,c,h;
    public ThisUse(double a1,double b1,double c1)   //有参构造的方法
    {
        a=a1;
        b=b1;
        c=c1;
    }
    public void Result()   //无参、无返回值的方法
    {
        this.h=Math.PI*a*b/(2*c+Math.exp(a-b));
    }
    public void print()   //无参、无返回值的方法
    {
        Format.printf("The result of h is: %f\n",this.h);   //输出语句
```

```
    }
    public static void main(String[] args)     //主方法
    {
        double a,b,c;
        a=Console.readDouble("Enter value a: ");     //输入语句
        b=Console.readDouble("Enter value b: ");     //输入语句
        c=Console.readDouble("Enter value c: ");     //输入语句
        ThisUse value=new ThisUse(a,b,c);     //创建欲调用方法所在类对象
        value.Result();     //使用对象调用无参、无返回值的方法
        value.print();      //使用对象调用无参、无返回值的方法
    }
}
```

运行结果：

```
Enter value a:  5
Enter value b:  3.5
Enter value c:  7.8
The result of h is: 2.737712
```

方案二：在构造方法中使用 this

```
//ThisUse1.java
import corejava.*;
class ThisUse1     //定义类
{
    private double a,b,c;
    public ThisUse1(double a,double b,double c)     //有参的构造方法
    {
        this.a=a;
        this.b=b;
        this.c=c;
        Format.printf("The value of h is:
                %.2f\n",Math.PI*a*b/(2*c+Math.exp(a-b)));     //输出语句
    }
    public static void main(String[] args)     //有数组参数、无返回值的方法
    {
        double a=Console.readDouble("Enter value a: ");     //输入语句
        double b=Console.readDouble("Enter value b: ");     //输入语句
        double c=Console.readDouble("Enter value c: ");     //输入语句
        new ThisUse1(a,b,c);     //调用有参的构造方法
    }
}
```

运行结果：

```
Enter value a:   5
Enter value b:   3.5
Enter value c:   7.8
The value of h is: 2.74
```

[例 3.4.6]　使用 this 交换两整数。
（要求定义一个类，在类中定义有参构造方法和无参无返回值方法以及主方法）。
方案一：使用 this 与有参的构造方法和无参、无返回值方法

```java
//ThisSwap1.java
import corejava.*;    //引入 corejava 包中本程序用到的类
class ThisSwap1   //定义类
{
    private int a,b;
    public ThisSwap1(int a,int b)   //有参构造方法
    {
        this.a=a;
        this.b=b;
    }
    public void Swap()   //无参、无返回值方法
    {
        Format.printf("Before sawp: a=%i ",a);   //输出语句
        Format.printf("b=%i\n",b);   //输出语句
        a^=b;
        b^=a;
        a^=b;
        Format.printf("After   swap: a=%d ", a);   //输出语句
        Format.printf("b=%d\n", b);   //输出语句
    }
    public static void main(String[] args)   //主方法
    {
        int a=Console.readInt("Enter int a: ");   //输入语句
        int b=Console.readInt("Enter int b: ");   //输入语句
        ThisSwap1 value=new ThisSwap1(a,b);
        //创建欲调用方法所在类的对象并调用构造方法
        value.Swap();   //无参、无返回值的方法
    }
}
```

运行结果：

```
Enter int a:  918
Enter int b:  124
Before sawp: a=918 b=124
After   swap: a=124 b=918
```

方案二：使用 this 与有参的构造方法
//ThisSwap2.java
import corejava.*;   //引入 corejava 包中本程序用到的类
class ThisSwap2   //定义类
{
    private int a,b;
    public ThisSwap2(int a,int b)   //有参构造方法
    {
        this.a=a;
        this.b=b;
        Format.printf("Before sawp: a=%i ",a);   //输出语句
        Format.printf("b=%i\n",b);   //输出语句
        a^=b;
        b^=a;
        a^=b;
        Format.printf("After   swap: a=%d ",a);   //输出语句
        Format.printf("b=%d\n",b);   //输出语句
    }
    public static void main(String[] args)   //主方法
    {
        int a=Console.readInt("Enter int a: ");   //输入语句
        int b=Console.readInt("Enter int b: ");   //输入语句
        ThisSwap2 value=new ThisSwap2(a,b);
        //创建欲调用方法所在类的对象并调用构造方法
    }
}
运行结果与方案一同。

[例 3.4.7] 重复读入任意次数据，计算

$$y=\begin{cases} 0 & |x| \geq r \\ \sqrt{r^2-x^2} & |x| < r \end{cases}$$

（要求定义两个类：在一个类中定义有参构造方法和普通方法，在另一个类中定义主方法）。
方案一：使用 this 与有参的构造方法和无参、有返回值方法
//YTest6AA.java
import corejava.*;   //引入 corejava 包中本程序用到的类
class YTest5A   //定义类，放置构造方法和普通方法
{
    private double x;
    private double r;
    public YTest5A(double x,double r)   //有参构造方法

```java
        {
            this.x=x;
            this.r=r;
        }
        public double YTest()    //无参、有返回值的方法
        {
            return Math.abs(x)>=r?0:Math.sqrt(r*r-x*x);
        }
}
class YTest6AA    //定义类，放置主方法
{
    public static void main(String[] args)    //主方法
    {
        for(;;)
        {
            double x=Console.readDouble("Enter x: ");    //输入语句
            double r=Console.readDouble("Enter r: ");    //输入语句
            YTest5A obj=new YTest5A(x,r);
            //创建欲调用方法所在类的对象并调用构造方法
            Format.printf("y=%f\n",obj.YTest());
            //使用对象调用无参、有返回值的方法并输出结果
            String s=Console.readLine("Do you want to continue?(y/n)" );
            if(!s.equals("y"))
                break;
        }
    }
}
```

运行结果：

```
Enter x: 9.18
Enter r: 1.24
y=0.000000
Do you want to continue?(y/n) y
Enter x: 1.24
Enter r: 9.18
y=9.095867
Do you want to continue?(y/n) n
```

方案二：使用 this 与有参的构造方法和无参、无返回值方法
//YTest6AB.java
import corejava.*;   //引入 corejava 包中本程序用到的类
class YTest5A   //定义类，放置构造方法和普通方法
{

```java
        private double x;
        private double r;
        public YTest5A(double x,double r)    //有参构造方法
        {
            this.x=x;
            this.r=r;
        }
        public void YTest()    //无参、无返回值的方法
        {
            Format.printf("y=%f\n",Math.abs(x)>=r?0:Math.sqrt(r*r-x*x));
        }
}
class YTest6AB    //定义类，放置主方法
{
    public static void main(String[] args)    //主方法
    {
        double x=Console.readDouble("Enter x: ");    //输入语句
        double r=Console.readDouble("Enter r: ");    //输入语句
        YTest5A obj=new YTest5A(x,r);
        //创建欲调用方法所在类的对象并调用构造方法
        obj.YTest();    //使用对象调用无参、无返回值的方法
        if(Console.readLine("Do you want to continue?(y/n)" ).equals("y"))
            main(args);
    }
}
```

运行结果与方案一同。

[例 3.4.8] 重复读入任意次数据，计算

$$y=\begin{cases} \ln|x| & x<-3 \\ \sqrt{x+3}+\ln(5-x^3) & -3\leq x<\sqrt[3]{5} \\ e^x & x\geq\sqrt[3]{5} \end{cases}$$

方案一：使用 this 进行类型转换

```java
//This.java
import corejava.*;
class Compute    //定义类
{
    private double x;
    public Compute(String s)    //有参的构造方法
    {
        this(Double.parseDouble(s));
```

```java
    }
    public Compute(double x)    //有参的构造方法
    {
        this.x=x;
    }
    public void compute()    //无参、无返回值方法
    {
        double y=x<-3?Math.log(Math.abs(x)):x>=-3&&x<Math.pow(5,1/3.)?
                Math.sqrt(x+3)+Math.log(5-Math.pow(x,3)):Math.exp(x);
        Format.printf("y=%f\n",y);    //输出语句
    }
}
class This    //定义类
{
    public static void main(String[] args)    //主方法
    {
        String s=Console.readLine("Enter a double: ");
        Compute obj=new Compute(s);    //创建欲调用方法所在类的对象并调用构造方法
        obj.compute();    //使用对象调用无参、有返回值的方法
        if(Console.readLine("Do you want to continue?(y/n) ").equals("y"))
            main(args);
    }
}
```

运行结果：

```
Enter a double:   9.18
y=9701.152773
Do you want to continue?(y/n)   y
Enter a double:   1.24
y=3.188389
Do you want to continue?(y/n)   y
Enter a double:   5.10
y=164.021907
Do you want to continue?(y/n)   n
```

方案二：使用 this 有参的构造方法与无参、有返回值方法

```java
//This1.java
import corejava.*;
class Compute    //定义类
{
    private double x;
    public Compute(double x)    //有参的构造方法
    {
```

```
            this.x=x;
    }
    public void compute()    //无参、无返回值方法
    {
        double y=x<-3?Math.log(Math.abs(x)):x>=-3&&x<Math.pow(5,1/3.)?
        Math.sqrt(x+3)+Math.log(5-Math.pow(x,3)):Math.exp(x);
        Format.printf("y=%f\n",y);     //输出语句
    }
}
class This1    //定义类
{
    public static void main(String[] args)    //主方法
    {
        double x=Console.readDouble("Enter a double: ");
        Compute obj=new Compute(x);    //创建欲调用方法所在类的对象并调用构造方法
        obj.compute();    //使用对象调用无参、有返回值的方法
        if(Console.readLine("Do you want to continue?(y/n) ").equals("y"))
            main(args);
    }
}
```

运行结果与方案一同。

3.4.2 构造方法的 this 简捷法

[例 3.4.9] instance of 的使用。

```
//Data.java
import corejava.*;    //引入 corejava 包中本程序用到的类
public class Date    //定义类
{
    public Date()    //无参构造方法
    {
        this(10,25,2000);
        /* 或
        month=10;
        day=25;
        year=2000; */
    }
    public Date(int theMonth,int theDay,int theYear)    //有参构造方法
    {
        month=theMonth;
        day=theDay;
```

```java
            year=theYear;
        }
        public boolean equal(Object rhs)    //有对象参数、有返回布尔型的方法
        {
            if(!(rhs instanceof Date))    //使用 instanceof 测试类的实例
                return false;
            Date rhDate=(Date)rhs;
            return rhDate.month==month&&rhDate.day==day&&rhDate.year==year;
        }
        public String toString()//无参、有返回 String 型的方法
        {
            return month+"/"+day+"/"+year;
        }
        private int month;
        private int day;
        private int year;
        public static void main(String[] args)    //主方法
        {
            Date t=new Date();    //创建类对象并调用无参构造方法
            Format.printf("Date : %s\n",t.toString());//使用对象调用 toString 方法并输出结果
        }
}
```
运行结果：

```
Date : 10/25/2000
```

3.4.3 静态域

[例 3.4.10] 计算 n! (使用静态成员和迭代方式)

方案一：使用无参、有返回值方法

```java
//FactorialA.java
import corejava.*;    //引入 corejava 包中本程序用到的类
class FactorialA    //定义类
{
    private int factor;
    private static double product=1;    //说明私有的静态成员（静态 double 型符号常量）
    public FactorialA(int n)    //有参构造方法
    {
        factor=n;
    }
    public double factorial()    //无参、有返回值方法
    {
```

```
        return product*=factor;            //迭代调用
    }
    public static void main(String[] args)    //主方法
    {
        int n=Console.readInt("Enter an integer: ");    //输入语句
        for(int i=1;i<=n;i++)
        {
            FactorialA obj=new FactorialA(i);    //创建类对象并调用构造方法
            Format.printf("%d!=",i);    //输出语句
            Format.printf("%g\n",obj.factorial());    //使用对象调用方法并输出结果
        }
    }
}
```

运行结果：

```
Enter an integer: 20
1!=1
2!=2
3!=6
4!=24
5!=120
6!=720
7!=5040
8!=40320
9!=362880
10!=3.6288e+006
11!=3.99168e+007
12!=4.790016e+008
13!=6.227021e+009
14!=8.717829e+010
15!=1.307674e+012
16!=2.092279e+013
17!=3.556874e+014
18!=6.402374e+015
19!=1.216451e+017
20!=2.432902e+018
```

方案二：使用无参、无返回值方法

```
//FactorialA2.java
import corejava.*;
class FactorialA    //定义类
{
    private int factor;
    private static double product=1;
    public FactorialA(int n)    //有参构造方法
    {
```

```
            factor=n;
        }
        public void Factorial()    //无参、无返回值的方法
        {
            Format.printf("%d!=",factor);      //输出语句
            Format.printf("%g\n",product*=factor);    //输出语句
        }
}
class FactorialA2    //定义类
{
    public static void main(String[] args)    //主方法
    {
        int n=Console.readInt("Enter an integer: ");    //输入语句
        for(int i=1;i<=n;i++)
        {
            FactorialA obj=new FactorialA(i);    //创建欲调用方法所在类对象并调用构造方法
            obj.Factorial();    //使用对象调用无参、无返回值的方法
        }
    }
}
```
运行结果与方案一同。

3.4.4 静态初始化器

[例 3.4.11] 输入圆的半径，计算圆的面积（要求定义两个类，使用静态初始化）。

方案一：使用静态方法和静态初始化
```
//StaticMethod1.java
import corejava.*;
class StaticMethod    //定义类
{
    public static void Method(double r)
    {
        Format.printf("Area=%f\n",Math.PI*r*r);
    }
}
class StaticMethod1    //定义类
{
    private static double radius;
    static    //静态初始化
    {
        radius=Console.readDouble("Enter radius of circle: ");
```

```java
    }
    public static void main(String[] args)    //主方法
    {
        StaticMethod.Method(radius);
    }
}
```
运行结果：

```
Enter radius of circle:  9.18
Area=264.749553
```

方案二：使用静态数组方法和静态初始化

```java
//StaticMethod.java
import corejava.*;
class ArrayMethod    //定义类
{
    public static void Array(double[] r)
    {
        for(int i=0;i<r.length;i++)
        {
            Format.printf("Area[%d]=",i);
            Format.printf("%f\n",Math.PI*r[i]*r[i]);
        }
    }
}
class StaticMethod    //定义类
{
    private static final int N=3;
    private static double[] radius=new double[N];
    static    //静态初始化
    {
        Format.printf("%s\n","Enter the elements of array: ");
        for(int i=0;i<radius.length;i++)
        {
            Format.printf("radius[%d]=",i);
            radius[i]=Console.readDouble(" ");
        }
    }
    public static void main(String[] args)    //主方法
    {
        ArrayMethod.Array(radius);
    }
}
```

运行结果：

```
Enter the elements of array:
radius[0]=   9.18
radius[1]=   1.24
radius[2]=   8.3
Area[0]=264.749553
Area[1]=4.830513
Area[2]=216.424318
```

[例 3.4.12]　使用静态数组方法和静态初始化计算

$$y=\begin{cases} \ln|x| & x<-3 \\ \sqrt{x+3}+\ln(5-x^3) & -3\leq x<\sqrt[3]{5} \\ e^x & x\geq\sqrt[3]{5} \end{cases}$$

```java
//MathArrayA.java
import corejava.*;
class ArrayMath    //定义类
{
    public static void Array(double[] x)
    {
        for(int i=0;i<x.length;i++)
        {
            int j=x[i]<-3?1:x[i]>=-3&&x[i]<Math.pow(5,1d/3)?2:3;
            switch(j)
            {
                case 1: Format.printf("y[%d]=",i);
                        Format.printf("%f\n",Math.log(Math.abs(x[i])));
                        break;
                case 2: Format.printf("y[%d]=",i);
                        Format.printf("%f\n",Math.sqrt(x[i]+3)+Math.log(5-Math.pow(x[i],3)));
                        break;
                case 3: Format.printf("y[%d]=",i);
                        Format.printf("%f\n",Math.exp(x[i]));
            }
        }
    }
}
class MathArrayA    //定义类
{
```

```
        private static final int N=3;
        private static double[] x=new double[N];
        static     //静态初始化
        {
            Format.printf("%s\n","Enter the elements of array: ");
            for(int i=0;i<x.length;i++)
            {
                Format.printf("x[%d]=",i);
                x[i]=Console.readDouble(" ");
            }
        }
        public static void main(String[] args)    //主方法
        {
            ArrayMath.Array(x);
        }
}
```

运行结果：

```
Enter the elements of array:
x[0]=   9.18
x[1]=   1.24
x[2]=   8.3
y[0]=9701.152773
y[1]=3.188389
y[2]=4023.872394
```

3.4.5 内部类

1. 成员内部类

[例 3.4.13] 成员内部类的使用。

```
//Outer.java
import corejava.*;
class Outer    //外部类
{
    private static double r;
    private double h;
    public static void outerMethod1()
    {
        r=Console.readDouble("Enter radius of circle: ");
        Format.printf("CircleArea= %f\n",Math.PI*r*r);
    }
    public void outerMethod2()
    {
```

```
        h=Console.readDouble("Enter height of cone: ");
        Format.printf("ConeVolume=%f\n",Math.PI*r*r*h/3);
    }
    class Inner   //成员内部类,可以访问外部类的所有成员
    {
        int a,b;   //成员内部类中，不能定义静态成员
        void innerMethod()
        {
            outerMethod1();
            outerMethod2();
            Format.printf("SphereVolume=%f\n",4*Math.PI*r*r*r/3);
            a=Console.readInt("Enter an int number: ");
            b=Console.readInt("Enter an int number: ");
            Format.printf("Sum=%d\n",a+b);
        }
    }
    public static void main(String[] args)    //主方法
    {
        Outer out = new Outer();
        Outer.Inner outin = out.new Inner();
        outin.innerMethod();
    }
}
```

运行结果：

```
Enter radius of circle: 1
CircleArea= 3.141593
Enter height of cone: 3
ConeVolume=3.141593
SphereVolume=4.188790
Enter an int number: 4
Enter an int number: 5
Sum=9
```

2. 局部内部类

[例 3.4.14] 局部内部类的使用。

```
//Outer1.java
import corejava.*;
public class Outer1    //定义外部类
{
    private int si=510;
    private int outi=124;
    public void Method(final int k)
```

```
{
    final int si=51;
    int i=124;
    final int j1=918;
    Format.printf("CircleArea=%d\n",(int)(Math.PI*k*k));
    class Inner    //定义内部类
    {
        int si=83; // 内部类中可以定义与外部类同名的变量
        Inner(int k)
        {
            Format.printf("SphereArea=%d\n",(int)(4*Math.PI*k*k*k/3));
            innerMethod1(k);
        }
        int inneri=51;
        void innerMethod1(int k)
        {
            int h=Console.readInt("Enter heigth cone: ");
            Format.printf("ConeArea=%d\n",(int)(Math.PI*k*k*h/3));
            Format.printf("%d\n",outi);    //System.out.println(outi);
            /* 内部类没有与外部类同名的变量，在内部类中可以直接访问外部类的
                实例变量 */
            Format.printf("%d\n",j1);    //System.out.println(j1);
            /* 可以访问外部类的局部变量(即方法内的变量)，但是变量必须是 final
                的变量     *
            Format.printf("%d\n",si);    //System.out.println(si);
            //内部类中有与外部类同名的变量，直接用变量名访问的是内部类的变量
            Format.printf("%d\n",this.si);    //System.out.println(this.si);
            //用 this.变量名访问的也是内部类变量
            Format.printf("%d\n",Outer1.this.si);
              //System.out.println(Outer1.this.si);
            //用外部类名.this.内部类变量名访问的是外部类变量
        }
    }
    new Inner(k);
}
public static void main(String[] args)    //主方法
{
    Outer1 out = new Outer1();    // 访问局部内部类必须先有外部类对象
    int x=Console.readInt("Enter radius: ");
    out.Method(x);
```

    }
}

运行结果：

```
Enter radius:    4
CircleArea=50
SphereArea=268
Enter heigth cone:    6
ConeArea=100
124
918
83
83
510
```

3. 静态内部类

[例 3.4.15]   静态内部类和静态方法的使用。

```java
//Outer2.java
import corejava.*;
class Outer2    //定义类
{
    private static int i=510;
    private int j=124;
    private static double r;
    public static void outerMethod1()
    {
        r=Console.readDouble("Enter radius of circle: ");
        Format.printf("CircleArea=%f\n",Math.PI*r*r);
    }
    public void outerMethod2()
    {
        Format.printf("SphereVolume=%f\n",4*Math.PI*r*r*r/3);
    }
    static class Inner    //静态内部类可以用 public,protected,private 修饰
    {
        static int innerI=918;
        int innerJ=83;    //静态内部类中可以定义静态或者非静态的成员
        static void innerMethod1()
        {
            Format.printf("Outer.i%d\n",i);
            //静态内部类只能访问外部类的静态成员(包括静态变量和静态方法)
            //System.out.println("Outer.i"+i);
            outerMethod1();
        }
        void innerMethod2()
```

```java
            {
                new Outer2().outerMethod2();
                double h=Console.readDouble("Enter height of cone: ");
                Format.printf("ConeVolume=%f\n",Math.PI*r*r*h/3);
            }
        }
        public void outerMethod3()
        {
            System.out.println(Inner.innerI);
            Inner.innerMethod1();    //外部类访问内部类的静态成员：内部类.静态成员
            Inner inner = new Inner();
            inner.innerMethod2();    //外部类访问内部类的非静态成员:实例化内部类即可
        }
        public static void main(String[] args)    //主方法
        {
            new Outer2().outerMethod3();
        }
}
```

运行结果：

```
918
Outer.i510
Enter radius of circle: 1
CircleArea=3.141593
SphereVolume=4.188790
Enter height of cone: 5
ConeVolume=5.235988
```

[**例 3.4.16**]　静态内部类的使用。

```java
//Outer3.java
import corejava.*;
class Outer    //定义类
{
    public static class InnerMethod
    {
        InnerMethod()
        {
            boolean b=true;
            for(;b;)
            {
                double r=Console.readDouble("Enter radius of circle: ");
                Format.printf("CircleArea=%f\n",Math.PI*r*r);
                b=Console.readLine("Do you want to
```

```
                        continue?(y/n) ").equals("y")?true:false;
            }
        }
    }
}
class Outer3    //定义类
{
    public static void main(String[] args)    //主方法
    {
        Outer.InnerMethod obj=new Outer.InnerMethod();
    }
}
```

运行结果：

```
Enter radius of circle: 1
CircleArea=3.141593
Do you want to continue?(y/n)  y
Enter radius of circle: 3
CircleArea=28.274334
Do you want to continue?(y/n)  n
```

4. 匿名内部类

[例 3.4.17]　计算

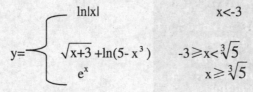

(要求使用匿名内部类计算)。

```
//Anonymous.java
import corejava.*;
class Anonym    //定义类
{
    void f(Anony g)
    {
        g.eAnony();
    }
    void noName()
    {
        f(new Anony()
        {
            void eAnony()
            {
```

```
                    double x=Console.readDouble("Enter value x: ");
                    Format.printf("\ty=%f\n",x<-3?Math.log(Math.abs(x)):
                               (x>=-3&&x<Math.pow(5,1/3.))?
                               Math.sqrt(x+3)+Math.log(5-Math.pow(x,3)):
                               Math.exp(x));
            }
        }
    }
}
class Anony    //定义类
{
    void eAnony(){}
}
class Anonymous    //定义类
{
    public static void main(String[] args)    //主方法
    {
        Anonym obj=new Anonym();
        for(;;)
        {
            obj.noName();
            String s=Console.readLine("Do you want to continue?(y/n) ");
            if(s.equals("n")||s.equals("N"))
                break;
        }
    }
}
```

运行结果：

```
Enter value x:  1.24
        y=3.188389
Do you want to continue?(y/n)   y
Enter value x:  9.18
        y=9701.152773
Do you want to continue?(y/n)   y
Enter value x:  5.10
        y=164.021907
Do you want to continue?(y/n)   n
```

第4章 继 承

4.1 继承的基本语法

4.1.1 构造方法与 super

［例 **4.1.1**］ Circle1 类从 point1 类继承,以求圆的圆心、半径以及面积。

```
//Circle1.java
public class Circle1 extends Point    //从基类派生的派生类
{
    protected double radius;
    public Circle1()    //派生类的无参构造方法
    {
        super(0,0);    //调用超类（基类）的构造方法
        setRadius(0);
    }
    public Circle1(double r,double a,double b)    //派生类的有参构造方法
    {
        super(a,b);    //调用超类（基类）的构造方法
        setRadius(r);
    }
    public double setRadius(double r)    //有参、有返回值的方法
    {
        return radius=(r>=0.0?r:0.0);
    }
    public double getRadius()    //无参、有返回值的方法
    {
        return radius;
    }
    public double area()    //无参、有返回值的方法
    {
        return 3.14159*radius*radius;
    }
```

```java
    public String toString()
    {
            return "Center="+"["+x+","+y+"]"+";Radius="+radius;
    }
}
//TestCircleApp.java
import corejava.*;    //引入 corejava 包中本程序用到的类
public class TestCircleApp extends Circle1    //派生类，从超类派生
{
    public static void main(String[] args)    //主方法
    {
        Circle1 c=new Circle1(5.10,1.24,9.18);
        //创建派生类对象并调用派生类的构造方法
        Format.printf("X coordinate is: %f\n",c.getX());
        //使用派生类对象调用基类的访问器方法
        Format.printf("Y coordinate is: %f\n",c.getY());
        //使用派生类对象调用基类的访问器方法
        Format.printf("Radius is: %f\n",c.getRadius());    //使用派生类对象调用派生类的方法
        c.setRadius(5.1);    //使用派生类对象调用派生类的方法
        c.setPoint(10,2);    //使用派生类对象调用派生类的方法
        Format.printf("The new location and radius of c are:\n    %s\n",c.toString());
        //使用派生类对象调用派生类的 toString 方法并输出结果
        Format.printf("Area is: %f\n",c.area());
        //使用派生类对象调用派生类的方法并输出结果
    }
}
```

运行结果：

```
X coordinate is: 1.240000
Y coordinate is: 9.180000
Radius is: 5.100000
The new location and radius of c are:
    Center=[10.0,2.0];Radius=5.1
Area is: 81.712756
```

[例 4.1.2] 从 Circle1 类继承，求圆柱体的表面积与体积。

```java
//Cylinder.java
public class Cylinder extends Circle1    //派生类
{
    protected double height;
    public Cylinder(double h,double r,double a,double b)    //有参构造方法
    {
        super(r,a,b);    //调用基类（超类）的构造方法
```

```java
            setHeight(h);
        }
        public void setHeight(double h)    //有参、无返回值的方法
        {
            height=(h>=0?h:0);
        }
        public double getHeight()    //无参、有返回值的方法
        {
            return height;
        }
        public double area()    //无参、有返回值的方法
        {
            return 2*super.area()+2*3.14159*radius*height;
        }
        public double volume()    //无参、有返回值的方法
        {
            return super.area()*height;
        }
        public String toString()
        {
            return super.toString()+"; Height="+height;
        }
}
//TestCylinderApp.java
import corejava.*;    //引入 corejava 包中本程序用到的类
public class TestCylinderApp extends Circle1    //派生类
{
        public static void main(String[] args)    //主方法
        {
            Cylinder c=new Cylinder(10.25,5.10,1.24,9.18);
            //创建派生类对象并调用派生类的构造方法
            Format.printf("X coordinate is: %f\n",c.getX());
            //使用派生类对象调用派生类的方法并输出结果
            Format.printf("Y coordinate is: %f\n",c.getY());
            //使用派生类对象调用派生类的方法并输出结果
            Format.printf("Radius is: %f\n",c.getRadius());
            //使用派生类对象调用派生类的方法并输出结果
            Format.printf("Height is: %f\n",c.getHeight());
            //使用派生类对象调用派生类的方法并输出结果
            c.setHeight(11.19);    //使用派生类对象调用派生类的方法
```

```
        c.setRadius(5.1);    //使用派生类对象调用派生类的方法
        c.setPoint(10,2);    //使用派生类对象调用派生类的方法
        Format.printf("The new location, radius and height"+" of c are: %s\n"," ");
        Format.printf("%s\n",c.toString());
        //使用派生类对象调用派生类的 toString 方法并输出结果
        Format.printf("Area is: %f\n",c.area());
        //使用派生类对象调用派生类的方法并输出结果
          Format.printf("Volume is: %f\n",c.volume());
        //使用派生类对象调用派生类的方法并输出结果
    }
}
```
运行结果:

```
X coordinate is: 1.240000
Y coordinate is: 9.180000
Radius is: 5.100000
Height is: 10.250000
The new location, radius and height of c are:
Center=[10.0,2.0];Radius=5.1; Height=11.19
Area is: 522.000311
Volume is: 914.365739
```

说明：在 TestCylinderApp.java 程序中，第一行到第二行可写成：
import corejava.*;
import Circle1;
public class TestCylinder   //取代 public class TestCylinderApp extends Circle1
{
    …
}

[例 4.1.3] 重复读入数据，计算正方形、长方形及梯形面积（要求使用逐一继承方式求解）。

方案一：分别输入三个数，使用派生类对象调用方法
//InheritA.java
import corejava.*;   //引入 corejava 包中本程序用到的类
class Square   //基类
{
    protected double Length;
    public Square(double Len)   //有参构造方法
    {
        Length=Len;
    }
    public void SArea()   //无参、无返回值的方法
    {

```java
            Format.printf("Area of square is: %f\n",Length*Length);   //输出语句
        }
}
class Rectangle extends Square    //派生类，从基类派生
{
        protected double Width;
        public Rectangle(double Len,double Wid)   //有参构造方法
        {
                super(Len);   //调用基类构造方法
                Width=Wid;
        }
        public void RArea()    //无参、无返回值的方法
        {
            Format.printf("Area of rectangle is: %f\n",Length*Width);    //输出语句
        }
}
class Trapezoid extends Rectangle     //派生类，从超类派生
{
        protected double Height;
        public Trapezoid(double Len, double Wid,double Hei)    //有参构造方法
        {
                super(Len,Wid);    //调用超类构造方法
                Height=Hei;
        }
        public void TArea()    //无参、无返回值的方法
        {
            Format.printf("Area of trapezoid is: %f\n",(Length+Width)*Height/2);
              //输出语句
        }
}
class InheritA   //定义类，用于放置主方法的类
{
        public static void main(String[] args)    //主方法
        {
                for(;;)
                {
                        double l=Console.readDouble("Enter length: ");      //输入语句
                        double w=Console.readDouble("Enter width:: ");      //输入语句
                        double h=Console.readDouble("Enter height: ");      //输入语句
                        Square squ=new Square(l);    //创建基类对象并调用基类构造方法
```

```
                    Rectangle rec=new Rectangle(l,w);
                    //创建派生类对象并调用派生类构造方法
                    Trapezoid tra=new Trapezoid(l,w,h);
                    //创建派生类对象并调用派生类构造方法
                    squ.SArea();    //使用基类对象，调用基类方法
                    rec.RArea();    //使用派生类对象，调用派生类方法
                    tra.TArea();    //使用派生类对象，调用派生类方法
                    String str=Console.readLine("Do you want to continue?(y/n) ");
                    if(str.equals("n"))
                        break;
            }
        }
    }
```
运行结果：

```
Enter length:  5
Enter width::  10
Enter height:  25
Area of square is: 25.000000
Area of rectangle is: 50.000000
Area of trapezoid is: 187.500000
Do you want to continue?(y/n)
```

方案二：一次输入三个数，分别使用基类、派生类对象调用方法
```
//InheritB.java
import corejava.*;   //引入 corejava 包中本程序用到的类
class Square    //基类
{
    protected double Length;
    public Square(double Len)    //有参构造方法
    {
        Length=Len;
    }
    public void SArea()    //无参、无返回值的方法
    {
        Format.printf("Area of square is: %f\n",Length*Length);
    }
}
class Rectangle extends Square    //派生类，从基类派生
{
    protected double Width;
    public Rectangle(double Len,double Wid)    //有参构造方法
    {
```

```java
        super(Len);    //调用基类构造方法
        Width=Wid;
    }
    public void RArea()    //无参、无返回值的方法
    {
        Format.printf("Area of rectangle is: %f\n",Length*Width);    //输出语句
    }
}
class Trapezoid extends Rectangle    //派生类,从超类派生
{
    protected double Height;
    public Trapezoid(double Len, double Wid,double Hei)    //有参构造方法
    {
        super(Len,Wid);    //调用超类构造方法
        Height=Hei;
    }
    public void TArea()    //无参、无返回值的方法
    {
        Format.printf("Area of trapezoid is: %f\n",(Length+Width)*Height/2);
        //输出语句
    }
}
class InheritB    //定义类,用于放置主方法
{
    public static void main(String[] args)    //主方法
    {
        for(;;)
        {
            String s=Console.readLine("Enter three numbers: ");    //输入语句
            String[] s1=s.split(" ");
            double l=Double.parseDouble(s1[0]);
            double w=Double.parseDouble(s1[1]);
            double h=Double.parseDouble(s1[2]);
            Square squ=new Square(l);    //创建基类对象并调用基类构造方法
            Rectangle rec=new Rectangle(l,w);
            //创建派生类对象并调用派生类构造方法
            Trapezoid tra=new Trapezoid(l,w,h);
            //创建派生类对象并调用派生类构造方法
            squ.SArea();    //使用基类对象,调用基类方法
            rec.RArea();    //使用派生类对象,调用派生类方法
```

```
                tra.TArea();    //使用派生类对象，调用派生类方法
                String str=Console.readLine("Do you want to continue?(y/n) ");
                if(str.equals("n"))
                    break;
            }
        }
    }
运行结果：
```

```
Enter three numbers:  5 10 25
Area of square is: 25.000000
Area of rectangle is: 50.000000
Area of trapezoid is: 187.500000
Do you want to continue?(y/n)  n
```

方案三：一次输入三个数，均使用派生类对象调用派生类的重构方法

```java
//InheritC.java
import corejava.*;    //引入 corejava 包中本程序用到的类
class Square    //基类
{
    protected double Length;
    public Square(double Len)    //有参构造方法
    {
        Length=Len;
    }
    public void Area()    //无参、无返回值的重构方法
    {
        Format.printf("Area of square is: %f\n",Length*Length);    //输出语句
    }
}
class Rectangle extends Square    //派生类，从基类派生
{
    protected double Width;
    public Rectangle(double Len,double Wid)    //有参构造方法
    {
        super(Len);    //调用基类构造方法
        Width=Wid;
    }
    public void Area()    //无参、无返回值的重构方法
    {
        super.Area();
        Format.printf("Area of rectangle is: %f\n",Length*Width);    //输出语句
```

}
}
class Trapezoid extends Rectangle   //派生类，从超类派生
{
    protected double Height;
    public Trapezoid(double Len, double Wid,double Hei)   //有参构造方法
    {
        super(Len,Wid);   //调用超类构造方法
        Height=Hei;
    }
    public void Area()   //无参、无返回值的重构方法
    {
        super.Area();
        Format.printf("Area of trapezoid is: %f\n",(Length+Width)*Height/2);
        //输出语句
    }
}
class InheritC   //定义类，用于放置主方法
{
    public static void main(String[] args)   //主方法
    {
        String[] s=Console.readLine("Enter three numbers: ").split(" ");
          //输入语句
        double l=Double.parseDouble(s[0]);
        double w=Double.parseDouble(s[1]);
        double h=Double.parseDouble(s[2]);
        Trapezoid tra=new Trapezoid(l,w,h);
          //创建派生类对象并调用派生类构造方法
        tra.Area();   //使用派生类对象，调用派生类的重构方法
        if(Console.readLine("Do you want to continue?(y/n) ").equals("y"))
            main(args);
    }
}

运行结果与方案一同。

　　[例 4.1.4]　重复读入数据，计算正方形、长方形及三角形面积（使用逐一继承方式求解）。
//InheritD.java
import corejava.*;   //引入 corejava 包中本程序用到的类
class Square   //基类
{
    protected double x;

```java
    public Square(double x)    //有参构造方法
    {
        this.x=x;
    }
    public void SArea()    //无参、无返回值的方法
    {
        Format.printf("Area of square is: %f\n",x*x);   //输出语句
    }
}
class Rectangle extends Square    //派生类，从基类派生
{
    protected double y;
    public Rectangle(double x,double y)    //有参构造方法
    {
        super(x);    //调用基类构造方法
        this.y=y;
    }
    public void RArea()    //无参、无返回值的方法
    {
        Format.printf("Area of rectangle is: %f\n",x*y);   //输出语句
    }
}
class Triangle extends Rectangle    //派生类，从超类派生
{
    protected double z;
    public Triangle(double x, double y,double z)    //有参构造方法
    {
        super(x,y);    //调用超类构造方法
        this.z=z;
    }
    public void TArea()    //无参、无返回值的方法
    {
    if(x+y<=z||x+z<=y||y+z<=x)
        Format.printf("%s\n","Can't builing trangle!");   //输出语句
    else
    {
    double s=(x+y+z)/2;
        Format.printf("Area of triangle is: %f\n",
            Math.sqrt(s*(s-x)*(s-y)*(s-z)));    //输出语句
    }
```

```
        }
}
class InheritD    //定义类，用于放置主方法
{
        public static void main(String[] args)    //主方法
        {
                for(;;)
                {
                        String s=Console.readLine("Enter three numbers: ");    //输入语句
                        String[] s1=s.split(" ");
                        double x=Double.parseDouble(s1[0]);
                        double y=Double.parseDouble(s1[1]);
                        double z=Double.parseDouble(s1[2]);
                        Triangle tri=new Triangle(x,y,z);
                        //创建派生类对象并调用派生类构造方法
                        tri.SArea();    //使用派生类对象，调用基类方法
                        tri.RArea();    //使用派生类对象，调用派生类方法
                        tri.TArea();    //使用派生类对象，调用派生类方法
                        String str=Console.readLine("Do you want to continue?(y/n) ");
                        if(str.equals("n"))
                           break;
                }
        }
}
```

运行结果：

```
Enter three numbers:  1 2 3
Area of square is: 1.000000
Area of rectangle is: 2.000000
Can't builing trangle!
Do you want to continue?(y/n)   y
Enter three numbers:  4 5 6
Area of square is: 16.000000
Area of rectangle is: 20.000000
Area of triangle is: 9.921567
Do you want to continue?(y/n)
```

4.1.2 final 方法与类

[例 **4.1.5**] 重构方法的使用。
//TestPrintClass.java
import corejava.*;   //引入 corejava 包中本程序用到的类

```java
class PrintClass     //基类
{
    int x=0,y=1;
    public void printMe()    //无参、无返回值的方法
    {
            Format.printf("x is: %d, ",x);   //输出语句
            Format.printf("y is: %d, ",y);   //输出语句
            Format.printf("I am an instance of the class %s\n", this.getClass().getName());
            //输出语句
    }
}
class TestPrintClass extends PrintClass    //派生类,从基类派生
{
    private int z=3;
    public void printMe()    //无参、无返回值的方法(重构方法)
    {
        Format.printf("x is %d, ",x);    //输出语句
        Format.printf("y is %d, ",y);    //输出语句
        Format.printf("z is %d\n",z);    //输出语句
        Format.printf("I am an instance of the class %s\n", this.getClass().getName());
    }
    public static void main(String[] args)    //主方法
    {
        TestPrintClass obj=new TestPrintClass();    //创建派生类对象
        obj.printMe();     //使用派生类对象,调用派生类构造方法(重构方法)
        PrintClass obj1=new PrintClass();    //创建基类对象
        obj1.printMe();    //使用基类对象,调用基类方法
    }
}
```

运行结果:

```
x is 0, y is 1, z is 3
I am an instance of the class TestPrintClass
x is: 0, y is: 1, I am an instance of the class PrintClass
```

4.1.3 抽象方法与抽象类

[例 4.1.6] 抽象类的定义与使用。

```java
//AbstractClassApp.java
import corejava.*;    //引入 corejava 包中本程序用到的类
abstract class Shapes    //抽象类
{
```

```java
        protected int x,y;                  //受保护数据成员
        protected int width,height;         //受保护数据成员
        public Shapes(int x,int y,int width,int height)   //有参构造方法
        {
            this.x=x;
            this.y=y;
            this.width=width;
            this.height=height;
        }
        public abstract double getArea();      //抽象方法
        public abstract double getPerimeter(); //抽象方法
}
class Square extends Shapes    //派生类，从抽象类派生
{
        public double getArea()    //无参、有返回值的抽象方法的实现
        {
            return width*height;
        }
        public double getPerimeter()   //无参、有返回值的抽象方法的实现
        {
            return 2*width+2*height;
        }
        public Square(int x,int y,int width,int height)   //有参构造方法
        {
            super(x,y,width,height);    //调用超类的构造方法
        }
}
class Circle extends Shapes    //派生类，从超类派生
{
        private double r;      //私有数据成员
        public double getArea()    //无参、有返回值的方法
        {
            return (Math.PI*r*r);
        }
        public double getPerimeter()   //无参、有返回值的方法
        {
            return 2*Math.PI*r;
        }
        public Circle(int x,int y,int width,int height)   //有参构造方法
        {
```

```
            super(x,y,width,height);    //调用超类的构造方法
            r=(double)width/2.0;
    }
}
public class AbstractClassApp    //定义用于放置主方法的类
{
    public static void main(String[] args)    //主方法
    {
            Square Box=new Square(5,10,20,20);
            //创建派生类对象并调用派生类构造方法
            Circle Oval=new Circle(11,19,20,20);
            //创建派生类对象并调用派生类构造方法
            Format.printf("Area of square is: %f\n",Box.getArea());    //输出语句
            Format.printf("Perimeter of square is: %f\n",Box.getPerimeter());    //输出语句
            Format.printf("Area of circle is: %f\n",Oval.getArea());    //输出语句
            Format.printf("Perimeter of circle is: %f\n",Oval.getPerimeter());    //输出语句
    }
}
```

运行结果:

```
Area of square is: 400.000000
Perimeter of square is: 80.000000
Area of circle is: 314.159265
Perimeter of circle is: 62.831853
```

[例 4.1.7] 抽象类的定义与使用。

```
//AbstractProductApp.java
import corejava.*;    //引入 corejava 包中本程序用到的类
abstract class Product    //抽象类
{
    protected double Price,Cost;    //受保护数据成员
    String Name;
    public Product(String Name,double Price,double Cost)    //有参构造方法
    {
        this.Name=Name;
        this.Price=Price;
        this.Cost=Cost;
    }
    public abstract String ShowProduct();    //抽象方法
}
class Book extends Product    //派生类,从抽象类派生
{
```

```java
    public Book(String Title,double Price,double Cost)    //有参构造方法
    {
        super(Title,Price,Cost);    //调用基类的构造方法
    }
    public String ShowProduct()    //抽象方法的实现
    {
        return "Book: "+Name+" Price: $"+Price;
    }
}
class CDROM extends Product    //派生类，从抽象类派生
{
    public CDROM(String Title,double Price,double Cost)    //有参构造方法
    {
        super(Title,Price,Cost);
    }
    public String ShowProduct()    //抽象方法的实现
    {
        return "CDROM: "+Name+" Price: $"+Price;
    }
}
class AbstractProductApp    //放置主方法的类
{
    public static void main(String[] args)    //主方法
    {
        Book JavaBook=new Book("Core Java Programming.",39.99,30.93);
        //创建派生类对象并调用派生类构造方法
        CDROM JavaLibrary=new CDROM("Java Programmer's Library.",49.95,39.93);
        //创建派生类对象并调用派生类构造方法
        Format.printf("%s\n",JavaBook.ShowProduct());    //输出语句
        Format.printf("%s\n",JavaLibrary.ShowProduct());    //输出语句
    }
}
```

运行结果：

```
Book: Core Java Programming. Price: $39.99
CDROM: Java Programmer's Library. Price: $49.95
```

[例 4.1.8] 使用抽象类和抽象方法求两个数的积与商。

```java
//TestAbstractA.java
import corejava.*;    //引入 corejava 包中本程序用到的类
abstract class Sum    //抽象类
{
```

```java
    protected float a,b;
    public void setValue(float x,float y)    //有参、无返回值的方法
    {
        a=x;
        b=y;
    }
    public abstract void print();    //抽象方法
}
class Mul extends Sum    //派生类
{
     public void print()    //无参、无返回值抽象方法的实现
     {
        Format.printf("MulProduct=%f\n",a*b);    //输出语句
      }
}
class Div extends Sum    //派生类,从抽象类派生
{
    public void print()    //无参、无返回值抽象方法的实现
    {
        Format.printf("Rectangle s=%f\n",a/b);    //输出语句
    }
}
class TestAbstractA    //定义类,放置主方法
{
    public static void main(String[] args)    //主方法
    {
        float a=(float)Console.readDouble("Enter a float: ");    //输入语句
        float b=(float)Console.readDouble("Enter a float: ");    //输入语句
        Mul obj=new Mul();    //创建派生类对象
        obj.setValue(a,b);    //使用派生类对象调用抽象类的方法
        obj.print();    //使用派生类对象调用派生类的方法
        Div obj1=new Div();    //创建派生类对象
        obj1.setValue(a,b);    //使用派生类对象调用抽象类的方法
        obj1.print();    //使用派生类对象调用派生类的方法
    }
}
```

运行结果:

```
Enter a float: 10
Enter a float: 25
MulProduct=250.000000
Rectangle s=0.400000
```

[例 4.1.9] 抽象类的定义与使用（求圆、长方形和矩形的面积）。

```java
//shape.java
abstract class shape     //定义抽象类
{
    abstract public double area();    //无参、有返回值的抽象方法
    public shape(String shapeName)    //构造方法
    {
        name=shapeName;
    }
    final public boolean lessThan(shape rhs)  //有参、有返回值的 final 方法
    {
        return area()<rhs.area();
    }
    final public String toString()   //无参、有返回值的 final 方法
    {
        return name+" of area "+area();
    }
    private String name;
}
//circleA.java
public class circleA extends shape   //定义派生类，从抽象类派生
{
    public circleA(double rad)   //有参构造方法
    {
        super("circle");    //调用超类的构造方法
        radius=rad;
    }
    public double area()   //无参、有返回值的方法
    {
        return PI*radius*radius;
    }
    static final private double PI=3.14159;   //PI 为私有的静态 double 型符号常量
    private double radius;
}
//Rectangle.java
public class Rectangle extends shape    //定义派生类，从抽象类派生
```

```java
{
    public Rectangle(double len,double wid)    //直接构造方法
    {
        super("rectangle");    //调用超类的构造方法
        length=len;
        width=wid;
    }
    public double area()    //无参、有返回值的方法
    {
        return length*width;
    }
    protected double length;;
    protected double width;
}
//SquareA.java
public class SquareA extends Rectangle    //定义派生类，从超类派生
{
    public SquareA(double side)    //有参的构造方法
    {
        super(side,side);    //调用超类的构造方法
    }
}
//求圆、长方形和矩形面积的程序
//TestShape.java
import java.io.*;    //引用 java.io 包中本程序要用到的类
class TestShape    //定义类
{
    private static BufferedReader in;    //私有的静态缓冲区读入流类对象
    private static shape readShape()    //无参的静态方法
    {
        double rad,len,wid;
        String oneLine;
        try
        {
            System.out.println("Enter shape type: ");    //输出语句
            do
            {
                oneLine=in.readLine();
            }while(oneLine.length()==0);
            switch(oneLine.charAt(0))
```

```java
            {
                    case 'c': System.out.println("Enter radius: ");         //输出语句
                            rad=Integer.parseInt(in.readLine());
                            return new circleA(rad);
                    case 's': System.out.println("Enter side: ");           //输出语句
                            len=Integer.parseInt(in.readLine());
                            return new SquareA(len);
                    case 'r': System.out.println("Enter length and width "
                                            +"on separate line.");          //输出语句
                            len=Integer.parseInt(in.readLine());
                            wid=Integer.parseInt(in.readLine());
                            return new Rectangle(len,wid);
                    default: System.out.println("Need c, r, or s");         //输出语句
                            return new circleA(0);
            }
    }
    catch(IOException e)
    {
            System.err.println(e);      //输出语句
            return new circleA(0);
    }
}
public static void main(String[] args)      //主方法
{
        try
        {
                System.out.println("Enter # of shapes: ");          //输出语句
                in=new BufferedReader(new InputStreamReader(System.in));    //输入语句
                Int numShapes=Integer.parseInt(in.readLine());
                shape[] array=new shape[numShapes];
                for(int i=0;i<numShapes;i++)
                        array[i]=readShape();
                insertionSort(array);
                System.out.println("Sorted by area: ");     //输出语句
                for(int i=0;i<numShapes;i++)
                        System.out.println(array[i]);       //输出语句
        }
        catch(IOException e)
        {
                System.out.println(e);      //输出语句
```

```
        }
    }
    public static void insertionSort(shape[] a)    //有数组参数、无返回值的静态数组方法
    {
        for(int p=1;p<a.length;p++)
        {
            shape temp=a[p];
            int j=p;
            for(;j>0&&temp.lessThan(a[j-1]);j--)
                a[j]=a[j-1];
            a[j]=temp;
        }
    }
}
```
运行结果：
//圆的面积

```
Enter # of shapes:
3
Enter shape type:
r
Enter length and width on separate line.
3
4
Enter shape type:
r
Enter length and width on separate line.
4
5
Enter shape type:
r
Enter length and width on separate line.
6
7
Sorted by area:
rectangle of area 12.0
rectangle of area 20.0
rectangle of area 42.0
```

//长方形面积

```
Enter # of shapes:
3
Enter shape type:
r
Enter length and width on separate line.
3
4
Enter shape type:
r
Enter length and width on separate line.
4
5
Enter shape type:
r
Enter length and width on separate line.
6
7
Sorted by area:
rectangle of area 12.0
rectangle of area 20.0
rectangle of area 42.0
```

//矩形面积

```
Enter # of shapes:
1
Enter shape type:
c
Enter radius:
2
Sorted by area:
circle of area 12.56636
```

说明:完全的 circleA、Rectangle 和 SquareA 类都放在单独的源文件中。

[例 4.1.10] 重复读入数据,计算正方形、长方形及梯形面积。
(要求使用抽象类和抽象方法实现)。

方案一:使用有参构造方法和无参、无返回值的方法

```java
//InheritG.java
import corejava.*;    //引入 corejava 包中本程序用到的类
abstract class SquareA    //抽象类
{
    protected double x;
    public SquareA(double x)    //有参构造方法
    {
        this.x=x;
    }
    public abstract void SArea();    //抽象方法
}
class Square extends SquareA    //派生类,从超类派生
{
    public Square(double x)    //构造方法
    {
        super(x);    //调用基类的构造方法
    }
    public void SArea()    //抽象方法的实现
    {
        Format.printf("Area of square is: %f\n",x*x);    //输出语句
    }
}
class Rectangle extends Square    //派生类,从超类派生
{
    protected double y;
    public Rectangle(double x,double y)    //有参构造方法
    {
        super(x);    //调用超类的构造方法
        this.y=y;
```

```java
    }
    public void RArea()    //无参、无返回值的方法
    {
        Format.printf("Area of rectangle is: %f\n",x*y);    //输出语句
    }
}
class Trapezoid extends Rectangle    //派生类，从超类派生
{
    protected double z;
    public Trapezoid(double x, double y,double z)    //有参构造方法
    {
        super(x,y);    //调用超类的构造方法
        this.z=z;
    }
    public void TArea()    //无参、无返回值的方法
    {
        Format.printf("Area of trapezoid is: %f\n",(x+y)*z/2);    //输出语句
    }
}
class InheritG    //用于放置主方法的类
{
    public static void main(String[] args)    //主方法
    {
        for(;;)
        {
            String s=Console.readLine("Enter three numbers: ");    //输入语句
            String[] s1=s.split(" ");
            double x=Double.parseDouble(s1[0]);
            double y=Double.parseDouble(s1[1]);
            double z=Double.parseDouble(s1[2]);
            Trapezoid tra=new Trapezoid(x,y,z);
            //创建最终一个派生类对象并调用该类的构造方法
            tra.TArea();    //使用对象调用方法
            tra.RArea();    //使用对象调用方法
            tra.SArea();    //使用对象调用方法
            String str=Console.readLine("Do you want to continue?(y/n) ");
            if(str.equals("n"))
                break;
        }
    }
}
```

运行结果：

```
Enter three numbers:  5 10 25
Area of trapezoid is: 187.500000
Area of rectangle is: 50.000000
Area of square is: 25.000000
Do you want to continue?(y/n)  n
```

方案二：使用有参构造方法和无参、无返回值的重构方法
//InheritG1.java
import corejava.*;   //引入 corejava 包中本程序用到的类
abstract class SquareA   //抽象类
{
    protected double x;
    public SquareA(double x)   //有参构造方法
    {
        this.x=x;
    }
    public abstract void Area();   //抽象方法
}
class Square extends SquareA   //派生类，从超类派生
{
    public Square(double x)   //构造方法
    {
        super(x);   //调用基类的构造方法
    }
    public void Area()   //抽象方法的实现
    {
        Format.printf("Area of square is: %f\n",x*x);   //输出语句
    }
}
class Rectangle extends Square   //派生类，从超类派生
{
    protected double y;
    public Rectangle(double x,double y)   //有参构造方法
    {
        super(x);   //调用超类的构造方法
        this.y=y;
    }
    public void Area()   //无参、无返回值的方法
    {
        Format.printf("Area of rectangle is: %f\n",x*y);   //输出语句
        super.Area();

```
    }
}
class Trapezoid extends Rectangle    //派生类，从超类派生
{
    protected double z;
    public Trapezoid(double x, double y,double z)   //有参构造方法
    {
        super(x,y);   //调用超类的构造方法
        this.z=z;
    }
    public void Area()    //无参、无返回值的方法
    {
        Format.printf("Area of trapezoid is: %f\n",(x+y)*z/2);   //输出语句
        super.Area();
    }
}
class InheritG1    //用于放置主方法的类
{
    public static void main(String[] args)    //主方法
    {
        String[] s=Console.readLine("Enter three numbers: ").split(" ");
        //输入语句
        double x=Double.parseDouble(s[0]);
        double y=Double.parseDouble(s[1]);
        double z=Double.parseDouble(s[2]);
        Trapezoid tra=new Trapezoid(x,y,z);
        //创建最终一个派生类对象并调用该类的构造方法
        tra.Area();   //使用对象调用方法
        if(Console.readLine("Do you want to continue?(y/n) ").equals("y"))
            main(args);
    }
}
```

运行结果与方案一同。
方案三：使用有参构造方法和无参、有返回值的方法
//InheritG2.java
import corejava.*;   //引入 corejava 包中本程序用到的类
abstract class SquareA   //抽象类
{
    protected double x;
    public SquareA(double x)   //有参构造方法

```java
        {
            this.x=x;
        }
        public abstract double SArea();    //抽象方法
}
class Square extends SquareA        //派生类,从超类派生
{
        public Square(double x)    //构造方法
        {
            super(x);    //调用基类的构造方法
        }
        public double SArea()    //抽象方法的实现(无参、有返回值的方法)
        {
            return x*x;    //返回语句
        }
}
class Rectangle extends Square        //派生类,从超类派生
{
        protected double y;
        public Rectangle(double x,double y)    //有参构造方法
        {
            super(x);    //调用超类的构造方法
            this.y=y;
        }
        public double RArea()    //无参、有返回值的方法
        {
            return x*y;    //返回语句;
        }
}
class Trapezoid extends Rectangle    //派生类,从超类派生
{
        protected double z;
        public Trapezoid(double x, double y,double z)    //有参构造方法
        {
            super(x,y);    //调用超类的构造方法
            this.z=z;
        }
        public double TArea()    //无参、有返回值的方法
        {
            return (x+y)*z/2;    //返回语句
```

```java
    }
}
class InheritG2    //用于放置主方法的类
{
    public static void main(String[] args)    //主方法
    {
        String[] s=Console.readLine("Enter three numbers: ").split(" ");
        //输入语句
        double x=Double.parseDouble(s[0]);
        double y=Double.parseDouble(s[1]);
        double z=Double.parseDouble(s[2]);
        Trapezoid tra=new Trapezoid(x,y,z);
        //创建最终一个派生类对象并调用该类的构造方法
        Format.printf("Area of trapezoid is: %f\n",tra.TArea());
        //使用派生类对象调用派生类的方法
        Format.printf("Area of rectangle is: %f\n",tra.RArea());
        //使用派生类对象调用超类的方法
        Format.printf("Area of square is: %f\n",tra.SArea());
        //使用派生类对象调用超类的方法
        if(Console.readLine("Do you want to continue?(y/n) ").equals("y"))
            main(args);
    }
}
```

运行结果与方案一同。

方案四：使用有参构造方法和无参、有返回值的重构方法

```java
//InheritG3.java
import corejava.*;    //引入 corejava 包中本程序用到的类
abstract class SquareA //    //抽象类
{
    public abstract double Area();    //抽象方法
}
class Square extends SquareA    //派生类，从超类派生
{
    protected double x;
    public Square(double x)    //构造方法
    {
        this.x=x;
    }
    public double Area()    //抽象方法的实现
```

```
        {
            return x*x;
        }
}
class Rectangle extends Square    //派生类,从超类派生
{
        protected double y;
        public Rectangle(double x,double y)    //构造方法
        {
            super(x);    //调用超类的构造方法
            this.y=y;
        }
        public double Area()    //无参、有返回值的重构方法
        {
            Format.printf("SquareArea=%f\n",super.Area());
            return x*y;
        }
}
class Trapezoid extends Rectangle
{
        protected double z;
        public Trapezoid(double x,double y,double z)    //构造方法
        {
            super(x,y);    //调用超类的构造方法
            this.z=z;
        }
        public double Area()    //无参、有返回值的重构方法
        {
        Format.printf("RectangleArea=%f\n",super.Area());
            return (x+y)*z/2;
        }
}
class   InheritG3 //用于放置主方法的类
{
        public static void main(String[] args)    //主方法
        {
            String[] s=Console.readLine("Enter three numbers: ").split(" ");
            //输入语句
            double x=Double.parseDouble(s[0]);
```

```
            double y=Double.parseDouble(s[1]);
            double z=Double.parseDouble(s[2]);
            Trapezoid tra=new Trapezoid(x,y,z);
            //创建最终一个派生类对象并调用该类的构造方法
            Format.printf("TrapezoidArea=%f\n",tra.Area());
            //输出语句，使用派生类对象调用派生类的重构方法
            if(Console.readLine("Do you want to continue?(y/n) ").equals("y"))
                main(args);
        }
}
```
运行结果与方案一同。

4.2 接口

4.2.1 接口的说明与实现

[例 **4.2.1**] 接口的使用。
```
//InterfaceAndClass.java
import corejava.*;   //引入 corejava 包中本程序用到的类
interface Storage    //接口
{
    void put(int x);   //有参、无返回值的方法说明
    int get();   //无参、有返回值的方法说明
}
class Stack implements Storage    //接口的实现
{
    public void put(int x)   //接口方法的实现
    {
        Storage[top++]=x;
    }
    public int get()   //接口方法的实现
    {
        return Storage[--top];
    }
    private int Storage[]=new int[100];
    private int top=0;
}
class Queue implements Storage    //接口的实现
{
```

```java
        public void put(int x)    //接口方法的实现
        {
            Storage[top++]=x;
        }
        public int get()    //接口的实现
        {
            return Storage[button++];
        }
        private int Storage[]=new int[100];
        private int top=0,button=0;
}
class StorageManager    //定义类
{
        void put_data(Storage store,int dat)    //有参(接口参数和普通参数)、无返回值的方法
        {
            store.put(dat);
        }
        int get_data(Storage store)    //有参接口参数、有返回值的方法
        {
            return store.get();
        }
}
class InterfaceAndClass    //用于放置主方法的类
{
        public static void main(String[] args)    //主方法
        {
            Stack myStack=new Stack();    //创建接口对象
            Queue myQueue=new Queue();    //创建接口对象
            StorageManager storeMan=new StorageManager();    //创建类对象
            storeMan.put_data(myStack,1);    //使用对象调用类内方法
            storeMan.put_data(myStack,2);
            storeMan.put_data(myStack,3);
            Format.printf("%d\n",storeMan.get_data(myStack));    //输出语句
            Format.printf("%d\n",storeMan.get_data(myStack));    //输出语句
            Format.printf("%d\n",storeMan.get_data(myStack));    //输出语句
            storeMan.put_data(myQueue,1);
            storeMan.put_data(myQueue,2);
            storeMan.put_data(myQueue,3);
            Format.printf("%d\n",storeMan.get_data(myQueue));    //输出语句
            Format.printf("%d\n",storeMan.get_data(myQueue));    //输出语句
```

```
            Format.printf("%d\n",storeMan.get_data(myQueue));    //输出语句
    }
}
```
运行结果：

```
3
2
1
1
2
3
```

[例 4.2.2] 扩展类和实现接口。

```
//ExtendAndImplement1.java
import corejava.*;    //引入 corejava 包中本程序用到的类
interface Shapes     //接口
{
    abstract double getArea();      //抽象的接口方法的实现
    abstract double getPerimeter();    //抽象的接口方法的实现
}
class Coordinates    //基类
{
    int x,y;
    public Coordinates(int x,int y)    //有参构造方法
    {
        this.x=x;
        this.y=y;
    }
}
class Square extends Coordinates implements Shapes    //派生类，从基类和接口继承
{
    public int width,height;
    public double getArea()    //接口抽象方法的实现
    {
        return width*height;
    }
    public double getPerimeter()
    {
        return 2*width+2*height;
    }
    public Square(int x,int y,int width,int height)    //有参构造方法
    {
```

```java
        super(x,y);    //调用超类的构造方法
        this.width=width;
        this.height=height;
    }
}
class Circle extends Coordinates implements Shapes   //派生类，从基类和接口继承
{
    public int width,height;
    public double r;
    public double getArea()    //重构接口方法的实现
    {
        return r*r*Math.PI;
    }
    public double getPerimeter()    //重构接口方法的实现
    {
        return 2*Math.PI*r;
    }
    public Circle(int x,int y,int width,int height)    //有参构造方法
    {
        super(x,y);
        this.width=width;
        this.height=height;
        r=(double)width/2.0;
    }
}
class ExtendAndImplement1    //定义用于放置主方法的类
{
    public static void main(String[] args)    //主方法
    {
        Square Box=new Square(5,10,25,25);    //创建接口对象并调用构造方法
        Circle Oval=new Circle(11,19,25,25);   //创建派生对象并调用构造方法
        Format.printf("Area of square is: %f\n",Box.getArea());    //输出语句
        Format.printf("Perimeter of square is: %f\n",Box.getPerimeter());    //输出语句
        Format.printf("Area of circle is: %f\n",Oval.getArea());    //输出语句
        Format.printf("Perimeter of circle is: %f\n",Oval.getPerimeter());    //输出语句
    }
}
```

运行结果：

```
Area of square is: 625.000000
Perimeter of square is: 100.000000
Area of circle is: 490.873852
Perimeter of circle is: 78.539816
```

[例 4.2.3] 继承接口及其实现。
```java
//Shape1.java
public abstract class Shape1    //抽象类
{
    public double area()   //无参、无返回值的方法
    {
            return 0.0;
    }
    public double volume()   //无参、无返回值的方法
    {
       return 0.0;
    }
    public abstract String getName();    //抽象方法的说明
}
//Point2.java
public class Point2 extends Shape1    //派生类
{
    protected double x,y;
    public Point2(double a,double b)   //有参构造方法
    {
       setPoint(a,b);   //调用有参、无返回值的方法
    }
    public void setPoint(double a,double b)    //有参、无返回值的方法
    {
        x=a;
        y=b;
    }
    public double getX()    //无参、有返回值的方法
    {
        return x;
    }
    public double getY()    //无参、有返回值的方法
    {
        return y;
    }
    public String toString()   //无参、有返回值方法
```

```java
        {
            return "["+x+", "+y+"]";
        }
        public String getName()    //抽象方法的实现
        {
            return "Point";
        }
}
//Circle2.java
public class Circle2 extends Point2    //派生类，从超类派生
{
    protected double radius;
    public Circle2()    //无参构造方法
    {
        super(0,0);    //调用超类的构造方法
        setRadius(0);    //调用超类的方法
    }
    public Circle2(double r,double a,double b)    //有参构造方法
    {
        super(a,b);    //调用超类的构造方法
        setRadius(r) ;    //调用超类的方法
    }
    public double setRadius(double r)    //有参、有返回值的方法
    {
        return radius=(r>=0.0?r:0.0);
    }
    public double getRadius()    //无参、有返回值的方法
    {
        return radius;
    }
    public double area()    //无参、有返回值的方法
    {
        return 3.14159*radius*radius;
    }
    public String toString()
    {
        return "Center="+super.toString()+"; Radius="+radius;
    }
    public String getName()    //抽象方法的实现
    {
```

```java
        return "Circle";
    }
}
//Cylinder2.java
public class Cylinder2 extends Circle2    //派生类，从超类派生
{
    protected double height;
    public Cylinder2(double h,double r,double a,double b)  //构造方法
    {
        super(r,a,b);   //调用超类的构造方法
        setHeight(h);   //调用超类的方法
    }
    public void setHeight(double h)    //有参、无返回值的方法
    {
        height=(h>=0?h:0);
    }
    public double getHeight()    //无参、有返回值的方法
    {
        return height;
    }
    public double area()    //无参、有返回值的方法
    {
        return 2*super.area()+2*3.14159*radius*height;
    }
    public double volume()    //无参、有返回值的方法
    {
        return super.area()*height;
    }
    public String toString()
    {
        return super.toString()+"; Height="+height;
    }
}
//TestPCCApp.java
import corejava.*;   //引入 corejava 包中本程序用到的类
public class TestPCCApp extends Circle2    //派生类，从超类派生
{
    public static void main(String[] g)    //主方法
    {
        Point2 point;    //说明对象
```

```
Circle2 circle;
Cylinder2 cylinder;
Shape1 arrayOfShapes[];
point=new Point2(5.1,10.2);     //创建类对象并调用构造方法
circle=new Circle2(5.10,1.24,9.18);
cylinder=new Cylinder2(10,10.25,10,10);
arrayOfShapes=new Shape1[3];
arrayOfShapes[0]=point;
arrayOfShapes[1]=circle;
arrayOfShapes[2]=cylinder;
Format.printf("%s",point.getName());    //输出语句
Format.printf(": %s\n",point.toString());   //输出语句
Format.printf("%s",circle.getName());   //输出语句
Format.printf(": %s\n",circle.toString());  //输出语句
Format.printf("%s",cylinder.getName()); //输出语句
Format.printf(": %s\n\n",cylinder.toString());  //输出语句
for(int i=0;i<3;i++)
{
    Format.printf("%s",arrayOfShapes[i].getName());   //输出语句
    Format.printf(": %s\n",arrayOfShapes[i].toString());  //输出语句
    Format.printf("Area=%f\n",arrayOfShapes[i].area());   //输出语句
    Format.printf("Volume=%f\n\n",arrayOfShapes[i].volume());  //输出语句
}
}
}
```

运行结果：

```
Point: [5.1, 10.2]
Circle: Center=[1.24, 9.18]; Radius=5.1
Circle: Center=[10.0, 10.0]; Radius=10.25; Height=10.0

Point: [5.1, 10.2]
Area=0.000000
Volume=0.000000

Circle: Center=[1.24, 9.18]; Radius=5.1
Area=81.712756
Volume=0.000000

Circle: Center=[10.0, 10.0]; Radius=10.25; Height=10.0
Area=1304.152549
Volume=3300.632994
```

4.2.2 多重接口

[例 4.2.4] 计算圆的面积和球体的体积(要求使用接口实现)。

方案一:接口使用无参、有返回值的抽象方法说明与符号常量说明

```java
//CircleSphere.java
import corejava.*;
interface Shape1    //接口
{
    double PI=3.14159;    //符号常量说明
    abstract double Area();    //无参、有返回值的抽象方法说明
}
interface Shape2 extends Shape1    //接口 Shape2 继承了接口 Shape1
{
    double Volume();    //无参、无返回值的抽象方法说明
}
public class CircleSphere implements Shape2
//CircleSphere 类实现接口 Shape2,但必须同时实现 Shape1 和 Shape2 接口的所有抽象方法
{
    private double radius;
    public CircleSphere(double r)
    {
        radius=r;
    }
    public double Area()    //接口方法实现
    {
        return PI*radius*radius;
    }
    public double Volume()    //接口方法实现
    {
        return 4*PI*radius*radius*radius/3;
    }
    public static void main(String args[])
    {
        double r=Console.readDouble("Enter radius: ");
        CircleSphere obj=new CircleSphere(r);
        //创建派生类对象,调用派生类的构造方法
        Format.printf("Area of circle is: %.2f\n",obj.Area());
        //输出语句,使用对象调用接口实现的方法
        Format.printf("Volume of sphere is: %.2f\n",obj.Volume());
    }
}
```

运行结果：

```
Enter radius: 1.24
Area of circle is: 4.83
Volume of sphere is: 7.99
```

方案二：接口使用无参、有返回值的抽象方法说明与符号常量说明

```java
//CircleSphere1.java
import corejava.*;
interface Shape1   //接口
{
    double PI=3.14159;   //符号常量说明
    abstract double Area();   //无参、有返回值的抽象方法说
}
interface Shape2   //接口
{
    double Volume();   //无参、无返回值的抽象方法说明
}
public class CircleSphere1 implements Shape1,Shape2
//CircleSphere1 类同时实现 Shape1 和 Shape2 接口的所有抽象方法
{
    private double radius;
    public CircleSphere1(double r)
    {
        radius=r;
    }
    public double Area()   //接口方法实现
    {
        return PI*radius*radius;
    }
    public double Volume()   //接口方法实现
    {
        return 4*PI*radius*radius*radius/3;
    }
    public static void main(String args[])
    {
        double r=Console.readDouble("Enter radius: ");
        CircleSphere1 obj=new CircleSphere1(r);
        //创建派生类对象，调用派生类的构造方法
        Format.printf("Area of circle is: %.2f\n",obj.Area());
        //输出语句,使用对象调用接口实现的方法
```

```java
        Format.printf("Volume of sphere is: %.2f\n",obj.Volume());
    }
}
```
运行结果与方案一同。

方案三：接口使用无参、无返回值的抽象方法说明与符号常量说明
```java
//CircleSphere2.java
import corejava.*;
interface Shape1    //接口
{
    double PI=3.14159;    //符号常量说明
    abstract void Area();    //无参、无返回值的抽象方法说明
}
interface Shape2    //接口
{
    void Volume();    //无参、无返回值的抽象方法说明
}
public class CircleSphere2 implements Shape1,Shape2
//CircleSphere2 类同时实现 Shape1 和 Shape2 接口的所有抽象方法
{
    private double radius;
    public CircleSphere2(double r)
    {
        radius=r;
    }
    public void Area()    //接口方法实现
    {
        Format.printf("Area of circle is: %.2f\n",PI*radius*radius);    //输出语句
    }
    public void Volume()    //接口方法实现
    {
        Format.printf("Volume of sphere is: %.2f\n",4*PI*radius*radius*radius/3);
    }
    public static void main(String args[])
    {
        double r=Console.readDouble("Enter radius: ");
        CircleSphere2 obj=new CircleSphere2(r);
          //创建派生类对象，调用派生类的构造方法
        obj.Area();    //使用对象调用接口实现的方法
        obj.Volume();    //使用对象调用接口实现的方法
        if(Console.readLine("Do you want to continue?(y/n) ").equals("y"))
```

```
        main(args);
    }
}
```
运行结果：

```
Enter radius: 4
Area of circle is: 50.27
Volume of sphere is: 268.08
Do you want to continue?(y/n)  n
```

方案四：接口使用无参、无返回值的抽象方法说明
```
//CircleSphere3.java
import corejava.*;
interface Shape1    //接口
{
    abstract void Area();   //无参、无返回值的抽象方法说明
}
interface Shape2    //接口
{
    void Volume();   //无参、无返回值的抽象方法说明
}
public class CircleSphere3 implements Shape1,Shape2
//CircleSphere3 类同时实现 Shape1 和 Shape2 接口的所有抽象方法
{
    private double radius;
    public CircleSphere3(double r)
    {
        radius=r;
    }
    public void Area()    //接口方法实现
    {
        Format.printf("Area of circle is: %.2f\n",Math.PI*radius*radius);
        //输出语句
    }
    public void Volume()    //接口方法实现
    {
        Format.printf("Volume of sphere is:
                       %.2f\n",4*Math.PI*radius*radius*radius/3);
    }
    public static void main(String args[])
    {
        double r=Console.readDouble("Enter radius: ");
```

```java
        CircleSphere3 obj=new CircleSphere3(r);
        //创建派生类对象,调用派生类的构造方法
        obj.Area();    //使用对象调用接口实现的方法
        obj.Volume();   //使用对象调用接口实现的方法
        if(Console.readLine("Do you want to continue?(y/n) ").equals("y"))
            main(args);
    }
}
```
运行结果与方案三同。

  [例 4.2.5] 多重接口的使用。
```java
//MultipInterface.java
import corejava.*;   //引入 corejava 包中本程序用到的类
interface A    //接口
{
    public void setA(int x);   //有参的方法说明
    public void showA();    //有参的方法说明
}
interface B    //接口
{
    public void setB(int x);
    public void showB();
}
class C implements A,B    //派生类,从两接口继承
{
    private int a,b,c;
    public void setC(int x,int y)    //接口方法的实现
    {
        c=x;
        setB(y);
    }
    public void showC()    //接口方法的实现
    {
        showB();
        Format.printf("%d\n",c);   //输出语句
    }
    public void setA(int x)    //接口方法的实现
    {
        a=x;
    }
    public void showA()    //接口方法的实现
```

```
            {
                Format.printf("%d\n",a);      //输出语句
            }
            public void setB(int x)    //接口方法的实现
            {
                b=x;
            }
            public void showB()    //接口方法的实现
            {
                Format.printf("%d\n",b);      //输出语句
            }
}
class MultipInterface    //用于放置主方法的类
{
        public static void main(String[] args)      //主方法
        {
                C obj=new C();      //创建派生类对象
                obj.setA(6);    //使用对象调用方法
                obj.showA();
                obj.setC(1,8);
                obj.showC();
        }
}
```

运行结果：

```
6
8
1
```

[例 4.2.6] 计算

$$y = \begin{cases} \ln|x| & x<-3 \\ \sqrt{x+3}+\ln(5-x^3) & -3\leq x<\sqrt[3]{5} \\ e^x & x\geq\sqrt[3]{5} \end{cases}$$

（要求使用接口实现单一继承）。

方案一：使用一个接口继承

```
//Inherit1.java
import corejava.*;    //引入 corejava 包中本程序用到的类
interface Math1    //接口
{
        public void XTest(double x);      //有参、无返回值的方法说明
```

```java
    public void print();    //无参、无返回值的方法说明
}
class TestX implements Math1    //派生类，从接口派生
{
    protected double x;
    public void XTest(double x)    //接口方法的实现
    {
        this.x=x;
    }
    public void print()    //接口方法的实现
    {
        double y=0;    //说明 y 为 double 型变量并初始化
        int i=x<-3?1:x>=-3&&x<Math.pow(5,1./3)?2:3;
        switch(i)
        {
            case 1: y=Math.log(Math.abs(x));
                    break;
            case 2: y=Math.sqrt(x+3)+Math.log(5-Math.pow(x,3));
                    break;
            case 3: y=Math.exp(x);
        }
        Format.printf("y=%f\n",y);    //输出语句
    }
}
class Inherit1    //用于放置主方法的类
{
    public static void main(String[] args)    //主方法
    {
        String s="y";
        TestX obj=new TestX();    //创建派生类对象
        for(;s.equals("y");)
        {
            double x=Console.readDouble("Enter x: ");    //输入语句
            obj.XTest(x);    //使用对象调用有参、无返回值的接口方法
            obj.print();    //使用对象调用无参、无返回值的接口方法
            s=Console.readLine("Do you want to continue?(y/n) ");
        }
    }
}
```
运行结果：

```
Enter x: 2
y=7.389056
Do you want to continue?(y/n)  n
```

方案二：使用两个接口继承
//Inherit1A.java
import corejava.*;   //引入 corejava 包中本程序用到的类
interface Math1   //接口
{
    public void XTest(double x);   //有参、无返回值的方法说明
    public void print();   //无参、无返回值的方法说明
}
interface Math2   //接口
{
    public void print();   //方法说明
}
class TestX implements Math1,Math2   //派生类，从两个接口继承
{
    protected double x;
    public void XTest(double x)   //接口方法的实现
    {
        this.x=x;
    }
    public void print()   //接口方法的实现
    {
        double y=0;   //说明 y 为 double 型变量并初始化
        int i=x<-3?1:x>=-3&&x<Math.pow(5,1./3)?2:3;
        switch(i)
        {
            case 1: y=Math.log(Math.abs(x));
                break;
            case 2: y=Math.sqrt(x+3)+Math.log(5-Math.pow(x,3));
                break;
            case 3: y=Math.exp(x);
        }
        Format.printf("y=%f\n",y);
    }
}
class Inherit1A   //用于放置主方法的类
{
    public static void main(String[] args)   //主方法
```
```

```java
    {
        String s="y";
        TestX obj=new TestX();    //创建派生类对象
        for(;s.equals("y");)
        {
            double x=Console.readDouble("Enter x: ");    //输入语句
            obj.XTest(x);    //使用对象调用有参、无返回值的接口方法
            obj.print();     //使用对象调用无参、无返回值的接口方法
            s=Console.readLine("Do you want to continue?(y/n) ");
        }
    }
}
```
运行结果与方案一同。
方案三：使用类继承
```java
//MathABCD.java
import corejava.*;
class A    //基类
{
    protected double x;
    A(double x)    //有参的构造方法
    {
        this.x=x;
    }
    A()
    {
        x=Console.readDouble("Enter value x: ");    //输入语句
    }
}
class B extends A    //派生类，从 A 类派生
{
    public B(double x)    //有参的构造方法
    {
        super(x);    //调用基类的构造方法
    }
    public B()
    {
        super();    //调用基类的构造方法
    }
    public double Js()    //无参、有返回值方法
    {
```

```
            if(x<-3)
                return Math.log(Math.abs(x));
            else if(x>-3&&x<Math.pow(5,1/3.))
                return Math.pow(x+3,1/2.)+Math.log(5-Math.pow(3,3));
            else
                return Math.exp(x);
    }
}
class MathABCD    //定义类
{
    public static void main(String[] args)    //主方法
    {
        for(;;)
        {
            double x=Console.readDouble("Enter value x: ");    //输入语句
            B obj1=new B(x);    //创建派生类对象调用构造方法
            Format.printf("y=%f\n",obj1.Js());
            //输出语句,使用派生类对象调用派生类的无参、有返回值的方法
            B obj2=new B();    //创建派生类对象
            Format.printf("y=%f\n",obj2.Js());    //输出语句
            //输出语句,使用派生类对象调用派生类的无参、有返回值的方法
            if(Console.readLine("Do you want to continue?(y/n) ").equals("n"))
                break;
        }
    }
}
```

运行结果:

```
Enter value x:  2
y=7.389056
Enter value x:  3
y=20.085537
Do you want to continue?(y/n)  n
```

[例 4.2.7] 计算球体的体积和圆锥体的体积(要求使用接口实现单一继承)。

方案一:使用一个接口继承和使用无参、无返回值的方法

```
//InterfaceSphereConeA.java
import corejava.*;    //引入 corejava 包中本程序用到的类
interface SphereA    //接口
{
    abstract void Volume();    // 无参、无返回值的方法说明
```

```java
}
class Sphere implements SphereA      //派生类，从接口继承
{
    protected double radius;
    public Sphere(double radius)     //构造方法
    {
        this.radius=radius;
    }
    public void Volume()    //接口方法的实现（无参、无返回值的方法）
    {
        Format.printf("SphereVolume=%f\n",4*Math.PI*radius*radius*radius/3);
        //输出语句(输出球体的体积)
    }
}
class Cone extends Sphere      //派生类，从 Sphere 类继承
{
    private double height;
    public Cone(double radius,double height)    //构造方法
    {
        super(radius);
        this.height=height;
    }
    public void Volume()   //派生类，从接口继承
    {
        super.Volume();
        Format.printf("ConeVolume=%f\n",Math.PI*radius*radius*height/3);
        //输出语句 (输出圆锥体的体积)
    }
}
class InterfaceSphereConeA
{
    public static void main(String args[])
    {
        String[] s=Console.readLine("Enter two numbers: ").split(" ");
        double r=Double.parseDouble(s[0]);
        double h=Double.parseDouble(s[1]);
        Cone con=new Cone(r,h);
        //创建派生类对象，调用派生类的构造方法
        con.Volume();    //使用派生类对象调用无参、无返回值的方法
        if(Console.readLine("Do you want to continue?(y/n) ").equals("y"))
```

```
            main(args);
        }
}
```

运行结果：

```
Enter two numbers:  2 3
SphereVolume=33.510322
ConeVolume=12.566371
Do you want to continue?(y/n) : n
```

方案二：使用一个接口继承和使用有参、无返回值的方法
```
//InterfaceSphereConeB.java
import corejava.*;
interface Sphere      //接口
{
    public void setValue(double radius);   // 有参、无返回值的方法说明
}
class Cone implements Sphere     //派生类，从接口继承
{
    protected double radius,height;
    public void setValue(double radius)   //接口方法的实现（有参、无返回值的方法）
    {
        this.radius=radius;
    }
    public void SVolume()    //无参、无返回值的方法
    {
       Format.printf("SphereVolume=%f\n",4*Math.PI*radius*radius*radius/3);
           //输出语句(输出球体的体积)
    }
    public void setValue(double radius,double height)   // 有参、无返回值的方法
    {
        this.setValue(radius);
        this.height=height;
    }
    public void CVolume()    //无参、无返回值的方法
    {
       Format.printf("ConeVolume=%f\n",Math.PI*radius*radius*height/3);
          //输出语句 (输出圆锥体的体积)
    }
}
class InterfaceSphereConeB    //定义类，用于放置主方法
{
```

```java
        public static void main(String[] args)    //主方法
        {
            String[] s=Console.readLine("Enter two numbers: ").split(" ");
            //输入语句
            double r=Double.parseDouble(s[0]);
            double h=Double.parseDouble(s[1]);
            Cone con=new Cone();    //创建派生类对象
            con.setValue(r,h);    //使用派生类对象调用派生类的方法
            con.SVolume();    //使用派生类对象调用基类的无参、有返回值的方法
            con.CVolume();    //使用派生类对象调用派生类的无参、有返回值的方法
            if(Console.readLine("Do you want to continue?(y/n) :").equals("y"))
                main(break);
        }
    }
}
```
运行结果与方案二同。

方案三：使用一个接口继承和使用无参、有返回值的重构方法
```java
//InterfaceSphereConeC.java
import corejava.*;
interface SphereA    接口
{
    abstract double Volume();    无参、有返回值的方法说明
}
class Sphere implements SphereA    //派生类，从接口继承
{
    protected double radius;
    public Sphere(double radius)    //构造方法
    {
        this.radius=radius;
    }
    public double Volume()    //接口方法的实现（无参、有返回值的方法）
    {
        return 4*Math.PI*radius*radius*radius/3;
    }
}
class Cone extends Sphere
{
    private double height;
    public Cone(double radius,double height)    //构造方法
    {
```

```java
            super(radius);
            this.height=height;
        }
        public double Volume()    //无参、有返回值的方法
        {
            Format.printf("SphereVolume=%f\n",super.Volume());
            //输出语句(输出球体的体积)
            return Math.PI*radius*radius*height/3;
        }
}
class InterfaceSphereConeC
{
    public static void main(String args[])
    {
        String[] s=Console.readLine("Enter two numbers: ").split(" ");
        double r=Double.parseDouble(s[0]);
        double h=Double.parseDouble(s[1]);
        Cone con=new Cone(r,h);    //创建派生类对象,调用派生类的构造方法
        Format.printf("ConeVolume=%f\n",con.Volume());
         //输出语句 (输出圆锥体的体积)
        if(Console.readLine("Do you want to continue?(y/n) ").equals("y"))
            main(args);
    }
}
```
运行结果与方案一同。

[例 4.2.8] 重复输入数据计算长方形、三角形面积。
（要求使用接口实现单一继承，输出结果保留小数后 2 位）。

```java
//RTInterfaceA.java
import corejava.*;   //引入 corejava 包中本程序用到的类
interface Rectangle   //接口
{
    public void setValueR(double x,double y);    //有参、无返回值的方法说明
}
class Triangle implements Rectangle    //派生类，从接口继承
{
    protected double x,y,z;
    public void setValueR(double x,double y)    //接口方法的实现
    {
        this.x=x;
        this.y=y;
```

```
    }
    public void AreaR()    //无参、无返回值方法
    {
        Format.printf("Area of rectangle is: %.2f\n",x*y);    //输出语句
    }
    public void setValueT(double z)   //有参、无返回值方法
    {
        this.z=z;
        setValueR(x,y);    //调用接口方法
    }
    public void AreaT()    //无参、无返回值方法
    {
        if(x+y<=z||x+z<=y||y+z<=x)
            Format.printf("%s\n","Can't budling triangle!");
        else
        {
            double s=(x+y+z)/2;
            double area=Math.sqrt(s*(s-x)*(s-y)*(s-z));
            Format.printf("Area of triangle is: %.2f\n",area);    //输出语句
        }
    }
}
class RTInterfaceA   //用于放置主方法的类
{
    public static void main(String[] args)    //主方法
    {
      for(;;)
      {
        Triangle tri=new Triangle();    //创建派生类对象
            String s=Console.readLine("Enter three numbers: ");    //输入语句
            String[] s1=s.split(" ");
            double a=Double.parseDouble(s1[0]);
            double b=Double.parseDouble(s1[1]);
            double c=Double.parseDouble(s1[2]);
            tri.setValueR(a,b);    //使用派生类对象调用有参、无返回值的接口方法
            tri.AreaR();    //使用派生类对象调用无参、无返回值的方法
            tri.setValueT(c);    //使用派生类对象调用有参、无返回值方法
            tri.AreaT();    //使用派生类对象调用无参、无返回值的方法
            String str=Console.readLine("Do you want to continue?(y/n) ");
            if(!str.equals("y"))
```

            break;
        }
    }
}

运行结果：

```
Enter three numbers: 1 2 3
Area of rectangle is: 2.00
Can't budling triangle!
Do you want to continue?(y/n)  y
Enter three numbers: 4 5 6
Area of rectangle is: 20.00
Area of triangle is: 9.92
Do you want to continue?(y/n)
```

[例 4.2.9] 计算正方形、长方形、梯形面积（要求使用接口实现单一继承，输出结果保留小数后 2 位）。

方案一：使用派生类对象调用有参、无返回值方法与无参、无返回值方法

```java
//SRTInterfaceA.java
import corejava.*;    //引入 corejava 包中本程序用到的类
interface Square    //接口
{
    public void setValueS(double x);    //有参、无返回值方法说明
}
interface Rectangle    //接口
{
    public void setValueR(double x,double y);    //有参、无返回值方法说明
}
class Trapezoid implements Square    //派生类，从接口继承
{
    protected double x,y,z;
    public void setValueS(double x)    //接口方法的实现
    {
        this.x=x;
    }
    public void SArea()    //无参、无返回值方法
    {
        Format.printf("Area of square is: %.2f\n",x*x);    //输出语句
    }
    public void setValueR(double x,double y)    //接口方法的实现
    {
        this.y=y;
        setValueS(x);
```

```java
    }
    public void RArea()    //无参、无返回值方法
    {
        Format.printf("Area of rectangle is: %.2f\n",x*y);   //输出语句
    }
    public void setValueT(double x,double y,double z)   //有参、无返回值方法
    {
        this.z=z;
        setValueR(x,y);   //调用接口方法
    }
    public void TArea()   //无参、无返回值方法
    {
        Format.printf("Area of trapezoid is: %.2f\n",(x+y)*z/2);   //输出语句
    }
}
class SRTInterfaceA   //用于放置主方法的类
{
    public static void main(String[] args)   //主方法
    {
        Trapezoid tra=new Trapezoid();   //创建派生类对象
        String s=Console.readLine("Enter three numbers: ");   //输入语句
        String[] s1=s.split(" ");
        double a=Double.parseDouble(s1[0]);
        double b=Double.parseDouble(s1[1]);
        double c=Double.parseDouble(s1[2]);
        tra.setValueT(a,b,c);   //使用派生类对象调用有参、无返回值的派生类方法
        tra.TArea();   //使用派生类对象调用派生类无参、无返回值的方法
        tra.RArea();   //使用派生类对象调用派生类无参、无返回值的方法
        tra.SArea();   //使用派生类对象调用派生类无参、无返回值的方法
    }
}
```

运行结果：

```
Enter three numbers: 5 10 25
Area of trapezoid is: 187.50
Area of rectangle is: 50.00
Area of square is: 25.00
```

方案二：使用派生类对象调用有参、无返回值方法

```java
//SRTInterfaceB.java
import corejava.*;   //引入 corejava 包中本程序用到的类
interface Square   //接口
```

```java
{
    public void setValueS(double x);    //有参、无返回值方法说明
}
interface Rectangle    //接口
{
    public void setValueR(double x,double y);    //有参、无返回值方法说明
}
class Trapezoid implements Square    //派生类,从接口继承
{
    protected double x,y,z;
    public void setValueS(double x)    //接口方法的实现
    {
        this.x=x;
    }
    public void Area(double x)    //有参、无返回值方法
    {
        Format.printf("Area of square is: %.2f\n",x*x);    //输出语句
    }
    public void setValueR(double x,double y)    //接口方法的实现
    {
        this.y=y;
        setValueS(x);    //调用接口方法
    }
    public void Area(double x,double y)    //有参、无返回值方法
    {
        Format.printf("Area of rectangle is: %.2f\n",x*y);    //输出语句
    }
    public void setValueT(double x,double y,double z)    //有参、无返回值方法
    {
        this.z=z;
        setValueR(x,y);    //调用接口方法
    }
    public void Area(double x,double y,double z)    //有参、无返回值方法
    {
        Format.printf("Area of trapezoid is: %.2f\n",(x+y)*z/2);    //输出语句
    }
}
class SRTInterfaceB    //用于放置主方法的类
{
    public static void main(String[] args)    //主方法
```

```java
        {
            Trapezoid tra=new Trapezoid();    //创建派生类对象
            String s=Console.readLine("Enter three numbers: ");    //输入语句
            String[] s1=s.split(" ");
            double a=Double.parseDouble(s1[0]);
            double b=Double.parseDouble(s1[1]);
            double c=Double.parseDouble(s1[2]);
            tra.setValueT(a,b,c);    //使用派生类对象调用有参、无返回值的方法
            tra.Area(a,b,c);    //使用派生类对象调用有参、无返回值的方法
            tra.Area(a,b);    //使用派生类对象调用有参、无返回值的方法
            tra.Area(a);    //使用派生类对象调用有参、无返回值的方法
        }
}
```

运行结果与方案一同。

方案三：使用派生类对象调用派生类的有参、无返回值方法

```java
//SRTInterfaceB1.java
import corejava.*;    //引入 corejava 包中本程序用到的类
interface Square    //接口
{
public void setValueS(double x);    //有参、无返回值方法说明
}
interface Rectangle    //接口
{
    public void setValueR(double x,double y);    //有参、无返回值方法说明
}
class Trapezoid implements Square    //派生类，从接口继承
{
    protected double x,y,z;
    public void setValueS(double x)    //接口方法的实现
    {
        this.x=x;
    }
    public void Area(double x)    //有参、无返回值方法
    {
        Format.printf("Area of square is: %.2f\n",x*x);    //输出语句
    }
    public void setValueR(double x,double y)    //接口方法的实现
    {
        this.y=y;
        setValueS(x);    //调用接口方法
```

```
        }
        public void Area(double x,double y)    //有参、无返回值方法
        {
            Format.printf("Area of rectangle is: %.2f\n",x*y);   //输出语句
            this.Area(x);
        }
        public void setValueT(double x,double y,double z)    //有参、无返回值方法
        {
            this.z=z;
            setValueR(x,y);    //调用接口方法
        }
        public void Area(double x,double y,double z)    //有参、无返回值方法
        {
            Format.printf("Area of trapezoid is: %.2f\n",(x+y)*z/2);    //输出语句
            this.Area(x,y);
        }
}
class SRTInterfaceB1    //用于放置主方法的类
{
    public static void main(String[] args)    //主方法
    {
        Trapezoid tra=new Trapezoid();    //创建派生类对象
        String s=Console.readLine("Enter three numbers: ");    //输入语句
        String[] s1=s.split(" ");
        double a=Double.parseDouble(s1[0]);
        double b=Double.parseDouble(s1[1]);
        double c=Double.parseDouble(s1[2]);
        tra.setValueT(a,b,c);    //使用派生类对象调用派生类的有参、无返回值的方法
        tra.Area(a,b,c);    //使用派生类对象调用有参、无返回值的方法
    }
}
```

运行结果与方案一同。

方案四：使用派生类对象调用有参、无返回值方法和有参、无返回值的重载方法

```
//SRTInterfaceC.java
import corejava.*;    //引入 corejava 包中本程序用到的类
interface Square    //接口
{
    public void setValue(double x);    //有参、无返回值方法说明
}
interface Rectangle    //接口
```

```java
{
    public void setValue(double x,double z);    //有参、无返回值方法说明
}
class Trapezoid implements Square,Rectangle    //派生类，从两个接口继承
{
    protected double x,y,z;
    public void setValue(double x)    //接口方法的实现
    {
        this.x=x;
    }
    public void Area(double x)    //有参、无返回值的重载方法
    {
        Format.printf("Area of square is: %.2f\n",x*x);    //输出语句
    }
    public void setValue(double x,double y)    //接口方法的实现
    {
      this.y=y;
      setValue(x);    //调用接口方法
    }
    public void Area(double x,double y)    //有参、无返回值的重载方法
    {
        Format.printf("Area of rectangle is: %.2f\n",x*y);    //输出语句
        this.Area(x);
    }
    public void setValue(double x,double y,double z)
    {
        this.z=z;
        setValue(x,y);    //调用接口方法
    }
    public void Area(double x,double y,double z)    //有参、无返回值的重载方法
    {
        Format.printf("Area of trapezoid is: %.2f\n",(x+y)*z/2);    //输出语句
        this.Area(x,y);
    }
}
class SRTInterfaceC    //用于放置主方法的类
{
    public static void main(String[] args)    //主方法
    {
        Trapezoid tra=new Trapezoid();    //创建派生类对象
```

```
        String s=Console.readLine("Enter three numbers: ");   //输入语句
        String[] s1=s.split(" ");
        double a=Double.parseDouble(s1[0]);
        double b=Double.parseDouble(s1[1]);
        double c=Double.parseDouble(s1[2]);
        tra.setValue(a,b,c);   //使用派生类对象调用派生类的有参、无返回值的方法
        tra.Area(a,b,c);       //使用派生类对象调用派生类的有参、无返回值的重载方法
    }
}
```
运行结果与方案一同。
方案五：使用派生类对象调用有参、无返回值方法和无参、无返回值的方法
```
//SRTInterfaceD.java
import corejava.*;
interface Square    //接口
{
    public void setValue(double x);   //有参、无返回值方法说明
}
interface Rectangle    //接口
{
    public void AreaS();   //有参、无返回值方法说明
}
class Trapezoid implements Square,Rectangle    //派生类，从两个接口继承
{
    protected double x,y,z;
    public void setValue(double x)    //接口方法的实现(有参、无返回值的方法)
    {
        this.x=x;
    }
    public void AreaS()    //无参、无返回值的方法
    {
        Format.printf("SquareArea=%f\n",x*x);   //输出语句
    }
    public void setValue(double x,double y)    //有参、无返回值的方法
    {
        this.y=y;
        setValue(x);
    }
    public void AreaR()    //无参、无返回值的方法
    {
            Format.printf("Rectangle=%f\n",x*y);   //输出语句
```

```
            this.AreaS();
        }
        public void setValue(double x,double y,double z)
            //有参、无返回值的方法
        {
            setValue(x,y);
            this.z=z;
        }
        public void Area()    //无参、无返回值的方法
        {
            Format.printf("TrapezoidArea=%f\n",(x+y)*z/2);    //输出语句
            this.AreaR();
        }
    }
    class SRTInterfaceD    //用于放置主方法的类
    {
        public static void main(String[] args)
        {
            String[] s=Console.readLine("Enter three numbers: ").split(" ");
            //输入语句
            double a=Double.parseDouble(s[0]);
            double b=Double.parseDouble(s[1]);
            double c=Double.parseDouble(s[2]);
            Trapezoid tra=new Trapezoid();    //创建派生类对象
            tra.setValue(a,b,c);  //使用派生类对象调用派生类的有参、无返回值的方法
            tra.Area();   //使用派生类对象调用派生类的无参、无返回值的方法
        }
    }
```

运行结果与方案一同。

方案六：使用派生类对象调用派生类的有参、无返回值方法和无参、无返回值的方法

```
//SRTInterfaceE.java
import corejava.*;
interface Square    //接口
{
    public void setValue(double x);    //有参、无返回值方法说明
}
interface Rectangle    //接口
{
    public void setValue(double x,double y);    //有参、无返回值方法说明
}
```

```java
class Trapezoid implements Square,Rectangle    //派生类，从两个接口继承
{
    protected double x,y,z;
    public void setValue(double x)    //接口方法的实现(有参、无返回值的方法)
    {
        this.x=x;
    }
    public void AreaS()
    {
        Format.printf("SquareArea=%f\n",x*x);    //输出语句
    }
    public void setValue(double x,double y)    //有参、无返回值的方法
    {
        this.y=y;
        setValue(x);
    }
    public void AreaR()
    {
        Format.printf("Rectangle=%f\n",x*y);    //输出语句
        AreaS();
    }
    public void setValue(double x,double y,double z)
    {
        setValue(x,y);
        this.z=z;
    }
    public void Area()
    {
        Format.printf("TrapezoidArea=%f\n",(x+y)*z/2);    //输出语句
        AreaR();
    }
}
class SRTInterfaceE    //用于放置主方法的类
{
    public static void main(String[] args)
    {
        String[] s=Console.readLine("Enter three numbers: ").split(" ");
        //输入语句
        double a=Double.parseDouble(s[0]);
        double b=Double.parseDouble(s[1]);
```

```
            double c=Double.parseDouble(s[2]);
            Trapezoid tra=new Trapezoid();
            tra.setValue(a,b,c);
            tra.Area();    //使用派生类对象调用派生类的无参、无返回值的方法
    }
}
```
运行结果与方案一同。

方案七：　使用派生类对象调用派生类的有参、无返回值方法和无参、无返回值的方法
```
//SRTInterfaceF.java
import corejava.*;
interface Square    //接口
{
    public void setValue(double x);    //有参、无返回值方法说明
}
interface Rectangle    //接口
{
    public void setValue(double x,double y);    //有参、无返回值方法说明
}
interface Trapezoid
{
     public void setValue(double x,double y);
}

class SRT implements Square,Rectangle,Trapezoid    从接口继承
{
    protected double x,y,z;
    public void setValue(double x)    //接口方法的实现(有参、无返回值的方法)
    {
        this.x=x;
    }
    public void AreaS()
    {
        Format.printf("SquareArea=%f\n",x*x);    //输出语句
    }
    public void setValue(double x,double y)    //有参、无返回值的方法
    {
        this.y=y;
        setValue(x);
    }
    public void AreaR()
    {
```

```java
            Format.printf("Rectangle=%f\n",x*y);     //输出语句
            AreaS();
        }
        public void setValue(double x,double y,double z)
        {
            setValue(x,y);
            this.z=z;
        }
        public void AreaT()
        {
            Format.printf("TrapezoidArea=%f\n",(x+y)*z/2);   //输出语句
            AreaR();
        }
    }
    class SRTInterfaceF    //用于放置主方法的类
    {
        public static void main(String[] args)
        {
            String[] s=Console.readLine("Enter three numbers: ").split(" ");
            //输入语句
            double a=Double.parseDouble(s[0]);
            double b=Double.parseDouble(s[1]);
            double c=Double.parseDouble(s[2]);
            SRT tra=new SRT();
            tra.setValue(a,b,c);
            tra.AreaT();    //使用派生类对象调用派生类的无参、无返回值的方法
        }
    }
```

运行结果与方案一同。

方案八： 使用派生类对象调用派生类的有参、无返回值方法和无参、无返回值的方法
//SRTInterfaceG.java

```java
import corejava.*;
interface Square    //接口
{
    public void setValue(double x);    //有参、无返回值方法说明
}
interface Rectangle    //接口
{
    public void setValue(double x,double y);    //有参、无返回值方法说明
}
```

```
interface Trapezoid
{
public void setValue(double x,double y);
}

class SRTInterfaceG implements Square,Rectangle,Trapezoid    从接口继承
{
    protected double x,y,z;
    public void setValue(double x)    //接口方法的实现(有参、无返回值的方法)
    {
         this.x=x;
    }
    public void AreaS()
    {
        Format.printf("SquareArea=%f\n",x*x);    //输出语句
    }
    public void setValue(double x,double y)    //有参、无返回值的方法
    {
        this.y=y;
        setValue(x);
    }
    public void AreaR()
    {
         Format.printf("Rectangle=%f\n",x*y);    //输出语句
         AreaS();    //使用派生类对象调用派生类的无参、无返回值的方法
    }
    public void setValue(double x,double y,double z)    //有参、无返回值的方法
    {
        setValue(x,y);
        this.z=z;
    }
    public void AreaT()
    {
        Format.printf("TrapezoidArea=%f\n",(x+y)*z/2);    //输出语句
        AreaR();
    }
    public static void main(String[] args)
    {
        String[] s=Console.readLine("Enter three numbers: ").split(" ");
        //输入语句
```

```
            double a=Double.parseDouble(s[0]);
            double b=Double.parseDouble(s[1]);
            double c=Double.parseDouble(s[2]);
            SRT tra=new SRT();
            tra.setValue(a,b,c);
            tra.AreaT();    //使用派生类对象调用派生类的无参、无返回值的方法
    }
}
```

运行结果与方案一同。

方案九：使用派生类对象调用派生类的使用派生类对象调用派生类的有参、无返回值的方法和无参、无返回值的方法。

```
//SRTInterfaceC1.java
import corejava.*;    //引入 corejava 包中本程序用到的类
interface Square    //接口
{
public void setValue(double x);    //有参、无返回值方法说明
}
interface Rectangle    //接口
{
public void setValue(double x,double z);    //有参、无返回值方法说明
}
class Trapezoid implements Square,Rectangle    //派生类，从两个接口继承
{
    protected double x,y,z;
    public void setValue(double x)    //接口方法的实现
    {
     this.x=x;
    }
     public void SArea()    //无参、无返回值方法
    {
     Format.printf("Area of square is: %.2f\n",x*x);    //输出语句
    }
    public void setValue(double x,double y)    //接口方法的实现
    {
     this.y=y;
        setValue(x);    //调用接口方法
    }
    public void RArea()    //无参、无返回值方法
    {
        Format.printf("Area of rectangle is: %.2f\n",x*y);    //输出语句
```

```java
        this.SArea();
    }
    public void setValue(double x,double y,double z)
    {
        this.z=z;
        setValue(x,y);    //调用接口方法
    }
    public void Area()    //无参、无返回值方法
    {
        Format.printf("Area of trapezoid is: %.2f\n",(x+y)*z/2);    //输出语句
        this.RArea();
    }
}
class SRTInterfaceC1    //用于放置主方法的类
{
    public static void main(String[] args)    //主方法
    {
        Trapezoid tra=new Trapezoid();    //创建派生类对象
        String s=Console.readLine("Enter three numbers: ");    //输入语句
        String[] s1=s.split(" ");
        double a=Double.parseDouble(s1[0]);
        double b=Double.parseDouble(s1[1]);
        double c=Double.parseDouble(s1[2]);
        tra.setValue(a,b,c);    //使用派生类对象调用派生类的有参、无返回值的方法
        tra.Area();    //使用派生类对象调用派生类的无参、无返回值方法
    }
}
```
运行结果与方案一同。
方案十：使用派生类对象调用派生类的构造方法和无参、无返回值的方法
```java
//SRTInterfaceH.java
import corejava.*;
interface Square    //接口
{
    public void SArea();    //无参、无返回值方法说明
}
interface Rectangle    //接口
{
    public void RArea();    //无参、无返回值方法说明
}
class Trapezoid implements Square,Rectangle    //派生类，从两个接口继承
```

```java
{
    protected double x,y,z;
    public Trapezoid(double x,double y,double z)   //构造方法
    {
        this.x=x;
        this.y=y;
        this.z=z;
    }
    public void SArea()   //接口方法的实现(无参、无返回值的方法)
    {
        Format.printf("SquareArea=%f\n",x*x);   //输出语句
    }
    public void RArea()   //无参、无返回值的方法
    {
        Format.printf("RectangleArea=%f\n",x*y);   //输出语句
        SArea();
    }
    public void TArea()   //无参、无返回值的方法
    {
        Format.printf("TrapezoidArea=%f\n",(x+y)*z/2);   //输出语句
        RArea();
    }
}
class SRTInterfaceH   //用于放置主方法的类
{
    public static void main(String[] args)   //主方法
    {
        String[] s=Console.readLine("Enter three numbers: ").split(" ");
        //输入语句
        double a=Double.parseDouble(s[0]);
        double b=Double.parseDouble(s[1]);
        double c=Double.parseDouble(s[2]);
        new Trapezoid(a,b,c).TArea();
        //创建派生类对象调用派生类的构造方法和无参、无返回值的方法
        if(Console.readLine("Do you want to continue?(y/n) ").equals("y"))
            main(args);
    }
}
```
运行结果：

```
Enter three numbers: 1 2 3
TrapezoidArea=4.500000
RectangleArea=2.000000
SquareArea=1.000000
Do you want to continue?(y/n) n
```

方案十一：使用派生类对象调用派生类的构造方法和无参、无返回值的方法
//SRTInterfaceI.java
import corejava.*;
interface Shape   //接口
{
　　public void Area();
}
class Square implements Shape
{
　　protected double x;
　　public Square(double x)
　　{
　　　　this.x=x;
　　}
　　public void Area()
　　{
　　　　Format.printf("SquareArea=%f\n",x*x);
　　}
}
class Rectangle extends Square implements Shape   //派生类
{
　　protected double y;
　　public Rectangle(double x,double y)
　　{
　　　　super(x);
　　　　this.y=y;
　　}
　　public void Area()
　　{
　　　　Format.printf("RectangleArea=%f\n",x*y);
　　　　super.Area();
　　}
}
class Trapezoid extends Rectangle implements Shape   //派生类
{

```java
        private double z;
        public Trapezoid(double x,double y,double z)
        {
            super(x,y);
            this.z=z;
        }
        public void Area()
        {
            Format.printf("TrapezoidArea=%f\n",(x+y)*z/2);
            super.Area();
        }
}
class SRTInterfaceI
{
    public static void main(String[] args)
    {
        String[] s=Console.readLine("Enter three numbers: ").split(" ");
        double a=Double.parseDouble(s[0]);
        double b=Double.parseDouble(s[1]);
        double c=Double.parseDouble(s[2]);
        new Trapezoid(a,b,c).Area();
        if(Console.readLine("Do you want to continue?(y/n) ").equals("y"))
            main(args);
    }
}
```

运行结果与方案十二同。

方案十二：使用派生类对象调用派生类的构造方法和无参、无返回值的方法

```java
//SRTInterfaceJ.java
import corejava.*;
interface Square   //接口
{
    public void SArea();   //无参、无返回值的方法说明
}
interface Rectangle   //接口
{
    public void RArea();   //无参、无返回值的方法说明
}
class Trapezoid implements Square,Rectangle   //派生类，从两个接口继承
{
    protected double x,y,z;
```

```java
        public void square(double x)    //有参、无返回值方法
        {
            this.x=x;
        }
        public void SArea()    //接口方法的实现
        {
            Format.printf("SquareArea=%f\n",x*x);    //输出语句
        }
        public void rectangle(double x,double y)    //有参、无返回值方法
        {
            this.square(x);
            this.y=y;
        }
        public void RArea()    //接口方法的实现
        {
            this.SArea();
            Format.printf("RectangleArea=%f\n",x*y);    //输出语句
        }
        public Trapezoid(double x,double y,double z)    //构造方法
        {
            this.x=x;
            this.y=y;
            this.z=z;
        }
        public void Area()    //无参、无返回值方法
        {
            this.RArea();
            Format.printf("TrapezoidArea=%f\n",(x+y)*z/2);    //输出语句
        }
}
class SRTInterfaceJ    //用于放置主方法的类
{
    public static void main(String[] args)    //主方法
    {
        String[] s=Console.readLine("Enter three numbers: ").split(" ");
        //输入语句
        double a=Double.parseDouble(s[0]);
        double b=Double.parseDouble(s[1]);
        double c=Double.parseDouble(s[2]);
        new Trapezoid(a,b,c).Area();
```

```
        //创建派生类对象调用派生类的构造方法和无参、无返回值的方法
        if(Console.readLine("Do you want to continue?(y/n) ").equals("y"))
            main(args);
    }
}
```
运行结果：

```
Enter three numbers:   1 2 3
SquareArea=1.000000
RectangleArea=2.000000
TrapezoidArea=4.500000
Do you want to continue?(y/n)  n
```

方案十三：使用派生类对象调用派生类的构造方法和无参、无返回值的方法
```
//SRTInterfaceC1.java
import corejava.*;    //引入 corejava 包中本程序用到的类
interface Square    //接口
{
    public void setValue(double x);    //有参、无返回值方法说明
}
interface Rectangle    //接口
{
    public void setValue(double x,double z);    //有参、无返回值方法说明
}
class Trapezoid implements Square,Rectangle    //派生类，从两个接口继承
{
    protected double x,y,z;
    public void setValue(double x)    //接口方法的实现
    {
        this.x=x;
    }
    public void SArea()    //无参、无返回值方法
    {
        Format.printf("Area of square is: %.2f\n",x*x);    //输出语句
    }
    public void setValue(double x,double y)    //接口方法的实现
    {
        this.y=y;
        setValue(x);    //调用接口方法
    }
    public void RArea()    //无参、无返回值方法
    {
```

```java
        Format.printf("Area of rectangle is: %.2f\n",x*y);    //输出语句
        this.SArea();
    }
    public void setValue(double x,double y,double z)
    {
        this.z=z;
        setValue(x,y);    //调用接口方法
    }
    public void Area()    //无参、无返回值方法
    {
        Format.printf("Area of trapezoid is: %.2f\n",(x+y)*z/2);    //输出语句
        this.RArea();
    }
}
class SRTInterfaceC1    //用于放置主方法的类
{
    public static void main(String[] args)    //主方法
    {
        Trapezoid tra=new Trapezoid();    //创建派生类对象
        String s=Console.readLine("Enter three numbers: ");    //输入语句
        String[] s1=s.split(" ");
        double a=Double.parseDouble(s1[0]);
        double b=Double.parseDouble(s1[1]);
        double c=Double.parseDouble(s1[2]);
        tra.setValue(a,b,c);    //使用派生类对象调用派生类的有参、无返回值的方法
        tra.Area();    //使用派生类对象调用派生类的无参、无返回值方法
    }
}
```

运行结果：

```
Enter three numbers: 1 2 3
Area of trapezoid is: 4.50
Area of rectangle is: 2.00
Area of square is: 1.00
```

方案十四：使用派生类对象调用派生类的构造方法和无参、无返回值的方法

```java
//SRTInterfaceD1.java
import corejava.*;
interface Square
{
    public void SArea();    //无参、无返回值方法说明
}
```

```java
interface Rectangle
{
    public void RArea();    //无参、无返回值方法说明
}
interface Trapezoid
{
    public void TArea();    //无参、无返回值方法说明
}
class SRTInterfaceD1 implements Square,Rectangle,Trapezoid
//派生类,从三个接口继承
{
    protected double x,y,z;
    public void setValue(double x)
    {
        this.x=x;
    }
    public void SArea()    //接口方法的实现
    {
        Format.printf("SquareArea=%f\n",x*x);
    }
    public void setValue(double x,double y)
    {
        this.y=y;
        setValue(x);
    }
    public void RArea()    //接口方法的实现
    {
        Format.printf("RectangleArea=%f\n",x*y);
        SArea();
    }
    public void setValue(double x,double y,double z)
    {
        setValue(x,y);
        this.z=z;
    }
    public void TArea()    //无参、无返回值方法
    {
        Format.printf("TrapezoidArea=%f\n",(x+y)*z/2);
        RArea();
    }
}
```

```java
    public static void main(String[] args)    //主方法
    {
        SRTInterfaceD1 tra=new SRTInterfaceD1();
        //创建派生类对象
        double x=Console.readDouble("Enter x: ");    //输入语句
        double y=Console.readDouble("Enter y: ");
        double z=Console.readDouble("Enter z: ");
        tra.setValue(x,y,z);    //使用派生类对象调用派生类的有参、无返回值的方法
        tra.TArea();    //使用派生类对象调用派生类的无参、无返回值方法
    }
}
```

运行结果：

```
Enter x:  1
Enter y:  2
Enter z:  3
TrapezoidArea=4.500000
RectangleArea=2.000000
SquareArea=1.000000
```

[例 4.2.10]　多重接口的使用（先定义两个接口，然后定义派生类，它从两个接口继承）。

```java
//MultipInterfaceA1.java
import corejava.*;    //引入 corejava 包中本程序用到的类
interface A    //接口
{
    public void setA(double x);    //有参、无返回值的方法说明
    public void showA();    //无参、无返回值的方法说明
}
interface B    //接口
{
    public void setB(double x);    //有参、无返回值的方法说明
    public void showB();    //无参、无返回值的方法说明
}
class C implements A,B    //派生类，从两个接口继承
{
    private double a,b,c;
    public void setC(double x,double y)    //有参、无返回值方法
    {
        c=x;
        setB(y);    //调用接口方法
    }
    public void showC()    //无参、无返回值方法
    {
```

```java
            showB();         //调用接口方法
            Format.printf("%.2f\n",c);    //输出语句
        }
        public void setA(double x)    //接口方法的实现
        {
            a=x;
        }
        public void showA()    //接口方法的实现
        {
            Format.printf("%.2f\n",a);   //输出语句
        }
        public void setB(double x)    //接口方法的实现
        {
            b=x;
        }
        public void showB()    //接口方法的实现
        {
            Format.printf("%.2f\n",b);   //输出语句
        }
}
class MultipInterfaceA1    //用于放置主方法的类
{
    public static void main(String[] args)    //主方法
    {
        for(;;)
        {
            String s=Console.readLine("Enter three numbers: "); //输入语句
            String[] s1=s.split(" ");
            double x=Double.parseDouble(s1[0]);
            double y=Double.parseDouble(s1[1]);
            double z=Double.parseDouble(s1[2]);
            C obj=new C();    //创建派生类对象
            obj.setA(x);    //使用对象调用有参、无返回值的接口方法
            obj.showA();    //使用对象调用无参、无返回值的方法
            obj.setC(y,z);    //使用对象调用有参、无返回值的接口方法
            obj.showC();    //使用对象调用无参、无返回值的方法
            String str=Console.readLine("Do you want to continue?(y/n) ");
            if(str.equals("n"))
                break;
        }
```

        }
}
运行结果:

```
Enter three numbers: 6 1 8
6.00
8.00
1.00
Do you want to continue?(y/n)
```

[例 4.2.11] 重复读入数据,计算正方形,长方形及梯形的面积(要求使用类逐一继承方式)。

方案一:完全使用派生类对象调用有参、无返回值方法

```
//Inherit.java
import corejava.*;    //引入 corejava 包中本程序用到的类
class Square    //基类
{
    protected double Length;
    public void square(double Len)    //有参、无返回值方法
    {
        Length=Len;
    }
    public void SArea()    //无参、无返回值方法
    {
        Format.printf("Area of square is: %f\n",Length*Length);    //输出语句
    }
}
class Rectangle extends Square    //派生类,从基类继承
{
    protected double Width;
    public void rectangle(double Len,double Wid)    //有参、无返回值方法
    {
        square(Len);
        Width=Wid;
    }
    public void RArea()    //无参、无返回值方法
    {
        SArea();
        Format.printf("Area of rectangle is: %f\n",Length*Width);    //输出语句
    }
}
class Trapezoid extends Rectangle    //派生类,从超类继承
```

```java
{
    private double Height;
    public void trapezoid(double L,double W,double H)   //有参、无返回值方法
    {
        rectangle(L,W);
        Height=H;
    }
    public void TArea()    //无参、无返回值方法
    {
        RArea();
        Format.printf("Area of trapezoid is: %f\n",(Length+Width)*Height/2);
        //输出语句
    }
}
public class Inherit    //放置主方法的类
{
    public static void main(String[] args)    //主方法
    {
        Trapezoid tra=new Trapezoid();    //创建派生类对象
        for(;;)
        {
            String[] s=Console.readLine("Enter three numbers(length,width
                    and height): ").split(" ");    //输入语句
            double l=Double.parseDouble(s[0]);
            double w=Double.parseDouble(s[1]);
            double h=Double.parseDouble(s[2]);
            tra.trapezoid(l,w,h);
            //使用派生类对象调用派生类有参、无返回值方法
            tra.TArea();   //使用派生类对象调用派生类无参、无返回值方法
            String str=Console.readLine("Dou want to continue?(y/n) ");
            if(!str.equals("y"))
                break;
        }
    }
}
```

运行结果：

```
Enter three numbers(length,width and height):  5 10 25
Area of square is: 25.000000
Area of rectangle is: 50.000000
Area of trapezoid is: 187.500000
Dou want to continue?(y/n)  n
```

方案二：完全使用派生类对象调用无参、无返回值方法

```java
//Inherit1.java
import corejava.*;   //引入 corejava 包中本程序用到的类
class Square    //基类
{
    protected double Length;
    public void SArea()    //无参、无返回值方法
    {
        Length=Console.readDouble("Enter the length "+
                              "of side for square: ");
        Format.printf("Area of square is: %f\n",Length*Length);   //输出语句
    }
}
class Rectangle extends Square    //派生类，从基类继承
{
    protected double Width;
    public void RArea()    //无参、无返回值方法
    {
        Width=Console.readDouble("Enter the width of "+"side for rectangle: ");
         Format.printf("Area of rectangle is: %f\n",Length*Width);   //输出语句
    }
}
class Trapezoid extends Rectangle    //派生类，从超类继承
{
    private double Height;
    public void TArea()    //无参、无返回值方法
    {
        Height=Console.readDouble("Enter the height of trapezord: ");
        //输入语句
        Format.printf("Area of trapezoid is: %f\n ",(Length+Width)*Height/2);
        //输出语句
    }
}
public class Inherit1    //放置主方法的类
{
    public static void main(String[] args)    //主方法
    {
        Trapezoid t=new Trapezoid();    //创建派生类对象
        while(true)
        {
```

```
            t.SArea();    //使用派生类对象调用基类无参、无返回值方法
            t.RArea();    //使用派生类对象调用派生类无参、无返回值方法
            t.TArea();    //使用派生类对象调用派生类无参、无返回值方法
            if（Console.readLine("Dou want to continue?(y/n) ").equals("n")）
                break;
        }
    }
}
```

运行结果：

```
Enter the length of side for square:  5
Area of square is: 25.000000
Enter the width of side for rectangle:  10
Area of rectangle is: 50.000000
Enter the height of trapezord:  25
Area of trapezoid is: 187.500000
Dou want to continue?(y/n)  n
```

方案三：分别输入数据，使用派生类对象调用无参、无返回值方法（使用do-while(true)）

```
//Inherit2.java
import corejava.*;    //引入 corejava 包中本程序用到的类
class Square     //基类
{
    protected double Length;
    public void SArea()    //无参、无返回值方法
    {
        Length=Console.readDouble("Enter the length "+ "of side for square: ");
        Format.printf("Area of square is: %f\n",Length*Length);    //输出语句
    }
}
class Rectangle extends Square     //派生类，从基类继承
{
    protected double Width,Height;
    public void RArea()
    {
        Width=Console.readDouble("Enter the width of "+
                                 "side for rectangle: ");
        Format.printf("Area of rectangle is: %f\n",Length*Width);    //输出语句
    }
    public void TArea()    //无参、无返回值方法
    {
        Height=Console.readDouble("Enter the height of trapezord: ");
```

```java
            //输入语句
            Format.printf("Area of trapezoid is: %f\n\n",(Length+Width)*Height/2);
            //输出语句
        }
}
public class Inherit2    //放置主方法的类
{
    public static void main(String[] args)    //主方法
    {
        Trapezoid t=new Trapezoid();    //创建派生类对象
        do
        {
            t.SArea();    //使用派生类对象调用基类无参、无返回值方法
            t.RArea();    //使用派生类对象调用派生类无参、无返回值方法
            t.TArea();    //使用派生类对象调用派生类无参、无返回值方法
            String s=Console.readLine("Dou want to continue?(y/n) ");
            if(!s.equals("y"))
                break;
        }while(true);
    }
}
```
运行结果与方案二同。
方案四：使用派生类对象调用基类和派生类方法
```java
//Inherit3.java
import corejava.*;    //引入 corejava 包中本程序用到的类
class Square    //基类
{
    protected double Length;
    public void square(double L)    //有参、无返回值方法
    {
        Length=L;
    }
    public void Area()    //无参、无返回值的方法
    {
        Format.printf("Area of square is: %f\n",Length*Length);    //输出语句
    }
}
class Rectangle extends Square    //派生类，从基类继承
{
    protected double Width;
```

```java
        public void rectangle(double L,double W)    //有参、无返回值方法
        {
            square(L);
            Width=W;
        }
        public void Area()    //无参、无返回值方法
        {
            Format.printf("Area of rectangle is: %f\n",Length*Width);   //输出语句
            super.Area();
        }
    }
    class Trapezoid extends Rectangle    //派生类,从超类继承
    {
        protected double Height;
        public void trapezoid(double L,double W,double H)    //有参、无返回值方法
        {
            rectangle(L,W);
            Height=H;
        }
        public void Area()    //无参、无返回值方法
        {
            Format.printf("Area of trapezoid is: %f\n",(Length+Width)*Height/2);
            super.Area();
        }
    }
    public class Inherit3    //放置主方法的类
    {
        public static void main(String[] args)    //主方法
        {
            Trapezoid tra=new Trapezoid();    //创建派生类对象
            double l=Console.readDouble("Enter length: ");    //输入语句
            double w=Console.readDouble("Enter width: ");    //输入语句
            double h=Console.readDouble("Enter height: ");    //输入语句
            tra.trapezoid(l,w,h);   //使用派生类对象调用派生类有参、无返回值方法
            tra.Area();   //使用派生类对象调用派生类无参、无返回值方法
            if(Console.readLine("Dou want to continue?(y/n) ").equals("y"))
                main(args);
        }
    }
```

运行结果与方案二同。

方案五：使用派生类对象调用无参、有返回值的重构方法
```java
//Inherit4.java
import corejava.*;     //引入 corejava 包中本程序用到的类
class Square    //基类
{
    protected double length;
    public Square(double length)    //构造方法
    {
        this.length=length;
    }
    public double Area()    //无参、有返回值的重构方法
    {
        return length*length;
    }
}
class Rectangle extends Square    //派生类，从基类派生
{
    protected double width;
    public Rectangle(double length,double width)    //有参构造方法
    {
        super(length);    //调用基类的构造方法
        this.width=width;
    }
    public double Area()    //无参、有返回值的重构方法
    {
        Format.printf("SquareArea=%.2f\n",super.Area());
        return length*width;
    }
}
class Trapezoid extends Rectangle    //派生类，从超类继承
{
    private double height;
    public Trapezoid(double length,double width,double height)    //有参构造方法
    {
        super(length,width);    //调用超类的构造方法
        this.height=height;
    }
    public double Area()    //有参、无返回值的重构方法
    {
        Format.printf("RectangleArea=%.2f\n",super.Area());
```

```java
        return (length+width)*height/2;
    }
}
public class Inherit4   //放置主方法的类
{
    public static void main(String[] args)   //主方法
    {
        double l=Console.readDouble("Enter length: ");    //输入语句
        double w=Console.readDouble("Enter width: ");     //输入语句
        double h=Console.readDouble("Enter height: ");    //输入语句
        Trapezoid tra=new Trapezoid(l,w,h);
        //创建派生类对象并调用派生类构造方法
        Format.printf("TrapezoidArea=%.2f\n",tra.Area());
        //使用派生类对象调用派生类的重构方法并输出结果
        if(Console.readLine("Dou want to continue?(y/n) ").equals("y"))
            main(args);
    }
}
```

运行结果：

```
Enter length: 5
Enter width: 10
Enter height: 25
SquareArea=25.00
RectangleArea=50.00
TrapezoidArea=187.50
Dou want to continue?(y/n)  n
```

[例 4.2.12] 从键盘重复读入数据，计算圆的周长与面积以及球体的表面积与体积（要求在基类和派生类中使用到构造方法）。

```java
//TestSphere.java
import corejava.*;   //引入 corejava 包中本程序用到的类
class Circle   //基类
{
    protected double radius;
    public Circle(double radius)   //有参的构造方法
    {
        this.radius=radius;
    }
    public void CircleCompute()   //无参、无返回值的方法
    {
        Format.printf("Circumference of circle is: %f\n",2*Math.PI*radius);
            //输出语句
```

```java
            Format.printf("Area of circle is: %f\n",Math.PI*radius*radius);
    }
}
class Sphere extends Circle    //派生类，从基类继承
{
    protected double radius;
    public Sphere(double radius,double r) //有参的构造方法
    {
        super(r);
        this.radius=radius;
    }
    public void SphereCompute()    //无参、无返回值方法
    {
        super.CircleCompute();
        Format.printf("SurfaceArea of sphere is:
                    %f\n",4*Math.PI*radius*radius);    //输出语句
        Format.printf("Volume of sphere is:
                    %f\n",4*Math.PI*Math.pow(radius,3)/3);    //输出语句
    }
}
class TestSphere    //放置主方法的类
{
    public static void main(String[] args) //主方法
    {
        double r1=Console.readDouble("Enter radius of circle: ");
        //输入语句
        double r2=Console.readDouble("Enter radius of sphere: ");
        Sphere sph=new Sphere(r1,r2);    //创建派生类对象并调用派生类构造方法
        sph.SphereCompute();    //使用派生类对象调用派生类的无参、无返回值的方法
        if(Console.readLine("Dou want to continue?(y/n) ").equals("y"))
            main(args);
    }
}
```
运行结果：

```
Enter radius of circle: 1
Enter radius of sphere: 1
Circumference of circle is: 6.283185
Area of circle is: 3.141593
SurfaceArea of sphere is: 12.566371
Volume of sphere is: 4.188790
Dou want to continue?(y/n)  n
```

[例 4.2.13] 从键盘重复读入数据,计算圆的面积及圆柱体的表面积(要求使用抽象类与抽象方法)。

方案一:使用派生类对象调用有参、无返回值的重构方法(在类中用 while(true))

```java
//AbstractTest.java
import corejava.*;    //引入 corejava 包中本程序用到的类
abstract class Shape    //抽象类
{
    protected double radius;
    public Shape(double radius)    //有参、无返回值的 set 方法
    {
        this.radius=radius;
    }
    public abstract void Area();    //抽象方法说明
}
class Circle extends Shape    //派生类,从抽象类派生
{
    public Circle(double radius)
    {
        super(radius);
    }
    public void Area()    //无参、无返回值的重构方法
    {
        Format.printf("Area of circle is: %f\n",Math.PI*radius*radius);
            //输出语句
    }
}
class Cylinder extends Circle    //派生类,从超类派生
{
    protected double height;
    public Cylinder(double radius,double height)
    {
        super(radius);
        this.height=height;
    }
    public void Area()    //无参、无返回值的重构方法
    {
        Format.printf("Area of cylinder is:
                %f\n",2*Math.PI*radius*radius+2*Math.PI*radius*height);
        //输出语句
        super.Area();
```

```java
        }
    }
class AbstractTest    //放置主方法的类
{
    public static void main(String[] args)    //主方法
    {
        while(true)
        {
            String[] s=Console.readLine("Enter radius and height: ").split(" ");
              //输入语句
            double r=Double.parseDouble(s[0]);
            double h=Double.parseDouble(s[1]);
            Cylinder cyl=new Cylinder(r,h);
              //创建派生类对象，并调用派生类的构造方法
            cyl.Area();    //使用派生类对象调用派生类的重构方法
            if(!Console.readLine("Do you want to continue?(y/n) ").equals("y"))
                break;
        }
    }
}
```

运行结果：

```
Enter radius and height: 1 24
Area of cylinder is: 157.079633
Area of circle is: 3.141593
Do you want to continue?(y/n)  n
```

方案二：使用派生类对象调用有参、无返回值的重构方法

```java
//AbstractTestA.java
import corejava.*;    //引入corejava包中本程序用到的类
abstract class Shape    //基类
{
    public abstract void Area();    //无参、无返回值的抽象方法说明
}
class Circle extends Shape    //派生类，从基类派生
{
    protected double radius;
    public Circle(double radius)    //有参、无返回值方法
    {
        this.radius=radius;
    }
    public void Area()    //无参、无返回值的抽象方法的实现
```

```java
        {
            Format.printf("Area of circle is: %f\n",Math.PI*radius*radius);
            //输出语句
        }
}
class Cylinder extends Circle    //派生类，从超类派生
{
        protected double height;
        public Cylinder(double radius,double height)    //有参、无返回值的重构方法
        {
            super(radius);
            this.height=height;
        }
        public void Area() //无参、无返回值的抽象方法的实现
        {
            Format.printf("Area of cylinder is: %f\n",
                2*Math.PI*radius*radius+2*Math.PI*radius*height);    //输出语句
            super.Area();
        }
}
class AbstractTestA    //放置主方法的类
{
        public static void main(String[] args)    //主方法
        {
            String[] s=Console.readLine("Enter radius and height: ").split(" ");
            //输入语句
            double r=Double.parseDouble(s[0]);
            double h=Double.parseDouble(s[1]);
            Cylinder cyl=new Cylinder(r,h);
            //创建派生类对象调用并调用派生类的构造方法
            cyl.Area();    //使用派生类对象调用派生类的重构方法
            if(Console.readLine("Do you want to continue?(y/n) ").equals("y"))
                main(args);
        }
}
```

运行结果与方案一同。

方案三：使用派生类对象调用无参、无返回值的重构方法及 static 的 double 型符号常量

//AbstractTestB.java

import corejava.*;   //引入 corejava 包中本程序用到的类

abstract class Shape   //抽象类

```java
{
    public static final double PI=3.14159;   //定义 PI 为 double 型符号常量
    public abstract void Area();   //无参、无返回值的抽象方法说明
}
class Circle extends Shape   //派生类，从基类派生
{
    protected double radius;
    public Circle(double radius)   //有参、无返回值方法
    {
        this.radius=radius;
    }
    public void Area()   //无参、无返回值的抽象方法的实现
    {
        Format.printf("Area of circle is: %f\n",PI*radius*radius);   //输出语句
    }
}
class Cylinder extends Circle   //派生类，从基类派生
{
    protected double height;
    public Cylinder(double radius,double height)   //有参、无返回值方法
    {
        super(radius);
        this.height=height;
    }
    public void Area()   //无参、无返回值的方法抽象方法的实现
    {
        Format.printf("Area of cylinder is: %f\n",
                    2*PI*radius*radius+2*PI*radius*height);   //输出语句
        super.Area();
    }
}
class AbstractTestB   //放置主方法的类
{
    public static void main(String[] args)   //主方法
    {
        String[] s=Console.readLine("Enter radius and height: ").split(" ");
        double r=Double.parseDouble(s[0]);
        double h=Double.parseDouble(s[1]);
        Cylinder cy=new Cylinder(r,h);
            //创建派生类对象调用并调用派生类的构造方法
```

```
        cy.Area();     //使用派生类对象调用派生类的重构方法
        if(Console.readLine("Do you want to continue?(y/n) ").equals("y"))
            main(args);
    }
}
```
运行结果:

```
Enter radius and height: 1 24
Area of cylinder is: 157.079500
Area of circle is: 3.141590
Do you want to continue?(y/n)  n
```

[例 4.2.14]　使用抽象类和抽象方法求等腰三角形和长方形面积。

```
//TestAbstract.java
import corejava.*;    //引入 corejava 包中本程序用到的类
abstract class Shape    //抽象类
{
    protected double x,y;
    public abstract void Area();   //无参、无返回值的抽象方法的说明
}
class Triangle extends Shape    //派生类，从基类继承
{
    public Triangle(double x,double y)
    {
        this.x=x;
        this.y=y;
    }
    public void Area()   //无参、无返回值的抽象方法的实现
    {
        Format.printf("TriangleArea=%f\n",0.5*x*y);   //输出语句
    }
}
class Rectangle extends Triangle    //派生类，从基类继承
{
    public Rectangle(double x,double y)
    {
        super(x,y);
    }
    public void Area()   //无参、无返回值的重构方法
    {
        super.Area();
        Format.printf("RectangleArea=%f\n",x*y);   //输出语句
```

```
    }
}
class TestAbstract    //放置主方法的类
{
    public static void main(String[] args)    //主方法
    {
        String[] s=Console.readLine("Enter two numbers: ").split(" ");
        double x=Double.parseDouble(s[0]);
        double y=Double.parseDouble(s[1]);
        Rectangle rec=new Rectangle(x,y);
        //创建派生类对象调用并调用派生类的构造方法
        rec.Area();    //使用派生类对象调用派生类的重构方法
if(Console.readLine("Dyou you want to continue?(y/n) ").equals("y"))
            main(args);
    }
}
```
运行结果：

```
Enter two numbers:  11.19 14.45
TriangleArea=80.847750
RectangleArea=161.695500
Dyou you want to continue?(y/n)   y
Enter two numbers:  10.25 13.06
TriangleArea=66.932500
RectangleArea=133.865000
Dyou you want to continue?(y/n)   n
```

4.3 通用组件的实现

[例 **4.3.1**] 通用组件的实现。
方案一：使用 println 方法输出结果（含有对象调用方法）
```
//MemoryCell.java
public class MemoryCell    //定义类
{
    public Object read()    //无参、有返回对象类型方法
    {
        return storedValue;
    }
    public void write(Object x)    //有对象参数、无返回值方法
    {
```

```java
        storedValue=x;
    }
    private Object storedValue;    //私有的有对象类型的数据成员
}
//TestMemoryCell.java
public class TestMemoryCell    //定义类，用于放置主方法的类
{
    public static void main(String[] args)    //主方法
    {
        MemoryCell m=new MemoryCell();    //创建欲调用方法所在类的对象
        m.write(new Integer(1025));    //使用对象调用方法
        System.out.println("Contents are: "+ ((Integer)m.read()).intValue());    //输出语句
    }
}
```

运行结果：

```
Contents are: 1025
```

方案二：使用 printf 方法输出结果（含有对象调用方法）

```java
//MemoryCell.java
public class MemoryCell    //定义类
{
    public Object read()    //无参、有返回对象类型方法
    {
        return storedValue;
    }
    public void write(Object x)    //有对象参数、无返回值方法
    {
        storedValue=x;
    }
    private Object storedValue;    //私有对象数据成员
}
//TestMemoryCellA.java
import corejava.*;    //引入 corejava 包中本程序用到的类
public class TestMemoryCellA    //定义类,用于放置主方法
{
    public static void main(String[] args)    //主方法
    {
        MemoryCell m=new MemoryCell();    //创建欲调用方法所在类的对象
        m.write(new Integer(1025));    //使用对象调用有对象参数的方法
        Format.printf("Contents are: %i\n",((Integer)m.read()).intValue());
```

//使用对象调用返回对象类型的方法并输出结果
    }
}
运行结果与方案一相同。

参考文献

[1] 刘甲耀，严桂兰编著.Core Java 应用程序设计教程. 北京：电子工业出版社，2005.

[2] 刘甲耀,严桂兰编著.Core Java 高级应用程序设计教程. 北京：电子工业出版社，2006.

[3] 严桂兰，刘甲耀，刘波编著.Java 编程模式与范例——基础开发技巧. 北京：机械工业出版社,2002.

[4] 严桂兰，刘甲耀，刘波编著.Java 编程模式与范例——高级应用开发. 北京：机械工业出版社,2002.

[5] 刘甲耀，严桂兰，刘波编著.Visual J++教程. 北京：电子工业出版社，1998.

[6] Cay S. Horstmann & Cary Cornell. Core Java 1.2 . Volum 1——Fundaments.Sun Microsystems press,1999.

[7] 刘甲耀，严桂兰编著.C#程序设计培训教程. 北京：机械工业出版社，2004.

[8] 刘甲耀，严桂兰编著.C#程序设计教程. 北京：电子工业出版社，2007.

[9] 刘甲耀，严桂兰编著.C++程序设计简明教程. 北京：电子工业出版社，2004.

[10] 严桂兰主编.C 语言程序设计与应用学习指导. 厦门：厦门大学出版社，2002.

[11] 严桂兰主编.C 语言程序设计与应用. 厦门：厦门大学出版社，2001.

[12] Richand Monson—Haefel Enterprice JavaBeans. Second Edition. O'reidlly & Associates, Inc., 2000.

[13] H.M. Deitel, P.J. Deitel. Java How To Program. Prentice hall, 1997.

[14] Elliotte Rusty Harold. Java I/O. O'REILLY, 1999.

[15] 刘甲耀，严桂兰编著.Turbo C 语言程序设计.北京：电子工业出版社，1991.

[16] 严桂兰，刘甲耀编著.C 语言疑难问题剖析. 上海：华东化工学院出版社，1993.

[17] 刘甲耀，张银明译.算法语言程序编制习题集. 北京：国防工业出版社，1983.

[18] 严桂兰，刘甲耀编著.C 语言与图形处理. 上海：上海化工学院出版社，1993.

高等学校计算机教材书目

大学计算机基础学习指导	熊　江等
C++面向对象程序设计	张　鸿等
C 语言程序设计	李桂红等
计算机组装与维护教程	刘志都等
Core Java/Java 应用程序设计教程	刘甲耀等
Core Java/Java 应用程序编程案例	刘甲耀等